应用技术型大学数学课程系列教材

微积分与数学模型(上册)

主　编　彭年斌　张秋燕
副主编　张诗静　武伟伟

科学出版社

北　京

内 容 简 介

　　本书是由电子科技大学成都学院数学建模与工程教育研究项目组的教师,依据教育部颁发的"关于高等工业院校微积分课程的教学基本要求",以培养应用型科技人才为目标而编写的. 与本书配套的系列教材还有《微积分与数学模型》(下册)、《线性代数与数学模型》、《概率统计与数学模型》.

　　本书共 5 章,主要介绍函数、极限与连续、导数与微分、中值定理及其应用、不定积分、定积分等一元函数微积分学的基本内容,同时还介绍了极限模型、导数模型、优化与微分模型、定积分模型. 每节后面配备有适当的习题,每章配备有复习题,最后附有参考解答与提示.本书注重应用,在介绍微积分基本内容的基础上,融入很多模型及应用实例.

　　本书可作为普通高校、独立学院及成人教育、自考等各类本科微积分课程的教材或相关研究人员的参考书.

图书在版编目(CIP)数据

微积分与数学模型.上册/彭年斌,张秋燕主编.—北京:科学出版社,2014.8

应用技术型大学数学课程系列教材

ISBN 978-7-03-041730-5

Ⅰ.①微…　Ⅱ.①彭…　②张…　Ⅲ.①微积分-高等学校-教材　②数学模型-高等学校-教材　Ⅳ.①O172　②O141.4

中国版本图书馆 CIP 数据核字(2014)第 192941 号

责任编辑:昌　盛　周金权/责任校对:桂伟利
责任印制:肖　兴/封面设计:陈　敬

科 学 出 版 社 出版
北京东黄城根北街 16 号
邮政编码:100717
http://www.sciencep.com

文林印务有限公司 印刷
科学出版社发行　各地新华书店经销

*

2014 年 8 月第　一　版　　开本:720×1000　1/16
2017 年 7 月第五次印刷　　印张:16 3/4
字数:337 000

定价:35.00 元
(如有印装质量问题,我社负责调换〈印科〉)

前　言

为了培养应用型科技人才,我们在大学数学的教学中以工程教育为背景,坚持将数学建模、数学实验的思想与方法融入数学主干课程教学,收到了好的效果.通过教学实践我们认为将原来的高等数学、线性代数、概率论与数理统计课程分别改设为微积分与数学模型、线性代数与数学模型、概率统计与数学模型课程,对转变师生的教育理念,引领学生热爱数学学习、重视数学应用很有帮助,对理工类应用型本科学生工程数学素养的培养很有必要.

"将数学建模思想全面融入理工类数学系列教材的研究"是电子科技大学成都学院"以 CDIO 工程教育为导向的人才培养体系建设"项目中的课题,也是四川省 2013～2016 年高等教育人才培养质量和教改建设项目.

本套系列教材主要以应用型科技人才培养为导向,以理工类专业需要为宗旨,在系统阐述微积分、线性代数、概率统计课程的基本概念、基本定理、基本方法的同时融入了很多经典的数学模型,重点强调数学思想与数学方法的学习,强调怎样将数学应用于工程实际.

本书主要介绍函数、极限与连续、导数与微分、微分中值定理及其应用、一元函数积分学等内容以及极限模型、导数模型、优化与微分模型、定积分模型.

本书的编写具有如下特点:

(1) 在保证基础知识体系完整的前提下,力求通俗易懂,删除了繁杂的理论性证明过程;教材体系和章节的安排上,严格遵循循序渐进、由浅入深的教学规律;在对内容深度的把握上,考虑应用型科技人才的培养目标和学生的接受能力,做到深浅适中、难易适度.

(2) 在重要概念和公式的引入上尽量根据数学发展的脉络还原最质朴的案例,教材中引入的很多案例都是数学建模活动中或讨论课上学生最感兴趣的问题,其内容丰富、生动有趣、视野开阔、宏微兼具.这对于提高学生分析问题和解决问题的能力都很有帮助.

(3) 按节配备了难度适中的习题,按章配备了复习题,并附有答案或提示.

全书讲授与模型讨论需要 80 学时.根据不同层次的需要,课时和内容可酌情取舍.

本书由彭年斌、张秋燕主编,第 1 章由张秋燕编写,第 2 章由武伟伟编写,第 3 章由彭年斌编写,第 4 章和第 5 章由张诗静编写.全书由彭年斌负责统稿.

在本书的编写过程中,我们参阅了大量的教材与文献资料,在此向这些作者表示感谢.

　　由于编者水平有限,书中难免有缺点和不妥之处,恳请同行专家和读者批评指正.

电子科技大学成都学院

数学建模与工程教育研究项目组

2014 年 5 月于成都

目　　录

绪　　论

微积分是研究函数的微分、积分,以及相关概念和应用的数学基础学科.它是 17 世纪由英国的牛顿(Newton,1643~1727)和德国的莱布尼茨(Leibniz,1646~1716)在前人成果的基础上分别而又几乎是同时创立起来的.17 世纪的欧洲,正处于工业革命时期,航海、造船业的兴起,运河、渠道的修建,以及各种机械的制造,都促使人们寻求研究物体(包括天体)的运动变化,呼唤人们去探求研究曲线、图形的一般数学方法,并将这些方法应用到实践中去.牛顿-莱布尼茨创立的微积分虽然一开始并不严格,但却直观生动,并且无论是对数学还是对其他科学乃至于技术的发展都产生了巨大的影响.

系统地将微积分建立在极限理论基础之上的,是 19 世纪上半叶的法国数学家柯西(Cauchy,1789~1857),而现在人们之所以能够运用集合论来处理微积分的问题,应归功于 19 世纪下半叶的数学家康托尔(Cantor,1845~1918).微积分的发展经过了漫长的三百多年.

数学模型是用数学语言抽象出的某个现实对象的数量规律.构造数学模型的过程主要有三个步骤.第一步,构造模型:从实际问题中分析、简化、抽象出数学问题;第二步,数学解答:对所提出的数学问题求解;第三步,模型检验:将所求得的答案返回到实际问题中去,检验其合理性并进一步总结出数学规律.

微积分的产生和发展与人类的实际需要密切相关.而借助于微积分,在解决各类问题的同时也建立了很多数学模型.

微积分的产生与下面两个典型模型直接相关.

模型 1　阿基米德(Archimedes,约公元前 287 年~约公元前 212 年)问题.

如图 0.1 所示,由曲线 $y=x^2$ 与 x 轴,直线 $x=1$ 可以围成一个平面图形 D,求平面图形 D 的面积 S.

求平面图形的面积,并不是一个新话题.我们熟知三角形、长方形、平行四边形、梯形、圆等平面图形的面积计算公式,也研究过一些其他规则图形的面积,在研究中大多都是将其分割成已知图形面积的和或差.然而,本题中平面图形的面积却不能如法炮制.

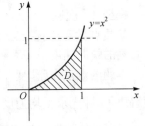

图 0.1

实际上,这个问题早在公元前就被古希腊数学家阿基米德解决了.如图 0.2(a)~(d)所示,我们发现每个图中小矩形面积的和是随小矩形个数的变化而变化的,而且随小矩形面积个数的增多,小矩形面积的和越来越接近于要求的平面图形的面积.阿基米德的解题思想正是基于此,即将区间$[0,1]$平均分成n等份.若把n个小矩形面积的和记为S_n,则当n充分大时,S_n趋近于S.

后来的数学家们将此过程细化为四个步骤:分割、近似、求和、取极限,这正是积分的思想.该书第4章有详细叙述.

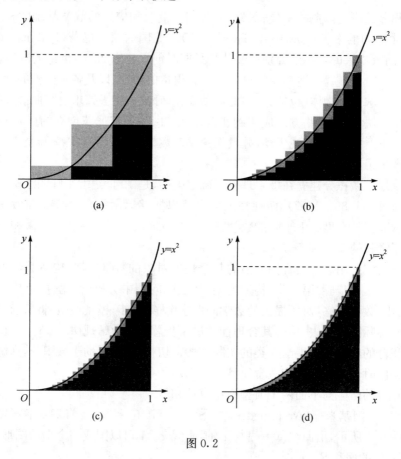

图0.2

模型 2 变速直线运动的瞬时速度问题.

某质点做变速直线运动,已知t_0时刻的位移为$s(t_0)$,t时刻的位移为$s(t)$.求t_0时刻的瞬时速度v_{t_0}.

本题的难点在于"变".其实,这个问题早在17世纪就已由英国的物理学家牛顿解决了,即先求平均速度$\bar{v} = \dfrac{s(t) - s(t_0)}{t - t_0}$,则当$t$趋近于$t_0$时,平均速度$\bar{v}$就趋近于$v_{t_0}$.后来的数学家就将瞬时速度定义为平均速度的极限,即

$$v_{t_0} = \lim_{t \to t_0} \frac{s(t) - s(t_0)}{t - t_0}.$$

而这个特殊的极限后来就抽象为导数的定义. 这属于微分学的内容,将在该书第 2 章中详述.

微积分与数学模型一书主要包括函数、极限与连续;一元函数微积分学及其模型应用实例;多元函数微积分学及其模型应用实例;常微分方程与无穷级数等,其中重点介绍了极限模型、优化与微分模型、定积分模型、数量值函数积分模型、向量值函数积分模型、微分方程中的模型与经济数学模型. 函数是微积分研究的基本对象,极限是微积分的基本工具,微分和积分方法是基本技能,众多的结合工程实际的数学模型应用是基本训练.

从数学发展的历史可以看出,微积分的产生,是由常量数学向变量数学转变的一件具有划时代意义的大事,它是学习数学和掌握任何一门自然科学与工程技术的基础,读者要充分认识到学习微积分与数学模型的重要性,要注重研究和掌握微积分与数学模型学习的特点,认真理解基本概念,熟悉基本定理,掌握基本技能,应用基本模型,以期使自己的思想方法从不变到变、从有限到无限、从有形到无形、从特殊到一般、从直观到抽象,产生一个质的飞跃.

微积分生动有趣但又深邃严谨,贴近生活但又复杂多变,希望读者在学习时勤于思考、善于发现,在掌握基本的数学方法的同时,不断提高工程应用能力.

第1章 函数、极限与连续

函数是数学中的一个基本概念,它反映了客观世界中变量变化之间的相依关系,是微积分的主要研究对象.极限是研究微积分的重要工具.本章介绍函数的概念及特性、极限的概念、性质与运算,函数的连续性.它是学习微积分的基础,也是数学应用中建立数学模型的基础.

1.1 函数的基本概念

1.1.1 准备知识

1. 集合

集合是某些指定对象组成的总体.通常用大写字母 $A,B,C,\cdots$ 表示集合.构成集合的成员称为**元素**,一般用小写字母 $a,b,c,\cdots$ 表示.并且,若 a 是集合 A 的元素,则可记作 $a \in A$,读作"a 属于 A".不含任何元素的集合称为**空集**,记作 $\varnothing$.本书所涉及的集合主要是数集.一般地,自然数集合用 **N** 表示;正整数集合用 $\mathbf{N}^*$ 表示;整数集合用 **Z** 表示;有理数集合用 **Q** 表示;实数集合用 **R** 表示.

2. 区间

设 a 和 b 都是实数,且 $a < b$,则数集 $\{x \mid a < x < b\}$ 称为**开区间**,记作 (a,b);数集 $\{x \mid a \leqslant x \leqslant b\}$ 称为**闭区间**,记作 $[a,b]$.类似地,$[a,b) = \{x \mid a \leqslant x < b\}$ 和 $(a,b] = \{x \mid a < x \leqslant b\}$ 都称为**半开区间**.以上这些区间的长度是有限的,统称为**有限区间**.否则,称为**无限区间**,如 $[a,+\infty) = \{x \mid x \geqslant a\}$.

另外,还有一类特殊的区间在本书的数学表述中经常遇到,就是邻域.开区间 $(a-\delta,a+\delta)$ 称为点 a 的 δ **邻域**,记作 $U(a,\delta)$.点 a 的 δ 邻域去掉中心 a 后,称为点 a 的**去心 δ 邻域**,记作 $\mathring{U}(a,\delta)$.

在以后的数学表述中,有两个常用的逻辑量词符号"$\forall$"和"$\exists$"."$\forall$"表示"任意"."$\exists$"表示"存在".

1.1.2 函数定义

一切物质皆在变化,从古至今,由生到死,亘古不变.因此,生活中充满了许多变化的量,而这些量的变化往往不是独立的,它们是遵循一定规律相互关联的.例如,一天中的气温是随时间而变化的,居民每日用电量是随当日气温而变化的,而居民每月的用电费用是随当月用电量变化的……为更好地把握变量变化之间的客观规律,我们可以用图形、表格或数学表达式来表示它们之间的数量关系.下面来看几个具体实例.

例 1.1.1 专家发现,学生的注意力随老师讲课时间的变化而变化.讲课开始时,学生的兴趣激增;中间有一段时间,学生的兴趣保持较理想的状态;随后,学生的注意力开始分散.设 $f(t)$ 表示学生注意力,t 表示时间.$f(t)$ 越大,表明学生注意力越集中.经实验分析得知

$$f(t)=\begin{cases}-t^2+24t+100, & 0<t\leqslant 10, \\ 240, & 10<t\leqslant 20, \\ -7t+380, & 20<t\leqslant 40.\end{cases}$$

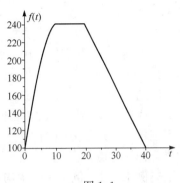

图 1.1

此例中的学生注意力 $f(t)$ 就是时间 t 的函数,而且还是分段定义的.函数 $f(t)$ 的图像如图 1.1 所示.

例 1.1.2 据统计,20 世纪 60 年代世界人口数据见表 1.1(单位:亿),根据表中数据,可用关系式 $N(t)=e^{0.0186t-33.0383}$ 进行数据拟合得到世界人口随时间的变化规律.

表 1.1　世界人口数据

年份	1960	1961	1962	1963	1964	1965	1966	1967	1968
人口	29.72	30.61	31.51	32.13	32.34	32.85	33.56	34.20	34.83

例 1.1.3 某小行星运行过程中位置的 10 个观测点数据见表 1.2,据此,也可模拟出此小行星的运行轨道方程为 $\dfrac{(x-0.2852)^2}{0.8549^2}+\dfrac{(y-0.6678)^2}{0.5462^2}=1.$

表 1.2　小行星轨道坐标数据

x	1.02	0.95	0.87	0.77	0.67	0.56	0.44	0.30	0.16	0.01
y	0.39	0.32	0.27	0.22	0.18	0.15	0.13	0.12	0.13	0.15

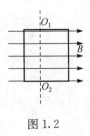

图 1.2

例 1.1.4 如图 1.2 所示,在匀强磁场中匀速转动的矩形线圈的周期为 T,转轴 O_1O_2 垂直于磁场方向,线圈电阻为 2Ω.从线圈平面与磁场方向平行时开始计时,线圈转过60°时的感应电流为 1A.于是我们可以计算出任意时刻线圈中的感应电动势与时间的关系式为 $e=4\cos\dfrac{2\pi}{T}t.$

例 1.1.5　某储户将 10 万元存入银行,年利率为 0.35%,则 10 年间每年年末的存款额与时间的关系可用表 1.3 说明.

表 1.3　存款额数据

年份	第1年	第2年	第3年	第4年	第5年	第6年	第7年	第8年	第9年	第10年
存款额/元	100350	100701.225	101053.679	101407.367	101762.293	102118.461	102475.876	102834.541	103194.462	103555.643

纵观上述例子,我们给出函数的定义.

定义 1.1　设 x 和 y 是两个变量,D 是一个给定的数集. 如果对于 $\forall x \in D$,按照某一法则 f,变量 y 都有确定的值和它对应,则称 f 为定义在 D 上的**函数**. 数集 D 称为该函数的**定义域**,x 称为**自变量**,y 称为**因变量**. 与自变量 x 对应的因变量 y 的值可记作 $f(x)$,称为函数 f 在点 x 处的**函数值**. D 上所有数值对应的全体函数值的集合称为**值域**.

上述例 1.1.1~例 1.1.5 中均涉及了不同的函数. 例 1.1.1 中的 $f(t)$ 是定义在区间 $[0,40]$ 上的函数,例 1.1.2 中的关系式 $N(t) = e^{0.0186t - 33.0383}$ 是以时间 t 为自变量,人口 N 为因变量的函数,例 1.1.3 中的轨道方程说明了小行星运行位置的坐标之间的函数关系,例 1.1.4 中的关系式给出了任意时刻线圈中的感应电动势与时间的函数关系,例 1.1.5 中存款额是定义在正整数集 $\mathbf{N}^*$ 上的函数.

若对 $\forall x \in D$,对应的函数值总是唯一的,则将函数称为**单值函数**,否则称为**多值函数**. 本书中如不特别说明,所指函数均为单值函数.

1.1.3　函数特性

1. 函数的有界性

函数的有界性是研究函数的自变量在某一确定范围变化时,其取值是否有界的性质. 具体地,设 $f(x)$ 在集合 X 上有定义,若 $\exists M > 0$,使得对 $\forall x \in X$ 都有 $|f(x)| \leqslant M$,则称函数 $f(x)$ 在 X 上**有界**;否则,称函数 $f(x)$ 在 X 上**无界**.

例如,函数 $f(x) = \sin x$ 在 $(-\infty, +\infty)$ 上是有界的,因为 $\exists M = 1 > 0$,使得对 $\forall x \in (-\infty, +\infty)$ 都有 $|\sin x| \leqslant 1$. 当然,这里的 M 的取值并不是唯一的,如也可以取 $M = 2$. 类似分析可得到函数 $f(x) = e^x$ 在 $(-\infty, +\infty)$ 上无界,但在 $(-\infty, 0)$ 上有界.

2. 函数的单调性

函数的单调性是研究函数的自变量增加时,其取值是增加还是减少的性质. 具体地,设 $f(x)$ 在区间 I 上有定义,若对 $\forall x_1, x_2 \in I$,且 $x_1 < x_2$,恒有 $f(x_1) \leqslant f(x_2)$,则称函数 $f(x)$ 在 I 上**单调递增**;若对 $\forall x_1, x_2 \in I$,且 $x_1 < x_2$,恒有 $f(x_1) \geqslant f(x_2)$,则称函数 $f(x)$ 在 I 上**单调递减**.

3. 函数的奇偶性

函数的奇偶性是研究函数的图像关于坐标轴以及坐标原点是否具有对称性. 具体地,设 $f(x)$ 的定义在关于原点对称的区间 $I=(-a,a)$ 上,其中 $a>0$. 若对 $\forall x\in I$,恒有 $f(-x)=-f(x)$,则称函数 $f(x)$ 在 I 上为**奇函数**. 此时,函数 $f(x)$ 的图像关于坐标原点对称;若对 $\forall x\in I$,恒有 $f(-x)=f(x)$,则称函数 $f(x)$ 在 I 上为**偶函数**. 此时,函数 $f(x)$ 的图像关于 y 轴对称.

4. 函数的周期性

函数的周期性是研究函数的取值是否随自变量增加而有规律地重复的性质. 具体地,设 $f(x)$ 的定义域为 D,若存在常数 $T\neq 0$,对 $\forall x\in D$,恒有 $x+T\in D$,且 $f(x+T)=f(x)$,则称函数 $f(x)$ 为**周期函数**,称 T 为 $f(x)$ 的一个**周期**. 通常,我们说周期函数的周期是指最小正周期.

习 题 1.1

1. 已知函数 $f(x)=1+x^2$,求 $f(1),f(-1),f(0),f(k),f(-k)$ 的值.

2. 图 1.3 中哪些图形是函数的图像?

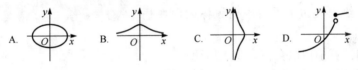

图 1.3

3. 下列哪些方程可以确定一个函数? 对于可以确定函数的,请写出函数 $f(x)$ 的表达式.

(1) $x^2+y^2=1$;　　　　　　　　　(2) $xy+x+y=1$,　$x\neq -1$;

(3) $x=\sqrt{2y+1}$;　　　　　　　　(4) $x=\dfrac{y}{y+1}$.

4. 求下列函数的定义域.

(1) $y=\sqrt{x^2-4x+3}$;　　　　　　(2) $y=\lg\sin x$;

(3) $y=\dfrac{1}{x}-\sqrt{1-x^2}$;　　　　　(4) $y=\arcsin(x-3)$.

5. 美国 ABC 公司制造 x 个玩具炉的成本是 $400+5\sqrt{x(x-4)}$ 美元,而每个玩具炉可以卖 6 美元.

(1) 求卖出 x 个玩具炉的总利润函数 $P(x)$;

(2) 求卖出 200 个玩具炉时所得利润和卖出 1000 个玩具炉时所得利润;

(3) 如果 ABC 公司不盈不亏,需要制造多少个玩具炉?

图 1.4

6. 在一项关于青蛙(图 1.4)各种负荷状态下的肌肉收缩速度的研究中,W. O. Fems 和 J. Marsh 发现肌肉收缩速度会随负荷的增长而降低,具体地可将两者之间的关系表示为

$$v(x)=\frac{26+0.06x}{x}, \quad x\geqslant 5;$$

其中,x 表示负荷量(单位:g),v 表示收缩速度(单位:cm/s).

(1) 请画出函数 $v(x)$ 的图像;

(2) 请考察当负荷量 x 无限大时,收缩速度的变化趋势.

7. 研究表明,如果将一个白血病细胞注入一只健康的小白鼠(图 1.5)体内,那么大约需要半天时间这个白血病细胞就会分裂成两个白血病细胞,因此,一天后小白鼠体内就会有四个白血病细胞. 而这种成倍数的增长模式将会一直持续到小白鼠体内产生 10 亿细胞,此时,小白鼠就会死亡.

(1) 请给出经过 t 天后小白鼠体内白血病细胞的数目 N;

图 1.5

(2) 请计算小白鼠会在多少天后死亡.

8. 判断下列函数的奇偶性.

(1) $y=3x-x^3+x^5$;

(2) $y=(1-x^{\frac{2}{3}})\cdot(1+x^{\frac{2}{3}})$;

(3) $y=\ln\dfrac{1-x}{1+x}$;

(4) $y=\lg(x+\sqrt{1+x^2})$.

9. 判断下列函数的周期性.

(1) $y=\sin(x-3)$;

(2) $y=\cos4x$;

(3) $y=2+\sin2\pi x$;

(4) $y=x\cos x$.

10. 设函数 $f(x)$ 在数集 X 上有定义,求证:函数 $f(x)$ 在数集 X 上有界的充要条件是它在 X 上既有上界又有下界.

1.2　初　等　函　数

1.2.1　基本初等函数

在中学数学教材中已经研究过下面六类函数.

常值函数　$y=C,C$ 为常数;

幂函数 $y=x^{\mu}$，$\mu\in\mathbf{R}$ 为常数；

指数函数 $y=a^{x}$，$a>0$ 且 $a\neq1$；

对数函数 $y=\log_{a}x$，$a>0$ 且 $a\neq1$；

三角函数 $y=\sin x$，$y=\cos x$，$y=\tan x$ 等；

反三角函数 $y=\arcsin x$，$y=\arccos x$，$y=\arctan x$ 等，

以上六类函数统称为**基本初等函数**.

中学已经讨论过基本初等函数的一些性质，具体内容见表 1.4.

表 1.4 基本初等函数的图形及其简单性质

名称	解析表达式	定义区间	图形	简单性质
常值函数	$y=C$ （C 为常数）	$x\in(-\infty,+\infty)$		偶函数，周期函数，有界
幂函数	$y=x^{\mu}$ （$\mu\in\mathbf{R}$ 为常数）	随 μ 的不同而异，但在 $x>0$ 时总有意义.		当 $x>0$ 时，函数单调，图形都经过第一象限的点 $(1,1)$； ①当 a 为偶数时，为偶函数. ②当 a 为奇数时，为奇函数. ③当 a 为负数时，图形在原点间断
指数函数	$y=a^{x}$，$a>0$，且 $a\neq1$	$x\in(-\infty,+\infty)$		(1)$a>1$ 时，单调递增 (2)$0<a<1$ 时，单调递减 (3)均通过点 $(0,1)$，有下界无上界

名称	解析表达式	定义区间	图形	简单性质
对数函数	$y=\log_a x$, $a>0$,且$a\neq1$	$x\in(0,+\infty)$		(1)$a>1$时,单调递增 (2)$0<a<1$时,单调递减 (3)均通过点$(1,0)$
正弦函数	$y=\sin x$	$x\in(-\infty,+\infty)$		奇函数,周期函数,周期为2π,有界
反正弦函数	$y=\arcsin x$	$x\in[-1,1]$		单调递增,有界
余弦函数	$y=\cos x$	$x\in(-\infty,+\infty)$		偶函数,周期函数,周期为2π,有界
反余弦函数	$y=\arccos x$	$x\in[-1,1]$		单调递减,有界
正切函数	$y=\tan x$	$x\in\left(k\pi-\dfrac{\pi}{2},\right.$ $\left.k\pi+\dfrac{\pi}{2}\right),k\in\mathbf{Z}$		奇函数,周期函数,周期为π,在$\left(k\pi-\dfrac{\pi}{2},k\pi\right.$ $\left.+\dfrac{\pi}{2}\right)$上单调递增

续表

名称	解析表达式	定义区间	图形	简单性质
反正切函数	$y=\arctan x$	$x\in(-\infty,+\infty)$		奇函数,单调递增,有界
余切函数	$y=\cot x$	$x\in(k\pi,k\pi+\pi),k\in\mathbf{Z}$		奇函数,周期函数,周期为π,在$(k\pi,k\pi+\pi)$上单调递减
反余切函数	$y=\operatorname{arccot}x$	$x\in(-\infty,+\infty)$		奇函数,单调递减,有界

1.2.2　初等函数

由基本初等函数经过有限次的四则运算或复合运算而构成的可用一个解析表达式表示的函数,称为初等函数. 例如

$$y=x+1,\quad y=\frac{2}{x},\quad y=\sin^2 x,\quad y=\sqrt{x^2}$$

以及双曲函数

双曲正弦 $\operatorname{sh}x=\dfrac{e^x-e^{-x}}{2}$,　双曲余弦 $\operatorname{ch}x=\dfrac{e^x+e^{-x}}{2}$,

双曲正切 $\operatorname{th}x=\dfrac{\operatorname{sh}x}{\operatorname{ch}x}=\dfrac{e^x-e^{-x}}{e^x+e^{-x}}$,　双曲余切 $\operatorname{cth}x=\dfrac{\operatorname{ch}x}{\operatorname{sh}x}=\dfrac{e^x+e^{-x}}{e^x-e^{-x}}$

等都是初等函数.

习 题 1.2

1. 请在同一直角坐标系下画出指数函数 $f(x)=2^x$ 和幂函数 $g(x)=x^2$ 的图像. 观察两个图像相交于几个点,交点将 x 轴分成几部分以及两个函数在 x 属于每一部分时的大小关系.

2. 分解下列复合函数,说明每一个函数是由哪些简单函数复合而成的.

(1) $y = \sin(\log_2 x)$;

(2) $y = \sqrt{\tan \dfrac{x}{2}}$;

(3) $y = \mathrm{e}^{\cos \frac{1}{x}}$;

(4) $y = \arccos \sqrt{\log_2(x^2 - 1)}$.

3. 判断下列函数哪些是初等函数.

(1) $y = \sqrt{\sin(x-3)}$;

(2) $y = \ln(x + \sqrt{x^2 + a^2})$;

(3) $y = \sqrt{x^2}$;

(4) $y = \mathrm{sgn}\, x = \begin{cases} 1, & x > 0, \\ 0, & x = 0, \\ -1, & x < 0. \end{cases}$

4. 设函数 $f(x) = \begin{cases} 1, & |x| < 1, \\ 0, & |x| = 1, \\ -1, & |x| > 1, \end{cases}$ $g(x) = \mathrm{e}^x$，求 $f(g(x))$ 和 $g(f(x))$.

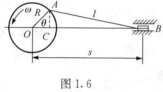

图 1.6

5. 一曲柄连杆机构，如图 1.6 所示，主动轮以匀角速度 ω 弧度/秒旋转，曲柄 OA 绕轴 O 做圆周运动. 开始时，O,A,B 三点在同一水平线上，设 $OA = R$，$AB = l$，求 s 与时间 t 的函数关系.

1.3　极限的概念

1.3.1　极限引例

春秋战国时期的哲学家庄子在《庄子·天下篇》中记载着惠施的一句话："一尺之棰，日取其半，万世不竭."说的是，一尺长的木杖，今天取走一半，明天在剩余的一半中再取走一半，以后每天都在前一天剩下的里面取走一半，随着时间的流逝，木杖会越来越短，长度越来越趋近于零，但又永远不会等于零. 这便是现实中一个非常直观的极限模型，它可以用一个无穷数列表示为

$$1, \quad \frac{1}{2}, \quad \frac{1}{4}, \cdots \frac{1}{2^{n-1}}, \cdots \quad \rightarrow 0.$$

魏晋时期的数学家刘徽在计算圆周率时首创的"割圆术"也是一个不可不提的极限模型."割之弥细，所失弥少，割之又割，以至于不可割，则与圆合体，而无所失矣"便是刘徽对"割圆术"的描述. 意思就是，计算圆内接正 n 边形的面积，如图 1.7 所示，n 值越大，正 n 边形的面积 A_n 就越接近于圆的面积 A，直到 n 无限大，即可得到精确的圆的面积.

$$A_3, \quad A_4, \quad A_5, \cdots A_n, \cdots \quad \rightarrow \quad A.$$

另外，唐朝诗人李白在《送孟浩然之广陵》中写道："故人西辞黄鹤楼，烟花三月

下扬州. 孤帆远影碧空尽, 唯见长江天际流."细细思量"孤帆远影碧空尽"一句, 不难体会一个变量趋向于 0 的动态意境.

图 1.7

1.3.2　极限的直观定义

下面, 我们通过例 1.3.1 直观地来理解极限.

例 1.3.1　考察函数 $f(x) = \dfrac{x^3-1}{x-1}$ 在 $x=1$ 处的极限.

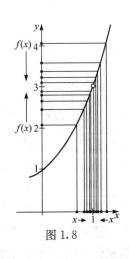

图 1.8

显然, $f(x)$ 在 $x=1$ 处没有定义. 然而, 当 x 趋于 1 时, 函数会如何变化? 更确切地讲, 当 x 趋于 1 时, 函数 $f(x)$ 的值会趋向于什么? 通过求 1 附近的几个值, 可得到表 1.5. 我们也可画出函数 $f(x)$ 的草图, 如图 1.8 所示. 表 1.5 和图 1.8 均显示一个相同的结论: 当 x 趋于 1 时, $f(x)$ 趋于 3.

表 1.5　$f(x)$ 求值列表

x	1.2	1.1	1.01	1.001	↓	1.000	↑	0.999	0.99	0.9	0.8
$f(x) = \dfrac{x^3-1}{x-1}$	3.640	3.310	3.030	3.003	↓	无定义	↑	2.997	2.970	2.710	2.44

一般地, 我们给出极限的直观定义.

定义 1.2　当 x 接近于某个常数 x_0 但不等于 x_0 时, 若 $f(x)$ 趋向于常数 A, 则称 A 为 $f(x)$ 当 x 趋于 x_0 时的**极限**, 记作 $\lim\limits_{x \to x_0} f(x) = A$.

注　这里对函数 $f(x)$ 在点 x_0 没有任何要求, 甚至都不需要 $f(x)$ 在 x_0 有定义. 前面的例子对 $f(x) = \dfrac{x^3-1}{x-1}$ 在 $x=1$ 处的讨论也说明了这个问题. 极限考虑的是函数 $f(x)$ 在 x_0 附近的变化趋势, 与在 x_0 的函数值无关.

定义 1.2 使用了"接近""趋向"这两个感性的词. 但是, 多近才算接近, 怎样才算趋向? 并没有说清楚. 为了说清楚, 我们需要给出极限的精确定义.

1.3.3　极限的精确定义

在给出极限的精确定义之前, 先看例 1.3.2.

例 1.3.2　利用 $y=f(x)=x^2$ 的图像确定 x 有多靠近 2 时，才能使 $f(x)$ 在 4 ± 0.05 范围之内.

解　$f(x)$ 在 4 ± 0.05 范围之内，即 $3.95<f(x)<4.05$. 如图 1.9(b) 所示，先画出直线 $y=3.95$ 和直线 $y=4.05$. 进而，分别通过这两条直线与函数图像的交点作 x 轴的垂线 $x=\sqrt{3.95}$ 和 $x=\sqrt{4.05}$，如图 1.9(c) 所示，若 $1.98746\approx\sqrt{3.95}<x<\sqrt{4.05}\approx2.01246$，则 $3.95<f(x)<4.05$. 由于，右端点 2.01246 更接近于 2，故当 x 落在与 2 相差 0.01246 的范围之内的时候，$f(x)$ 在 4 ± 0.05 范围之内.

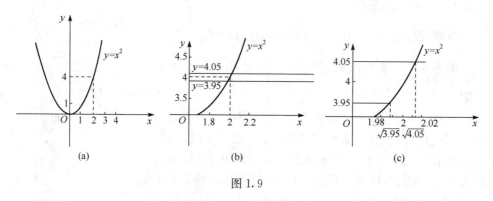

图 1.9

进一步地，x 有多靠近 2 时，才能使 $f(x)$ 在 4 ± 0.01 范围之内呢？读者可类似分析. 当然，此时，我们需要 x 更靠近 2. 而且，事实上不管要求 $f(x)$ 多么接近 4，我们都可以找到合适的靠近 2 的 x 的范围.

定义 1.3　给定函数 $f(x)$ 和常数 A，若对于 $\forall\varepsilon>0$（无论 ε 多么小），总 $\exists\delta>0$，使得当 $0<|x-x_0|<\delta$ 时，总有 $|f(x)-A|<\varepsilon$，则称 A 为 $f(x)$ 当 x 趋于 x_0 时的极限，记作 $\lim\limits_{x\to x_0}f(x)=A$.

定义 1.3 用 ε 表示任意小的正数，巧妙地将"$f(x)$ 趋向于常数 A"转化为"$f(x)$ 与 A 的距离可以任意小"即"$|f(x)-A|<\varepsilon$"；用 δ 表示充分小的正数，是为了刻画 x 接近 x_0 的程度. 当然，δ 依赖于 ε，也就是说给定一个 ε，就会相应有一个 δ.

注 1　引入"ε-δ"语言叙述极限的定义基本上是由德国数学家魏尔斯特拉斯（Weierstrass，1815～1897）完成的. 实际上，在此之前，18 世纪到 19 世纪的许多数学家，如法国数学家达朗贝尔（D'Alembert，1717～1783）和柯西（Cauchy，1789～1857），在这方面都做了很多工作.

注 2　极限的精确定义可以说是微积分中最难以理解的概念. 要真正完全理解它是需要一定的时间的，毕竟定义 1.3 是经历了漫长的时间由多位伟大的数学家费了很多心血才真正确立的.

注 3 图 1.10 可以帮助我们充分理解定义 1.3.

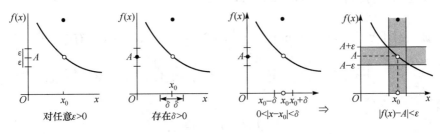

图 1.10

注 4 仿照定义 1.3,我们也可类似定义 $\lim\limits_{x \to \infty} f(x) = A$,即

$$\lim_{x \to \infty} f(x) = A \Leftrightarrow \forall \varepsilon > 0, \exists X > 0, 当 |x| > X 时, 有 |f(x) - A| < \varepsilon.$$

有了极限的精确定义,我们就可以用来验证某个数是否是函数的极限了.

例 1.3.3 证明: $\lim\limits_{x \to 3}(2x + 1) = 7$.

分析:根据极限定义,对于 $\forall \varepsilon > 0$,需要找出 $\delta > 0$,使得当 $0 < |x - 3| < \delta$ 时,有 $|(2x + 1) - 7| < \varepsilon$. 而

$$|(2x + 1) - 7| < \varepsilon \Leftrightarrow |2x - 6| < \varepsilon \Leftrightarrow |x - 3| < \frac{\varepsilon}{2}.$$

因此,我们找到了 δ,即 $\delta = \dfrac{\varepsilon}{2}$.

证 对于 $\forall \varepsilon > 0$,取 $\delta = \dfrac{\varepsilon}{2}$,则当 $0 < |x - 3| < \delta$ 时,有

$$|(2x + 1) - 7| = |2x - 6| = 2|x - 3| < 2\delta = \varepsilon.$$

因此, $\lim\limits_{x \to 3}(2x + 1) = 7$.

例 1.3.4 证明: $\lim\limits_{x \to 3}(x^2 + x - 5) = 7$.

分析:根据极限定义,对于 $\forall \varepsilon > 0$,需要找出 $\delta > 0$,使得当 $0 < |x - 3| < \delta$ 时,有 $|(x^2 + x - 5) - 7| < \varepsilon$. 而

$$|(x^2 + x - 5) - 7| < \varepsilon \Leftrightarrow |x^2 + x - 12| < \varepsilon \Leftrightarrow |x + 4||x - 3| < \varepsilon.$$

分析到这里,由于有因子 $|x + 4|$,我们就无法直接判断出 $|x - 3|$ 应该如何取值. 但是,注意到我们是考虑 x 在 3 附近,所以不妨先假设 $\delta < 1$,即 $|x - 3| < 1$. 由此,

$$|x + 4| = |(x - 3) + 7| \leqslant |x - 3| + 7 < 1 + 7 = 8.$$

那么, $|x + 4||x - 3| < 8|x - 3|$. 因此,只要 $8|x - 3| < \varepsilon$,即 $|x - 3| < \dfrac{\varepsilon}{8}$,就可以使 $|x + 4||x - 3| < \varepsilon$.

于是，我们找到了 δ，即 $\delta=\min\left\{1,\dfrac{\varepsilon}{8}\right\}$.

证　对于 $\forall\varepsilon>0$，取 $\delta=\min\left\{1,\dfrac{\varepsilon}{8}\right\}$，则当 $0<|x-3|<\delta$ 时，有

$$|(x^2+x-5)-7|=|x^2+x-12|=|x+4\|x-3|<8\times\dfrac{\varepsilon}{8}=\varepsilon.$$

因此

$$\lim_{x\to3}(x^2+x-5)=7.$$

通过例 1.3.4，我们能体会到用"ε-δ"语言证明极限的难点在于 δ 的寻找. 而突破这一难点，更多的是不等式的估计技巧，关于这方面的相关内容我们就不详述了.

有时我们还需要考虑单侧极限. 下面给出右极限的定义.

定义 1.4　对于 $\forall\varepsilon>0$，总 $\exists\delta>0$，使得当 $0<x-x_0<\delta$ 时，总有 $|f(x)-A|<\varepsilon$，则称 A 为 $f(x)$ 当 x 趋于 x_0 时的**右极限**，记作 $\lim\limits_{x\to x_0^+}f(x)=A$，或 $f(x_0+0)=A$.

关于左极限 $\lim\limits_{x\to x_0^-}f(x)=A$（或记为 $f(x_0-0)=A$）的定义留给读者（见习题 1.3

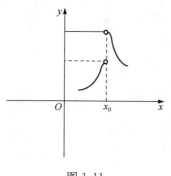

图 1.11

第 1 题）. 至于单侧极限和极限的关系，我们有如下定理.

定理 1.1　$\lim\limits_{x\to x_0}f(x)=A$ 成立的充要条件是左极限 $\lim\limits_{x\to x_0^-}f(x)$ 和右极限 $\lim\limits_{x\to x_0^+}f(x)$ 均存在且都等于 A.

图 1.11 能帮助我们更直观地理解其内涵. 即使函数的左右极限都存在，也不能保证函数的极限就一定存在.

在定义 1.3 注（4）中，我们已给出 $\lim\limits_{x\to\infty}f(x)=A$ 的定义. 下面进一步给出 $\lim\limits_{x\to+\infty}f(x)=A$，$\lim\limits_{x\to-\infty}f(x)=A$ 以及 $\lim\limits_{n\to\infty}a_n=a$ 的定义.

定义 1.5　对于 $\forall\varepsilon>0$，总 $\exists X>0$，使得当 $x>X$ 时，总有 $|f(x)-A|<\varepsilon$，则称 A 为 $f(x)$ 当 x 趋于正无穷大时的极限，记作 $\lim\limits_{x\to+\infty}f(x)=A$.

定义 1.6　对于 $\forall\varepsilon>0$，总 $\exists X>0$，使得当 $x<-X$ 时，总有 $|f(x)-A|<\varepsilon$，则称 A 为 $f(x)$ 当 x 趋于负无穷大时的极限，记作 $\lim\limits_{x\to-\infty}f(x)=A$.

显然 $\lim\limits_{x\to\infty}f(x)=A$ 的充要条件是 $\lim\limits_{x\to-\infty}f(x)=\lim\limits_{x\to+\infty}f(x)=A$.

定义 1.7　对于 $\forall\varepsilon>0$，总 $\exists N>0$，使得当 $n>N$ 时，总有 $|a_n-a|<\varepsilon$，则称 a 为数列 $\{a_n\}$ 当 n 趋于无穷大时的极限，记作 $\lim\limits_{n\to\infty}a_n=a$.

若 $\lim\limits_{n\to\infty}a_n=a$，则称数列 $\{a_n\}$ 收敛于 a；若 $\lim\limits_{n\to\infty}a_n$ 不存在，则称数列 $\{a_n\}$ 发散.

习 题 1.3

1. 叙述左极限 $\lim\limits_{x \to x_0^-} f(x) = A$ 的定义.

2. 对图 1.12 给出的函数,求下列所给极限或
函数的值,或者说明其值或极限不存在.

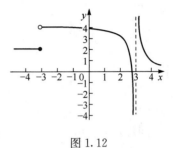

图 1.12

(1) $f(-3)$；　　　　　　(2) $f(3)$；

(3) $\lim\limits_{x \to -3^-} f(x)$；　　　　(4) $\lim\limits_{x \to -3^+} f(x)$；

(5) $\lim\limits_{x \to -3} f(x)$；　　　　　(6) $\lim\limits_{x \to 3^+} f(x)$.

3. 画出函数 $f(x) = \begin{cases} -x+1, & x<1, \\ x-1, & 1<x<2, \\ 5-x^2, & x \geqslant 2 \end{cases}$ 的

图像,然后求下面表达式的值或说明不存在.

(1) $f(1)$；　　(2) $\lim\limits_{x \to 1} f(x)$；　　(3) $\lim\limits_{x \to 2} f(x)$；　　(4) $\lim\limits_{x \to 2^+} f(x)$.

4. 设函数 $f(x) = \begin{cases} x, & x \text{ 是有理数}, \\ -x, & x \text{ 是无理数}, \end{cases}$ 求 $\lim\limits_{x \to 1} f(x)$ 和 $\lim\limits_{x \to 0} f(x)$.

5. 设某一天,函数 $f(x) = x^2$ 已被画出了精准图像. 但这天晚上,一位神秘人
对图像的约一百万个不同位置处的函数值作了改动. 请思考,改动后,对任意的 a,
极限 $\lim\limits_{x \to a} f(x)$ 有没有发生变化,为什么?

6. 根据极限的定义证明.

(1) $\lim\limits_{n \to \infty} \dfrac{1}{n^2} = 0$；　　　　　　　　(2) $\lim\limits_{n \to \infty} \dfrac{2n+1}{3n+4} = \dfrac{2}{3}$；

(3) $\lim\limits_{x \to -2} \dfrac{x^2-4}{x+2} = -4$；　　　　　(4) $\lim\limits_{x \to x_0} \sqrt{x} = \sqrt{x_0}$,其中 $x_0 > 0$.

7. 当 $x \to \infty$ 时,$y = \dfrac{x^2-1}{x^2+3} \to 1$. 请问 X 等于多少,使得当 $|x| > X$ 时,
$|y-1| < 0.01$.

8. 求当 $x \to 0$,函数 $f(x) = \dfrac{x}{x}$,$g(x) = \dfrac{|x|}{x}$ 时的左、右极限,并说明它们在 $x \to 0$
时的极限是否存在.

1.4 极限的性质与运算

1.4.1 极限的性质

下面仅以 $\lim\limits_{x \to x_0} f(x)$ 为例,对极限的性质加以讨论,并简要的给出定理证明过

程.至于其他形式的极限（如 $\lim\limits_{x\to\infty}f(x)$，$\lim\limits_{n\to\infty}a_n$）的性质及其证明,相应做些修改即可.

定理 1.2（唯一性）　若 $\lim\limits_{x\to x_0}f(x)$ 存在,则必唯一.

证（反证法）　设 $\lim\limits_{x\to x_0}f(x)=A$，$\lim\limits_{x\to x_0}f(x)=B$，且 $A\neq B$（不妨设 $A<B$）.

对于 $\varepsilon=\dfrac{B-A}{2}>0$，由于 $\lim\limits_{x\to x_0}f(x)=A$，则 $\exists\delta_1>0$，使得当 $0<|x-x_0|<\delta_1$ 时,有

$$|f(x)-A|<\varepsilon=\frac{B-A}{2}\Leftrightarrow\frac{3A-B}{2}<f(x)<\frac{A+B}{2}.$$

同理,由于 $\lim\limits_{x\to x_0}f(x)=B$，则 $\exists\delta_2>0$，使得当 $0<|x-x_0|<\delta_2$ 时,有

$$|f(x)-B|<\varepsilon=\frac{B-A}{2}\Leftrightarrow\frac{A+B}{2}<f(x)<\frac{3B-A}{2}.$$

因此,当 $0<|x-x_0|<\min\{\delta_1,\delta_2\}$ 时,有

$$\frac{3A-B}{2}<f(x)<\frac{A+B}{2},\qquad\frac{A+B}{2}<f(x)<\frac{3B-A}{2}$$

同时成立,这显然是不可能的. 故得证.

定理 1.3（局部有界性）　若 $\lim\limits_{x\to x_0}f(x)=A$，则存在 $M>0$ 以及 $\delta>0$，使得当 $0<|x-x_0|<\delta$ 时,有 $|f(x)|\leqslant M$.

证　由于 $\lim\limits_{x\to x_0}f(x)=A$，根据极限的定义,对于 $\varepsilon=1$，$\exists\delta>0$，使得当 $0<|x-x_0|<\delta$ 时,有 $|f(x)-A|<\varepsilon=1\Leftrightarrow A-1<f(x)<A+1$. 取 $M=\max\{|A-1|,|A+1|\}$，则当 $0<|x-x_0|<\delta$ 时,有

$$|f(x)|\leqslant M.$$

定理 1.4（局部保号性）　若 $\lim\limits_{x\to x_0}f(x)=A$，且 $A>0$（或 $A<0$），则存在 $\delta>0$，使得当 $0<|x-x_0|<\delta$ 时,有 $f(x)>0$（或 $f(x)<0$）.

证　我们证明 $A>0$ 的情形,$A<0$ 的情形可类似证明.

由于 $\lim\limits_{x\to x_0}f(x)=A$，根据极限的定义,对于 $\varepsilon=\dfrac{A}{2}$，则 $\exists\delta>0$，使得当 $0<|x-x_0|<\delta$ 时,有 $|f(x)-A|<\varepsilon=\dfrac{A}{2}\Leftrightarrow 0<\dfrac{A}{2}<f(x)<\dfrac{3A}{2}$. 得证.

利用定理 1.4 可以证明,$\exists\delta>0$，当 $0<|x-x_0|<\delta$ 时,若 $f(x)\geqslant 0$（或 $\leqslant 0$），且 $\lim\limits_{x\to x_0}f(x)=A$，则 $A\geqslant 0$（或 $\leqslant 0$）.

1.4.2　极限的运算

下面介绍极限的四则运算法则,复合函数的极限运算定理和极限存在的两个

准则.

定理 1.5（极限的四则运算）　若 $\lim f(x) = A, \lim g(x) = B$,则

(1) $\lim[f(x) \pm g(x)]$ 存在,且 $\lim[f(x) \pm g(x)] = \lim f(x) \pm \lim g(x) = A \pm B$;

(2) $\lim f(x) \cdot g(x)$ 存在,且 $\lim f(x)g(x) = \lim f(x) \cdot \lim g(x) = AB$;

(3) 若 $B \neq 0$,则 $\lim \dfrac{f(x)}{g(x)}$ 存在,且 $\lim \dfrac{f(x)}{g(x)} = \dfrac{\lim f(x)}{\lim g(x)} = \dfrac{A}{B}$.

其中,记号"lim"下面没有标明自变量的变化过程,表示此定理对自变量变化过程的各种形式均适用.下面仅以 $x \to x_0$ 为例证明,其他情形可类似证明.

证　(1) 只证 $\lim[f(x) + g(x)] = A + B$,过程为 $x \to x_0$.

由于 $\lim\limits_{x \to x_0} f(x) = A$,所以,对 $\forall \varepsilon > 0, \exists \delta_1 > 0$,当 $0 < |x - x_0| < \delta_1$ 时,有 $|f(x) - A| < \dfrac{\varepsilon}{2}$. 对此 ε,又因为 $\lim\limits_{x \to x_0} g(x) = B$,所以 $\exists \delta_2 > 0$,当 $0 < |x - x_0| < \delta_2$ 时,有 $|g(x) - B| < \dfrac{\varepsilon}{2}$,取 $\delta = \min\{\delta_1, \delta_2\}$,则当 $0 < |x - x_0| < \delta$ 时,有

$$|(f(x) + g(x)) - (A + B)| = |(f(x) - A) + (g(x) - B)|$$
$$\leqslant |f(x) - A| + |g(x) - B| < \dfrac{\varepsilon}{2} + \dfrac{\varepsilon}{2} = \varepsilon,$$

所以 $\lim\limits_{x \to x_0}(f(x) + g(x)) = A + B$.

(2) 对 $\forall \varepsilon > 0, \exists \delta_1 > 0$,当 $0 < |x - x_0| < \delta_1$ 时,有 $|f(x) - A| < \varepsilon$,对此 $\varepsilon, \exists \delta_2 > 0$,当 $0 < |x - x_0| < \delta_2$ 时,有 $|g(x) - B| < \varepsilon$,取 $\delta = \min\{\delta_1, \delta_2\}$,则当 $0 < |x - x_0| < \delta$ 时,有

$$|f(x)g(x) - AB| = |(f(x) - A)(g(x) + B) + A(g(x) - B) - B(f(x) - A)|$$
$$\leqslant |f(x) - A|(|g(x)| + |B|) + |A||g(x) - B| + |B||f(x) - A|)$$
$$< \varepsilon(|g(x)| + |A| + 2|B|).$$

另外,$|g(x) - B| < \varepsilon \Rightarrow |g(x)| < \max\{|B + \varepsilon|, |B - \varepsilon|\}$,记 $M = \max\{|B + \varepsilon|, |B - \varepsilon|\}$,则

$$|f(x)g(x) - AB| < \varepsilon(M + |A| + 2|B|),$$

所以 $\lim\limits_{x \to x_0} f(x)g(x) = AB$.

定理 1.5 中(3)的证明留给读者.

注 1　定理 1.5 中(1)可推广到有限个函数的情形.

注 2　定理 1.5 中(2)有如下推论.

推论 1.1　$\lim[cf(x)] = c\lim f(x)$(c 为常数).

推论 1.2　$\lim[f(x)]^n = [\lim f(x)]^n$($n$ 为正整数).

例 1.4.1　求极限 $\lim\limits_{x\to 1}(x^2-5x+10)$.

解　$\lim\limits_{x\to 1}(x^2-5x+10)=\lim\limits_{x\to 1}x^2-5\lim\limits_{x\to 1}x+10=1^2-5\times 1+10=6.$

在例 1.4.1 的求解中,极限 $\lim\limits_{x\to 1}x^2$ 和 $\lim\limits_{x\to 1}x$ 我们都是直接代入,这是我们求极限的最基本的方法. 至于为什么可以直接代入,我们会在 1.6 节说明.

例 1.4.2　求极限 $\lim\limits_{x\to 1}\dfrac{x^2+x-2}{2x^2+x-3}$.

解　当 $x\to 1$ 时,分子、分母均趋于 0,所以不能直接利用定理 1.5. 但是,注意到分子分母有公因子 $(x-1)$,所以

$$\lim\limits_{x\to 1}\frac{x^2+x-2}{2x^2+x-3}=\lim\limits_{x\to 1}\frac{(x+2)(x-1)}{(2x+3)(x-1)}=\lim\limits_{x\to 1}\frac{x+2}{2x+3}=\frac{3}{5}.$$

例 1.4.3　求极限 $\lim\limits_{n\to\infty}\left(\dfrac{1}{n^2}+\dfrac{2}{n^2}+\cdots+\dfrac{n}{n^2}\right)$.

解　当 $n\to\infty$ 时,这是无穷多项相加,故不能用定理 1.5,需要先变形.

$$原式=\lim\limits_{n\to\infty}\frac{1}{n^2}(1+2+\cdots+n)=\lim\limits_{n\to\infty}\frac{1}{n^2}\cdot\frac{n(n+1)}{2}=\lim\limits_{n\to\infty}\frac{n+1}{2n}=\frac{1}{2}.$$

例 1.4.4　求极限 $\lim\limits_{x\to\infty}\dfrac{3x^2+2x-1}{7x^2+5x-3}$.

解　当 $x\to\infty$ 时,分子分母极限均不存在,故不能用定理 1.5,需要先变形.

$$原式=\lim\limits_{x\to\infty}\frac{\dfrac{3x^2+2x-1}{x^2}}{\dfrac{7x^2+5x-3}{x^2}}=\lim\limits_{x\to\infty}\frac{3+\dfrac{2}{x}-\dfrac{1}{x^2}}{7+\dfrac{5}{x}-\dfrac{3}{x^2}}=\frac{3}{7}.$$

定理 1.6（复合函数的极限运算）　设函数 $y=f(g(x))$ 是由函数 $y=f(u)$ 和函数 $u=g(x)$ 复合而成. 且 $y=f(g(x))$ 在 x_0 的某去心邻域内有定义. 若 $\lim\limits_{x\to x_0}g(x)=u_0$, $\lim\limits_{u\to u_0}f(u)=A$,且存在 $\delta_0>0$,使得当 $x\in\mathring{U}(x_0,\delta_0)$ 时,有 $g(x)\neq u_0$,则 $\lim\limits_{x\to x_0}f(g(x))=\lim\limits_{u\to u_0}f(u)=A.$

证　由 $\lim\limits_{u\to u_0}f(u)=A$ 可得,对 $\forall\varepsilon>0$,$\exists\delta_1>0$,当 $0<|u-u_0|<\delta_1$ 时,有 $|f(u)-A|<\varepsilon.$

又由 $\lim\limits_{x\to x_0}g(x)=u_0$ 可得,对上述 $\delta_1>0$,$\exists\delta_2>0$,当 $0<|x-x_0|<\delta_2$ 时,有 $|g(x)-u_0|<\delta_1.$

又当 $x\in\mathring{U}(x_0,\delta_0)$ 时,有 $g(x)\neq u_0$. 取 $\delta=\min\{\delta_2,\delta_0\}$,则当 $0<|x-x_0|<\delta$ 时,有 $|g(x)-u_0|<\delta_1$ 且 $|g(x)-u_0|\neq 0$,即 $0<|g(x)-u_0|<\delta_1$,因此有

$$|f[g(x)]-A|=|f(u)-A|<\varepsilon.$$

注　定理 1.6 中,若将 $\lim\limits_{x \to x_0} g(x) = u_0$ 换作 $\lim\limits_{x \to x_0} g(x) = \infty$ 或 $\lim\limits_{x \to \infty} g(x) = \infty$,将 $\lim\limits_{u \to u_0} f(u) = A$ 换成 $\lim\limits_{u \to \infty} f(u) = A$,可得类似结论.

例 1.4.5　求极限 $\lim\limits_{x \to 3} \dfrac{\sqrt{1+x} - 2}{x - 3}$.

解　当 $x \to 3$ 时,分子分母极限均趋向于 0,故不能用定理 1.5,需要先变形.

$$原式 = \lim_{x \to 3} \frac{(\sqrt{1+x} - 2)(\sqrt{1+x} + 2)}{(x-3)(\sqrt{1+x} + 2)} = \lim_{x \to 3} \frac{1 + x - 4}{(x-3)(\sqrt{1+x} + 2)}$$

$$= \lim_{x \to 3} \frac{1}{(\sqrt{1+x} + 2)} = \frac{1}{4}.$$

例 1.4.6　设 $\lim\limits_{n \to \infty} a_n = a, \lim\limits_{n \to \infty}(a_n - b_n) = 0$,求 $\lim\limits_{n \to \infty} b_n$.

解　因为 $b_n = a_n - (a_n - b_n)$,所以由定理 1.5(1) 有

$$\lim_{n \to \infty} b_n = \lim_{n \to \infty} a_n - \lim_{n \to \infty}(a_n - b_n) = a - 0 = a.$$

定理 1.7（夹逼准则）　若函数 $f(x), g(x), h(x)$ 满足:

（ⅰ）当 $x \in \overset{\circ}{U}(x_0, \delta)$ 时,有 $g(x) \leqslant f(x) \leqslant h(x)$,

（ⅱ）$\lim\limits_{x \to x_0} g(x) = A, \lim\limits_{x \to x_0} h(x) = A$,

则极限 $\lim\limits_{x \to x_0} f(x)$ 存在,且等于 A.

对自变量变化过程的其他形式也有类似于定理 6 的结论,在这里就不一一叙述了.

证　因为 $\lim\limits_{x \to x_0} g(x) = A$,所以对 $\forall \varepsilon > 0, \exists \delta_1 > 0$,当 $0 < |x - x_0| < \delta_1$ 时,有 $|g(x) - A| < \varepsilon$. 又 $\lim\limits_{x \to x_0} h(x) = A$,所以对上述 $\varepsilon, \exists \delta_2 > 0$,当 $0 < |x - x_0| < \delta_2$ 时, 有 $|h(x) - A| < \varepsilon$.

$|g(x) - A| < \varepsilon \Leftrightarrow A - \varepsilon < g(x) < A + \varepsilon$,　　$|h(x) - A| < \varepsilon \Leftrightarrow A - \varepsilon < h(x) < A + \varepsilon$, 又当 $x \in \overset{\circ}{U}(x_0, \delta)$ 时,有 $g(x) \leqslant f(x) \leqslant h(x)$,所以,若取 $\delta_0 = \min\{\delta, \delta_1, \delta_2\}$,则当 $x \in \overset{\circ}{U}(x_0, \delta_0)$ 时,有

$$A - \varepsilon < g(x) \leqslant f(x) \leqslant h(x) < A + \varepsilon,$$

即 $|f(x) - A| < \varepsilon$. 所以,$\lim\limits_{x \to x_0} f(x) = A$.

由于,当 $0 < |x| < \dfrac{\pi}{2}$ 时,有 $\cos x < \dfrac{\sin x}{x} < 1$（留给读者自己证明,见习题 1.4 第 2 题）. 所以由定理 1.7 可得如下结论.

$$\lim_{x \to 0} \frac{\sin x}{x} = 1.$$

例 1.4.7 求极限.

(1) $\lim\limits_{x\to 0}\dfrac{\sin 5x}{x}$;　　　　　　　　　(2) $\lim\limits_{x\to 0}\dfrac{\tan x}{x}$;

(3) $\lim\limits_{x\to 0}\dfrac{1-\cos x}{x^2}$;　　　　　　　　(4) $\lim\limits_{x\to 0}\dfrac{\arcsin x}{x}$.

解　(1) $\lim\limits_{x\to 0}\dfrac{\sin 5x}{x}=\lim\limits_{x\to 0}\dfrac{\frac{\sin 5x}{5x}\cdot 5x}{x}=\lim\limits_{x\to 0}\dfrac{\sin 5x}{5x}\cdot 5=5$;

(2) $\lim\limits_{x\to 0}\dfrac{\tan x}{x}=\lim\limits_{x\to 0}\dfrac{\frac{\sin x}{\cos x}}{x}=\lim\limits_{x\to 0}\dfrac{\sin x}{x}\cdot\lim\limits_{x\to 0}\dfrac{1}{\cos x}=1$;

(3) $\lim\limits_{x\to 0}\dfrac{1-\cos x}{x^2}=\lim\limits_{x\to 0}\dfrac{2\sin^2\left(\frac{x}{2}\right)}{x^2}=\dfrac{1}{2}\cdot\lim\limits_{x\to 0}\left(\dfrac{\sin\frac{x}{2}}{\frac{x}{2}}\right)^2=\dfrac{1}{2}$;

(4) $\lim\limits_{x\to 0}\dfrac{\arcsin x}{x}\xlongequal{\text{令}\arcsin x=t}\lim\limits_{t\to 0}\dfrac{t}{\sin t}=\dfrac{1}{\lim\limits_{t\to 0}\frac{\sin t}{t}}=1$.

定理 1.8（单调有界准则）　单调有界数列必有极限.

实际上,定理 1.8 还可具体描述为:单调递增数列若有上界,则必有极限;而单调递减数列若有下界,则必有极限.

在这里我们不打算给出定理 1.8 的详细证明,只做如下几何解释帮助大家理解.

如图 1.13 所示,从数轴上看,由于数列 $\{a_n\}$ 单调,故 a_n 随着 n 的增大只能朝一个方向移动.因此,只有两种可能:或者 a_n 趋向于无穷大,或者 a_n 趋向于某一个定点 a.然而,数列 $\{a_n\}$ 有界,所以第一种情形就不可能发生了.正所谓"前有强敌,后有追兵",故其定也.这就表示数列 $\{a_n\}$ 必有极限.

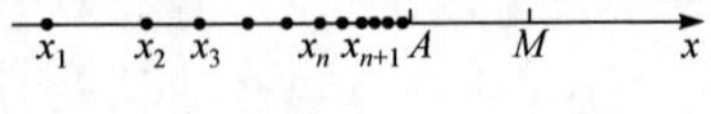

图 1.13

应用定理 1.8,可得如下结论.

$$\lim\limits_{x\to\infty}\left(1+\dfrac{1}{x}\right)^x=\mathrm{e}.$$

此结论的证明比较烦琐,在此就不详述了.而且,若令 $t=\dfrac{1}{x}$,由 $\lim\limits_{x\to\infty}\left(1+\dfrac{1}{x}\right)^x=\mathrm{e}$ 可得 $\lim\limits_{t\to 0}(1+t)^{\frac{1}{t}}=\mathrm{e}$,也可以表示成

$$\lim_{x \to 0}(1+x)^{\frac{1}{x}} = e.$$

例 1.4.8 求极限

(1) $\lim\limits_{x \to \infty}\left(1+\dfrac{2}{x}\right)^{x}$；

(2) $\lim\limits_{x \to \infty}\left(1-\dfrac{1}{x}\right)^{x+1}$.

解 (1) $\lim\limits_{x \to \infty}\left(1+\dfrac{2}{x}\right)^{x} = \lim\limits_{x \to \infty}\left[\left(1+\dfrac{1}{\frac{x}{2}}\right)^{\frac{x}{2}}\right]^{2} = e^{2}$.

(2) $\lim\limits_{x \to \infty}\left(1-\dfrac{1}{x}\right)^{x+1} = \lim\limits_{x \to \infty}\left(1+\dfrac{1}{-x}\right)^{(-x) \cdot \left(\frac{x+1}{-x}\right)}$

$$= \lim_{x \to \infty}\left[\left(1+\frac{1}{-x}\right)^{(-x)}\right]^{\left(\frac{x+1}{-x}\right)} = e^{-1}.$$

例 1.4.9 求极限 $\lim\limits_{x \to 0}\ln(1+x)^{\frac{1}{x}}$.

解 由定理 1.6,可得 $\lim\limits_{x \to 0}\ln(1+x)^{\frac{1}{x}} = \ln\left(\lim\limits_{x \to 0}(1+x)^{\frac{1}{x}}\right) = \ln e = 1$.

习 题 1.4

1. 证明:若 $\varphi(x) \geqslant \psi(x)$,且 $\lim\limits_{x \to x_0}\varphi(x) = a$, $\lim\limits_{x \to x_0}\psi(x) = b$,则 $a \geqslant b$.

2. 证明:当 $0 < |x| < \dfrac{\pi}{2}$ 时,有 $\cos x < \dfrac{\sin x}{x} < 1$.

3. 计算下列极限.

(1) $\lim\limits_{x \to 2}\dfrac{7x^5 - 10x^4 - 13x + 6}{3x^2 - 6x - 8}$；

(2) $\lim\limits_{x \to \sqrt{2}}\dfrac{x^2 - 2}{x^2 + 1}$；

(3) $\lim\limits_{x \to 1}\dfrac{x^2 - 2x + 1}{x^2 - 1}$；

(4) $\lim\limits_{x \to 1}\dfrac{x^m - 1}{x^n - 1}$；

(5) $\lim\limits_{x \to \infty}(\sqrt{x^2 + x} - \sqrt{x^2 - 1})$；

(6) $\lim\limits_{x \to \infty}\dfrac{x^2 + x - 1}{x^4 - 3x^2 + 1}$；

(7) $\lim\limits_{n \to \infty}\left(1 + \dfrac{1}{2} + \dfrac{1}{4} + \cdots + \dfrac{1}{2^n}\right)$；

(8) $\lim\limits_{n \to \infty}\dfrac{1 + 2 + 3 + \cdots + n}{n^2}$；

(9) $\lim\limits_{x \to \infty}\left(1 - \dfrac{1}{x}\right)\left(2 - \dfrac{1}{x^2}\right)$；

(10) $\lim\limits_{n \to \infty}\dfrac{(n+1)(n+2)(n+3)}{6n^3}$；

(11) $\lim\limits_{x \to 1}\left(\dfrac{1}{1-x} - \dfrac{3}{1-x^3}\right)$；

(12) $\lim\limits_{x \to \infty}\dfrac{x^2}{2x + 1}$.

4. 计算下列极限.

(1) $\lim\limits_{x \to 0}\dfrac{\sin x^2}{4x}$；

(2) $\lim\limits_{x \to 0}\dfrac{\sin x^3}{(\sin x)^3}$；

(3) $\lim\limits_{x\to\frac{\pi}{2}}\dfrac{\cos x}{x-\dfrac{\pi}{2}}$;

(4) $\lim\limits_{x\to0}\dfrac{\tan5x}{x}$;

(5) $\lim\limits_{x\to0}\dfrac{\tan x-\sin x}{x^3}$;

(6) $\lim\limits_{x\to0}\dfrac{\sin4x}{\sqrt{x+1}-1}$;

(7) $\lim\limits_{x\to0}\dfrac{\arcsin2x}{\tan3x}$;

(8) $\lim\limits_{x\to1}\dfrac{\sin(x-1)}{x^2-1}$;

(9) $\lim\limits_{x\to\infty}\left(\dfrac{x+n}{x-n}\right)^x$;

(10) $\lim\limits_{n\to\infty}\left(1-\dfrac{2}{n}\right)^{n+5}$;

(11) $\lim\limits_{x\to0}(1+kx)^{\frac{1}{x}}$;

(12) $\lim\limits_{x\to0}\sqrt[x]{1-2x}$;

(13) $\lim\limits_{x\to0}(1+\tan x)^{\cot x}$;

(14) $\lim\limits_{x\to\infty}\left(1+\dfrac{1}{x}\right)^{\sin x}$.

5. 证明下列数列极限存在,并求出极限.

(1) $x_1=\sqrt{2}$,$x_2=\sqrt{2+\sqrt{2}}$,$\cdots x_n=\sqrt{2+x_{n-1}}$,$\cdots$;

(2) $x_n=\dfrac{1}{\sqrt{n^2+1}}+\dfrac{1}{\sqrt{n^2+2}}+\cdots+\dfrac{1}{\sqrt{n^2+n}}$,$n=1,2,3,\cdots$.

1.5　无穷小量

1.5.1　无穷小量与无穷大量

定义 1.8　若对 $\forall\varepsilon>0$,$\exists\delta>0$,使得当 $0<|x-x_0|<\delta$ 时,有 $|f(x)|<\varepsilon$,则称 $f(x)$ 为 $x\to x_0$ 时的**无穷小量**.

例如,$\lim\limits_{x\to2}(2x-4)=2\times2-4=0$,所以可称 $2x-4$ 为当 $x\to2$ 时的无穷小量;

类似地,可给出 $f(x)$ 是 $x\to\infty$ 时的无穷小量的定义. 例如,$\lim\limits_{x\to\infty}\dfrac{1}{x}=0$,所以可

称 $\dfrac{1}{x}$ 为当 $x\to\infty$ 时的无穷小量.

注 1　无穷小量是一个以零为极限的变量;

注 2　无穷小量不是一个数,不要将其与非常小的数混淆;

注 3　0 是唯一可作为无穷小量的常数.

定义 1.9　若对 $\forall M>0$,$\exists\delta>0$,使得当 $0<|x-x_0|<\delta$ 时,有 $|f(x)|>M$,则称 $f(x)$ 为当 $x\to x_0$ 时的**无穷大量**,记作 $\lim\limits_{x\to x_0}f(x)=\infty$.

注 1　对自变量变化过程的其他形式也有类似定义,在此就不一一详述了;

注 2　无穷大量也不是一个数,不要将其与非常大的数混淆;

注 3　无穷大量一定无界,但是无界量却未必一定是无穷大量,如函数 $f(x)=x\sin x$,其图像如图 1.14 所示,可看出 $f(x)$ 在 $(-\infty,+\infty)$ 内无界,但 $f(x)$ 却不是 $x\to\infty$ 时的无穷大量.

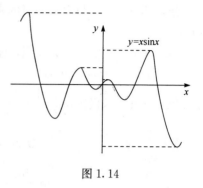

图 1.14

无穷小量与无穷大量之间的关系可由下面的定理说明.

定理 1.9　在自变量的同一变化趋势下

(1) 若 $f(x)$ 为无穷大量,则 $\dfrac{1}{f(x)}$ 为无穷小量;

(2) 若 $f(x)$ 为无穷小量,且 $f(x)\neq 0$,则 $\dfrac{1}{f(x)}$ 为无穷大量.

有了这个定理,很多关于无穷大量的运算便可转化为无穷小量讨论.

1.5.2　无穷小量的运算性质

设在 x 的一定变化趋势下,$\lim\alpha(x)=0,\lim\beta(x)=0$.

定理 1.10　两个无穷小量的和或差仍为无穷小量,即若 $\lim\alpha=0,\lim\beta=0$,则 $\lim(\alpha\pm\beta)=0$.

注 1　此定理的证明可由 1.4 中定理 1.5 的(1)推出;

注 2　此定理可推广到有限个的情形,但对于无限多个的情形就不同了.例如,尽管 $\lim\limits_{n\to\infty}\dfrac{1}{n}=0$,但是,

$$\lim_{n\to\infty}\underbrace{\left(\frac{1}{n}+\frac{1}{n}+\cdots+\frac{1}{n}\right)}_{n\text{个}}=\lim_{n\to\infty}n\cdot\frac{1}{n}=1\neq 0.$$

定理 1.11　有界函数与无穷小量的乘积仍为无穷小量,即设函数 $f(x)$ 有界,$\lim\alpha=0$,则 $\lim\alpha f(x)=0$.

证　仅证 $x\to x_0$ 时的情况,其余情形类似证明.设函数 $f(x)$ 在 x_0 的某邻域 $U(x_0,\delta_1)$ 内有界,则 $\exists M>0$,当 $x\in U(x_0,\delta_1)$ 时,有 $|f(x)|\leqslant M$,又 α 为当 $x\to x_0$ 时的无穷小量,即 $\lim\limits_{x\to x_0}\alpha=0$,故对 $\forall\varepsilon>0$,$\exists\delta>0(\delta<\delta_1)$,当 $x\in\mathring{U}(x_0,\delta)$ 时,有

$$|\alpha|<\frac{\varepsilon}{M}\Rightarrow|\alpha f(x)|=|f(x)||\alpha|<M\cdot\frac{\varepsilon}{M}=\varepsilon$$

所以 $\lim\limits_{x\to x_0}u\alpha=0$.

由定理 1.11 可得如下结论.

推论 1.3　常数与无穷小量的乘积仍为无穷小量,即若 k 为常数,$\lim\alpha=0$,则 $\lim k\alpha=0$.

推论 1.4　有限个无穷小量的乘积仍为无穷小量,即

$$\lim\alpha_1=\lim\alpha_2=\cdots=\lim\alpha_n=0\Rightarrow\lim(\alpha_1\alpha_2\cdots\alpha_n)=0.$$

例 1.5.1　求极限 $\lim\limits_{x\to\infty}\dfrac{\sin x}{x}$.

解　因为当 $x\to\infty$ 时,函数 $\sin x$ 有界,而 $\lim\limits_{x\to\infty}\dfrac{1}{x}=0$. 所以,由定理 1.10 可得

$$\lim_{x\to\infty}\frac{\sin x}{x}=\lim_{x\to\infty}\left(\sin x\cdot\frac{1}{x}\right)=0.$$

根据前面的定理和推论,两个无穷小量的和、差、积都依然是无穷小量. 而对于两个无穷小量的商却没那么简单. 例如,当 $x\to0$ 时,函数 $x,\sin x,x^2$ 均为无穷小量,但是

$$\lim_{x\to0}\frac{\sin x}{x}=1,\lim_{x\to0}\frac{x^2}{x}=0,\lim_{x\to0}\frac{x}{x^2}=\infty,$$

因此,有必要对无穷小量进行比较.

1.5.3　无穷小量的比较

定义 1.10　设 $\alpha(x)$ 与 $\beta(x)$ 为 x 在同一变化过程中的两个无穷小量,$\alpha(x)\neq0$.

(1) 若 $\lim\dfrac{\beta}{\alpha}=0$,则称 β 是 α 的**高阶无穷小**,记作 $\beta=o(\alpha)$;

(2) 若 $\lim\dfrac{\beta}{\alpha}=\infty$,则称 β 是 α 的**低阶无穷小**;

(3) 若 $\lim\dfrac{\beta}{\alpha}=C\neq0$,则称 β 是 α 的**同阶无穷小**;

特别地,若 $\lim\dfrac{\beta}{\alpha}=1$,则称 β 与 α 是**等价无穷小**,记作 $\beta\sim\alpha$.

例如,当 $x\to0$ 时,x^2 是 x 的高阶无穷小;反之 x 是 x^2 的低阶无穷小;x^2 与 $1-\cos x$ 是同阶无穷小;x 与 $\sin x$ 是等价无穷小,即 $x\sim\sin x$.

值得注意的是,并不是任意两个无穷小量都可进行比较,例如:当 $x\to0$ 时,$x\sin\dfrac{1}{x}$ 与 x^2 既非同阶,又无高低阶可比较,因为 $\lim\limits_{x\to0}\dfrac{x\sin\dfrac{1}{x}}{x^2}$ 不存在且不为 ∞.

定理 1.12　在自变量的同一变化过程中,函数 $f(x)$ 具有极限 A 的充要条件是 $f(x)=A+\alpha$,其中 α 是无穷小量.

证　仅对 $x\to x_0$ 情形进行证明,其他情形类似可证.

先证必要性. 设 $\lim\limits_{x \to x_0} f(x) = A$, 则 $\lim\limits_{x \to x_0} [f(x) - A] = 0$. 由无穷小量的定义, $f(x) - A$ 是 $x \to x_0$ 时的无穷小量. 令 $\alpha = f(x) - A$, 则 $f(x) = A + \alpha$, 其中 α 是 $x \to x_0$ 时的无穷小量.

再证充分性. 若 $f(x) = A + \alpha$, 且 α 是无穷小量, 即 $\lim\limits_{x \to x_0} \alpha = 0$, 则 $\lim\limits_{x \to x_0} f(x) = \lim\limits_{x \to x_0} (A + \alpha) = A$.

定理 1.12 给出了有极限的函数与它的极限值和无穷小量之间的关系, 在今后的学习中会经常用到.

关于等价无穷小, 有如下定理.

定理 1.13 若 $\alpha, \beta, \alpha', \beta'$ 均为 x 的同一变化过程中的无穷小量, 且 $\alpha \sim \alpha'$, $\beta \sim \beta'$, $\lim \dfrac{\beta'}{\alpha'}$ 存在或为 ∞, 则

$$\lim \frac{\beta}{\alpha} = \lim \frac{\beta'}{\alpha'}.$$

证 (1) 若 $\lim \dfrac{\beta'}{\alpha'} = A$, 则

$$\lim \frac{\beta}{\alpha} = \lim \left(\frac{\beta}{\beta'} \cdot \frac{\beta'}{\alpha'} \cdot \frac{\alpha'}{\alpha} \right) = \lim \frac{\beta}{\beta'} \cdot \lim \frac{\beta'}{\alpha'} \cdot \lim \frac{\alpha'}{\alpha} = 1 \cdot \lim \frac{\beta'}{\alpha'} \cdot 1 = A.$$

(2) 若 $\lim \dfrac{\beta'}{\alpha'} = \infty$, 则 $\lim \dfrac{\alpha'}{\beta'} = 0$, 因此

$$\lim \frac{\alpha}{\beta} = \lim \left(\frac{\alpha}{\alpha'} \cdot \frac{\alpha'}{\beta'} \cdot \frac{\beta'}{\beta} \right) = \lim \frac{\alpha}{\alpha'} \cdot \lim \frac{\alpha'}{\beta'} \cdot \lim \frac{\beta'}{\beta} = 1 \cdot \lim \frac{\alpha'}{\beta'} \cdot 1 = 0,$$

所以 $\lim \dfrac{\beta}{\alpha} = \lim \dfrac{\beta'}{\alpha'} = \infty$.

例 1.5.2 求极限 $\lim\limits_{x \to 0} \dfrac{2x^2}{\sin^2 x}$.

解 当 $x \to 0$ 时, $\sin x \sim x$, 所以, $\lim\limits_{x \to 0} \dfrac{2x^2}{\sin^2 x} = \lim\limits_{x \to 0} \dfrac{2x^2}{x^2} = 2$.

例 1.5.3 求极限 $\lim\limits_{x \to 0} \dfrac{\arcsin 2x}{x^2 + 2x}$.

解 当 $x \to 0$ 时, $\arcsin 2x \sim 2x$, 所以, 原式 $= \lim\limits_{x \to 0} \dfrac{2x}{x^2 + 2x} = \lim\limits_{x \to 0} \dfrac{2}{x + 2} = \dfrac{2}{2} = 1$.

记住一些常用的等价无穷小可以简化某些极限的运算. $x \to 0$ 时, 常用等价无穷小有

$$\sin x \sim x, \quad \tan x \sim x, \quad \arcsin x \sim x, \quad \arctan x \sim x, \quad e^x - 1 \sim x, \quad a^x - 1 \sim x \ln a,$$

$$\ln(1+x) \sim x, \quad 1 - \cos x \sim \frac{1}{2} x^2, \quad (1+x)^a - 1 \sim ax.$$

特别需要提出的是,等价无穷小代换适用于乘、除,对于加、减不能盲目使用.
下面介绍无穷小量的阶的概念.

定义 1.11 设 $\alpha(x)$ 与 $\beta(x)$ 为 x 在同一变化过程中的两个无穷小量,$\alpha(x) \neq 0$,若 $\lim \dfrac{\beta}{\alpha^k} = c \neq 0$,$c$ 为常数,$k > 0$,则称 β 是关于 α 的 k **阶无穷小**.

例 1.5.4 当 $x \to 0$ 时,$f(x) = \sqrt{x + 2\sqrt{x}}$ 是关于 x 的几阶无穷小量?

解 $\lim\limits_{x \to 0} \dfrac{\sqrt{x + 2\sqrt{x}}}{x^k} = \lim\limits_{x \to 0} \dfrac{x^{\frac{1}{4}}\sqrt{\sqrt{x} + 2}}{x^k} = \lim\limits_{x \to 0} x^{\frac{1}{4} - k}\sqrt{\sqrt{x} + 2}$,取 $k = \dfrac{1}{4}$,可使得上

式极限为 $\sqrt{2}$,所以 $f(x)$ 是关于 x 的 $\dfrac{1}{4}$ 阶无穷小量.

习 题 1.5

1. 请思考,一个无穷小量与一个无穷大量的乘积是无穷小量还是无穷大量?请说明理由.

2. 当 $x \to 0^+$ 时,下列函数均为无穷小量,请按照阶的高低排列它们.

$$\sin x^2, \quad \sin(\tan x), \quad e^{x^3} - 1, \quad \ln(1 + \sqrt{x}).$$

3. 根据定义证明:当 $x \to 1$ 时,函数 $y = \dfrac{3 - x}{x - 1}$ 是无穷大. 另外,当 x 满足什么条件时,可以使得 $|y| > 10^3$?

4. 比较下列无穷小量是否同阶,若不同阶,哪一个是更高阶?

(1) x^2 与 $\sin x \ (x \to 0)$;

(2) $2x - x^2$ 与 $x^2 - x^3 \ (x \to 0)$;

(3) $1 - x$ 与 $1 - x^2 \ (x \to 1)$;

(4) $\dfrac{1}{x^2}$ 与 $\dfrac{1}{x} \ (x \to \infty)$.

5. 证明:当 $x \to 0$ 时,$\sqrt[n]{1 + x} - 1$ 与 $\dfrac{x}{n}$ 是等价无穷小.

6. 求下列极限.

(1) $\lim\limits_{x \to 0} x \sin \dfrac{1}{x}$;

(2) $\lim\limits_{x \to \infty} \dfrac{\arctan x}{x}$;

(3) $\lim\limits_{x \to 0} \dfrac{e^{x^2} - 1}{\cos x - 1}$;

(4) $\lim\limits_{x \to \infty} x^3 \tan\left(\dfrac{1}{2x^3}\right)$;

(5) $\lim\limits_{x \to 0^+} \dfrac{\sqrt{1 + \sqrt{x}} - 1}{\sin \sqrt{x}}$;

(6) $\lim\limits_{x \to 0} \dfrac{2^x - 1}{x}$;

(7) $\lim\limits_{x \to 0} \dfrac{e^x - e^{\tan x}}{x - \tan x}$;

(8) $\lim\limits_{x \to 0} \dfrac{\sqrt{1 + x} - 1}{\ln(1 + x)}$;

(9) $\lim\limits_{x\to 0}\dfrac{\arcsin\dfrac{x}{\sqrt{1-x^2}}}{\ln(1-x)}$;

(10) $\lim\limits_{x\to 0}\dfrac{\cos ax-\cos bx}{x^2}$.

7. 确定 a,b 的值，使得 $\lim\limits_{x\to +\infty}\left(\dfrac{x^2+1}{x+1}-ax-b\right)=0$.

8. 确定 a,b 的值，使得 $\lim\limits_{x\to -\infty}\left(\sqrt{x^2-x+1}-ax-b\right)=0$.

9. 爱因斯坦狭义相对论指出，一个物体的质量 m 与其速度 v 有如下关系

$$m=\frac{m_0}{\sqrt{1-v^2/c^2}},$$

其中，m_0 是静止质量，c 是光速，求 $\lim\limits_{v\to c^-}m$.

1.6　函数的连续性

1.6.1　连续函数的概念

连续是很多自然现象的本质属性，比如每天的温度变化是连续的，降落伞在空中的位置变化是连续的，嫦娥三号在太空中的运行轨迹是连续的等. 我们希望精确描述连续所具有的属性. 先来观察图 1.15. 其中，只有图(d)中函数 $f(x)$ 在点 x_0 连续，其余各图中函数 $f(x)$ 在点 x_0 都不连续. 因此，有下面的定义.

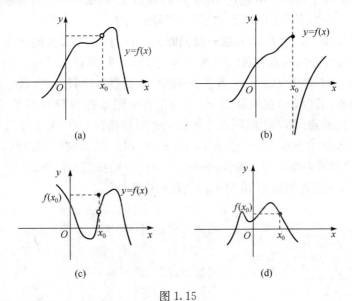

图 1.15

定义 1.12　若函数 $f(x)$ 在包含 x_0 的某个邻域 $U(x_0,\delta)$ 内有定义，且

$\lim\limits_{x \to x_0} f(x) = f(x_0)$，则称 $f(x)$ 在点 x_0 **连续**.

定义 1.13　若函数 $f(x)$ 在包含 x_0 的某个邻域 $U(x_0, \delta)$ 内有定义，且 $\lim\limits_{\Delta x \to 0} \Delta y = 0$，其中 Δy 表示对应于自变量从 x_0 变到 $x_0 + \Delta x$ 时函数的增量，即 $\Delta y = f(x_0 + \Delta x) - f(x_0)$，则称 $f(x)$ 在点 x_0 **连续**.

定义 1.14　若函数 $f(x)$ 在包含 x_0 的某个右（左）邻域内有定义，且 $\lim\limits_{x \to x_0^+} f(x) = f(x_0)$（$\lim\limits_{x \to x_0^-} f(x) = f(x_0)$），则称 $f(x)$ 在点 x_0 **右（左）连续**.

若 $f(x)$ 在开区间 (a, b) 内每一点都连续，则称 $f(x)$ 在开区间 (a, b) 连续. 一般地，将开区间 (a, b) 上全体连续函数构成的集合记为 $C(a, b)$. 若 $f(x) \in C(a, b)$，且 $f(x)$ 在区间 $[a, b]$ 右端点左连续，左端点右连续，则称 $f(x)$ 在闭区间 $[a, b]$ 上连续. 同样地，将闭区间 $[a, b]$ 上全体连续函数构成的集合记为 $C[a, b]$.

1.6.2　间断点及其分类

要使 $f(x)$ 连续，根据定义 1.12，必须满足以下三个条件.

(1) $f(x)$ 在 $x = x_0$ 有定义；

(2) $\lim\limits_{x \to x_0} f(x)$ 存在；

(3) $\lim\limits_{x \to x_0} f(x) = f(x_0)$.

若三个条件中有一个不成立，则称 $f(x)$ 在点 x_0 **间断**，称 x_0 为**间断点**.

间断点又分为第一类间断点和第二类间断点. 若 $f(x)$ 在间断点 x_0 处的左右极限都存在，则称 x_0 为 $f(x)$ 的**第一类间断点**，否则称为**第二类间断点**. 第一类间断点又细分为可去间断点和跳跃间断点. 若 $f(x)$ 在间断点 x_0 处的左右极限都存在且相等，但是不等于 $f(x_0)$，或者 $f(x)$ 在点 x_0 处根本没有定义，则称 x_0 为 $f(x)$ 的**可去间断点**. 若 $f(x)$ 在间断点 x_0 处的左右极限都存在但不相等，则称 x_0 为 $f(x)$ 的**跳跃间断点**. 第二类间断点主要有无穷型和振荡型两种. 若 $f(x)$ 在间断点 x_0 处的左右极限中至少有一个为 ∞，则称 x_0 为 $f(x)$ 的**无穷型间断点**；若 $f(x)$ 在间断点 x_0 的邻域内作无穷次振荡，则称 x_0 为 $f(x)$ 的**振荡型间断点**.

例 1.6.1　描述如图 1.16 所示的函数的连续性.

解　这个函数在开区间 $(-\infty, 0)$，$(0, 3)$ 和 $(5, +\infty)$ 以及闭区间 $[3, 5]$ 上连续. $x = 0$ 是无穷型间断点，第二类间断点，$x = 3$ 和 $x = 5$ 是跳跃间断点，第一类间断点.

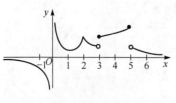

图 1.16

例 1.6.2　讨论函数 $f(x) = \sin\dfrac{1}{x}$ 在 $x = 0$ 点处的连续性.

解　函数 $f(x)=\sin\dfrac{1}{x}$ 在 $x=0$ 处无定

义；当 $x\to0$ 时，函数值在 -1 与 1 之间振荡（图 1.17 所示），所以点 $x=0$ 是函数 $f(x)=$

$\sin\dfrac{1}{x}$ 的第二类间断点，也称为振荡间断点.

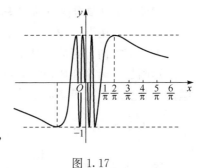

图 1.17

例 1.6.3　判断函数 $f(x)=\begin{cases}x+1, & x\geqslant0,\\ x-1 & x<0\end{cases}$

在 $x=0$ 点处的连续性.

解　显然函数 $f(x)=\begin{cases}x+1, & x\geqslant0,\\ x-1, & x<0\end{cases}$ 在点 $x=0$ 及其附近均有定义，又

$$\lim_{x\to0^-}f(x)=\lim_{x\to0^-}(x-1)=-1,$$
$$\lim_{x\to0^+}f(x)=\lim_{x\to0^+}(x+1)=1.$$

所以，$\lim\limits_{x\to0^-}f(x)\neq\lim\limits_{x\to0^+}f(x)$，故 $\lim\limits_{x\to0}f(x)$ 不存在，函数

$$f(x)=\begin{cases}x+1, & x\geqslant0,\\ x-1, & x<0\end{cases}$$

在 $x=0$ 点处不连续，$x=0$ 是函数 $f(x)$ 的跳跃间断点. 其图像如图 1.18 所示.

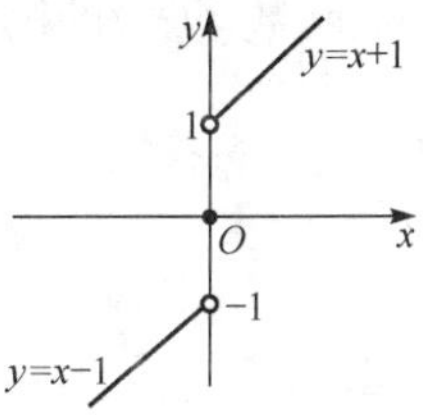

图 1.18

例 1.6.4　判断函数 $f(x)=\begin{cases}\dfrac{\sin x}{x}, & x\neq0,\\ 0, & x=0\end{cases}$ 在 $x=0$ 点处的连续性.

解　函数 $f(x)$ 在 $x=0$ 及其领域均有定义，且 $f(0)=0$，但

$$\lim_{x\to0}f(x)=\lim_{x\to0}\frac{\sin x}{x}=1\neq f(0),$$

所以 $f(x)$ 在 $x=0$ 处不连续，$x=0$ 是 $f(x)$ 的可去间断点，第一间断点.

1.6.3　连续函数的运算性质与初等函数的连续性

根据极限的运算性质，我们可以得到连续函数的运算性质.

定理 1.14（连续函数的四则运算法则）　若 $f(x),g(x)$ 均在 x_0 连续，则 $f(x)$ $\pm g(x),f(x)\cdot g(x)$ 及 $\dfrac{f(x)}{g(x)}(g(x_0)\neq0)$ 都在 x_0 连续.

定理 1.15（反函数的连续性）　若 $y=f(x)$ 在区间 I_x 上单值，单增（减），且连续，则其反函数 $x=\varphi(y)$ 也在对应的区间 $I_y=\{y\,|\,y=f(x),x\in I_x\}$ 上单值，单增（减），且连续.

定理 1.16（复合函数的连续性）　函数 $u=\varphi(x)$ 在点 $x=x_0$ 连续,且 $\varphi(x_0)=u_0$, 函数 $y=f(u)$ 在点 u_0 连续,则复合函数 $y=f(\varphi(x))$ 在点 x_0 处连续.

由于基本初等函数在其定义域区间内都是连续的,再结合初等函数的定义以及连续函数的运算性质,我们可以得出结论:**一切初等函数在其定义区间内都是连续的.**因此,对于初等函数求其在定义区间内的点处的极限就可直接代入.

例 1.6.5　求函数 $f(x)=\dfrac{\sin x}{x(1-x)}$ 的所有间断点,并指出间断点的类型.

解　函数 $f(x)=\dfrac{\sin x}{x(1-x)}$ 为初等函数,而且其定义域为 $\{x\mid x\neq 0, x\neq 1\}$. 根据前面的结论,**一切初等函数在其定义区间内都是连续的**,可得 $f(x)$ 除了在 $x=0$, $x=1$ 两点没有定义之外,其余各点均连续. 又 $\lim\limits_{x\to 0}\dfrac{\sin x}{x(1-x)}=1$, $\lim\limits_{x\to 1}\dfrac{\sin x}{x(1-x)}=\infty$. 所以,$x=0$ 是函数 $f(x)$ 的可去间断点,属第一类间断点. $x=1$ 是函数 $f(x)$ 的第二类间断点中的无穷型间断点.

例 1.6.6　求极限 $\lim\limits_{x\to 0}\dfrac{\ln(1+x)}{x}$.

解　$\lim\limits_{x\to 0}\dfrac{\ln(1+x)}{x}=\lim\limits_{x\to 0}\ln(1+x)^{\frac{1}{x}}=\ln\lim\limits_{x\to 0}(1+x)^{\frac{1}{x}}=\ln e=1.$

习 题 1.6

1. 讨论下列函数的连续性.

(1) $f(x)=\begin{cases}x^2, & 0\leqslant x\leqslant 1, \\ 3-2x, & 1<x\leqslant 2;\end{cases}$

(2) $f(x)=|x|$.

2. 求函数 $f(x)=\dfrac{x^3+3x^2-x-3}{x^2+x-6}$ 的连续区间,并求 $\lim\limits_{x\to 0}f(x)$, $\lim\limits_{x\to -3}f(x)$, $\lim\limits_{x\to 2}f(x)$.

3. 求下列极限.

(1) $\lim\limits_{x\to 0}\sqrt{x^2-4x+5}$;　　　　　　　(2) $\lim\limits_{x\to -1}\dfrac{e^{-2x}-1}{x^2}$.

4. 指出下列函数的间断点,并说明这些间断点的类型.

(1) $f(x)=\dfrac{x^2-4}{x^2-6x+8}$;　　　　　　　(2) $f(x)=\dfrac{x^2-x}{|x|(x^2-1)}$;

(3) $f(x)=\sin\dfrac{5}{x}$;　　　　　　　(4) $f(x)=\begin{cases}e^x, & x\leqslant 0, \\ \dfrac{\ln(1-x)-1}{x}, & x>0;\end{cases}$

(5) $f(x) = \dfrac{1}{1 - \mathrm{e}^{\frac{x}{x-1}}}$.

5. 确定 a, b 使 $f(x) = \begin{cases} \dfrac{\sin x}{x}, & x < 0, \\ a, & x = 0, \\ x \sin \dfrac{1}{x} + b, & x > 0 \end{cases}$ 在 $x = 0$ 处连续.

6. 某市出租汽车收费标准为起步(3km 以内)价为 13 元,以后,每超出 1km 加收 2.3 元. 请建立收费与行驶路程的函数关系,并画出其图像,讨论其连续性.

7. 地球作用在一个物体上的重力与物体的质量及其到地心的距离有关,具体如下

$$g(r) = \begin{cases} \dfrac{GMmr}{R^3}, & r < R, \\ \dfrac{GMm}{R^2}, & r \geqslant R, \end{cases}$$

其中,G 表示重力常数,M 表示地球质量,R 表示地球半径. 判断 g 是 r 的连续函数吗?

1.7　闭区间上连续函数的性质

1.7.1　最值定理

定理 1.17　闭区间上的连续函数在该区间一定有界.

定理 1.18　闭区间上的连续函数一定有最大值和最小值.

需要指出的是,"闭区间"与"连续"两个条件若有一个不满足,则上述结论不一定成立. 例如,函数 $y = \tan x$ 在开区间 $\left(-\dfrac{\pi}{2}, \dfrac{\pi}{2} \right)$ 内是连续的,但它在开区间 $\left(-\dfrac{\pi}{2}, \dfrac{\pi}{2} \right)$ 内是无界的,且既无最大值又无最小值;又如,函数

$$f(x) \begin{cases} -x, & -1 \leqslant x < 0, \\ 1, & x = 0, \\ -x + 2, & 0 < x \leqslant 1, \end{cases}$$

在闭区间 $[-1, 1]$ 上有间断点 $x = 0$,这个函数在闭区间 $[-1, 1]$ 上虽然有界,但既无最大值也无最小值.

1.7.2　介值定理

定理 1.19(介值定理)　设 $f(x)$ 在 $[a, b]$ 上连续,且 $f(a) \neq f(b)$,则对于 $f(a)$

与 $f(b)$ 之间的任意常数 C,在 (a,b) 内至少存在一点 ξ,使得 $f(\xi)=C(a<\xi<b)$.

推论 1.5　设函数 $f(x)$ 在闭区间 $[a,b]$ 上的连续,则对于 $\forall C\in(m,M)$,必存在 $\xi\in(a,b)$,使得 $f(\xi)=C$.

定义 1.15　若 x_0 使得 $f(x_0)=0$,则称 x_0 为 $f(x)$ 的**零点**. 由介值定理很容易得到下面的零点定理.

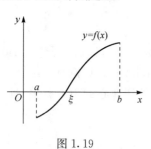

图 1.19

定理 1.20　设 $f(x)$ 在 $[a,b]$ 上连续,且 $f(a)\cdot f(b)<0$,则在开区间 (a,b) 内,至少存在一点 ξ,使得 $f(\xi)=0$,即 $f(x)$ 在 (a,b) 内至少有一个零点.

如图 1.19 所示,从几何上看 $(a,f(a))$ 与 $(b,f(b))$ 在 x 轴的上下两侧,由于 $f(x)$ 连续,显然,在 (a,b) 上,$f(x)$ 的图像与 x 轴至少相交一次.

定理 1.20 对判断零点的位置很有用处,但不能求出零点.

例 1.7.1　证明方程 $x^5-3x=1$ 在区间 $(1,2)$ 内至少有一个根.

证　设函数 $f(x)=x^5-3x-1,x\in[1,2]$,则 $f(x)$ 在 $[1,2]$ 上连续,且
$$f(1)=-3<0,\quad f(2)=25>0,$$
因此,由定理 1.19,在 $(1,2)$ 内至少有一点 $\xi\in(1,2)$,使得 $f(\xi)=0$,即
$$\xi^5-3\xi-1=0.$$
因此,方程 $x^5-3x=1$ 在区间 $(1,2)$ 内至少有一个根.

例 1.7.2　证明:在一个金属圆环形截面的边缘上,总有彼此相对的两点拥有相同的温度.

证　以圆环形截面的圆心为原点,如图 1.20 所示,建立平面直角坐标系. 设圆截面的半径为 r,圆截面上任意一点 (x,y) 处的温度为 $T(x,y)$. 设与 x 轴成 θ 角和 $\theta+\pi$ 角金属圆环形截面的边缘上两点的温度差为 $f(\theta)$,则 $f(\theta)=T(r\cos\theta,r\sin\theta)-T(r\cos(\theta+\pi),r\sin(\theta+\pi)),\theta\in[0,\pi]$. 由于温度是连续变化的,因此 $f(\theta)$ 在 $[0,\pi]$ 上连续. 而且,

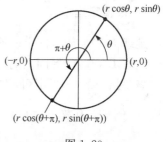

图 1.20

$$f(0)=T(r,0)-T(-r,0),\quad f(\pi)=T(-r,0)-T(r,0)=-f(0).$$
若 $f(0)=0$,则我们找到了彼此相对且拥有相同温度的两点. 若 $f(0)\neq0$,则 $f(0)$ 与 $f(\pi)$ 异号,由定理 1.20 可得,至少存在一点 $\xi\in(0,\pi)$,使得 $f(\xi)=0$,即存在彼此相对的两点拥有相同的温度.

习 题 1.7

1. 证明:方程 $\sqrt{x}-\cos x=0$ 在区间 $\left(0,\dfrac{\pi}{2}\right)$ 内至少有一个根.

2. 证明:方程 $x^5+4x^3-7x+14=0$ 至少有一个实根.

3. 设 $f(x)$ 在 $[0,2a](a>0)$ 上连续,且 $f(0)=f(2a)$. 证明:在 $[0,a]$ 上至少存在一点 ξ,使得 $f(\xi)=f(\xi+a)$.

4. 设 $f(x)$ 在 $[a,b]$ 上连续,且 $a<x_1<x_2<\cdots<x_n<b$. 证明:在 $[x_1,x_n]$ 上存在一点 ξ,使得

$$f(\xi)=\frac{f(x_1)+f(x_2)+\cdots+f(x_n)}{n}.$$

5. 一徒步旅行者从早晨 4 点开始登山,于正午到达山顶. 第二天早晨 5 点他沿原路返回,并于 11 点到达山脚出发地. 请说明在这两天路上的某些位置处,旅行者的手表显示相同的时间.

1.8　极限模型应用举例

1.8.1　斐波那契数列与黄金分割

斐波那契数列是由意大利数学家斐波那契在研究兔子繁殖问题时提出的. 在 1202 年出版的斐波那契的专著《算法之术》中,斐波那契记述了以下饶有趣味的问题.

有人想知道一年中一对兔子可以繁殖多少对小兔子,就筑了墙把一对兔子圈了进去. 如果这对大兔子一个月生一对小兔子,每产一对子兔必为一雌一雄,而且每一对小兔子生长一个月就成为大兔子,并且所有的兔子可全部存活,那么一年后围墙内有多少对兔子.

假设用○表示一对小兔子,用●表示一对大兔子,根据上面叙述的繁殖规律,可画出兔子繁衍图,如图 1.21 所示.

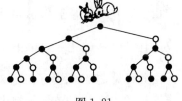

图 1.21

或者,我们也可以列表考察兔子的逐月繁殖情况,如表 1.6 所示.

表 1.6　兔子逐月繁殖情况

月份 分类	一	二	三	四	五	六	七	八	九	十	十一	十二
●	1	1	2	3	5	8	13	21	34	55	89	144
○	0	1	1	2	3	5	8	13	21	34	55	89

由此,我们不难发现兔子的繁殖规律:每月的大兔子总数恰好等于前两个月大兔子数目的总和. 按此规律可写出数列

$$1,1,2,3,5,8,13,21,34,55,89,144,233,\cdots.$$

该数列就是斐波那契数列. 设其通项为 x_n,则该数列具有如下递推关系:

$$x_{n+2} = x_{n+1} + x_n.$$

法国数学家 Binet 求出了通项 x_n,为

$$x_n = \frac{1}{\sqrt{5}} \left[\left(\frac{1+\sqrt{5}}{2} \right)^n - \left(\frac{1-\sqrt{5}}{2} \right)^n \right], \quad n = 0, 1, 2, \cdots.$$

有趣的是,上述公式中的 x_n 是用无理数的幂表示的,然而它所得的结果却是整数.

下面,考虑斐波那契数列中相邻两项比的极限 $\lim\limits_{n \to \infty} \dfrac{x_n}{x_{n+1}}$.

设 $u_n = \dfrac{x_{n+1}}{x_n}$,则 $u_n = \dfrac{x_n + x_{n-1}}{x_n} = 1 + \dfrac{x_{n-1}}{x_n} = 1 + \dfrac{1}{u_{n-1}}$,$n = 1, 2, \cdots$. 可用数学归纳法证明数列 $\{u_n\}$ 的子列 $\{u_{2n}\}$ 单调递减,子列 $\{u_{2n+1}\}$ 单调递增,而且,$1 \leqslant u_n \leqslant 2$. 因此,子列 $\{u_{2n}\}$ 和 $\{u_{2n+1}\}$ 均单调有界. 所以,$\{u_{2n}\}$ 和 $\{u_{2n+1}\}$ 都有极限. 设 $\lim\limits_{n \to \infty} u_{2n} = a$,$\lim\limits_{n \to \infty} u_{2n+1} = b$,则分别对

$$u_{2n} = 1 + \frac{1}{u_{2n-1}}, \quad u_{2n+1} = 1 + \frac{1}{u_{2n}}.$$

取极限可得

$$a = 1 + \frac{1}{b}, \quad b = 1 + \frac{1}{a}.$$

由于 a, b 均不等于 0,故可将上面第一式同乘以 b 减去第二式同乘以 a,得到 $a = b$. 因此,由 $a = 1 + \dfrac{1}{a}$ 可解得,$a = \dfrac{\sqrt{5}+1}{2}$,从而 $\lim\limits_{n \to \infty} \dfrac{x_n}{x_{n+1}} = \dfrac{1}{a} = \dfrac{\sqrt{5}-1}{2} \approx 0.618$.

由此可见,多年后兔子的总对数,成年兔子对数和子兔的对数均以 61.8% 的比率增长. 0.618 正是黄金分割比. 黄金分割的概念是两千多年前由希腊数学家欧多克索斯给出的. 具体定义如下.

把任一线段分割成两段,使得 $\dfrac{大段}{全段} = \dfrac{小段}{大段} = \lambda$,这样的分割叫黄金分割,比值 λ 叫黄金分割比.

黄金分割之所以称为"黄金"分割,是比喻这一"分割"如黄金一样珍贵. 黄金分割比,是工艺美术、建筑、摄影等许多艺术门类中审美的因素之一. 人们认为它表现了恰到好处的"和谐". 比如,大多数身材好的人的肚脐是人体总长的黄金分割点,许多世界著名的建筑物中也都包含黄金分割比,摄影中常用"黄金分割"来构图.

此外,斐波那契数列中的每一个数称为斐波那契数,它在大自然中也展现出强大的生命力.

(1) 花瓣数中的斐波那契数　大多数植物的花,其花瓣数都恰是斐波那契数.

例如,兰花、茉莉花、百合花有 3 个花瓣,毛茛属的植物有 5 个花瓣,翠雀属植物有
8 个花瓣,万寿菊属植物有 13 个花瓣,紫菀属植物有 21 个花瓣,雏菊属植物有 34、
55 或 89 个花瓣.

图 1.22

(2) 向日葵花盘内葵花籽排列的螺线数　向日
葵花盘内,如图 1.22 所示,种子是按对数螺线排列
的,有顺时针转和逆时针转的两组对数螺线. 两组螺
线的条数往往成相邻的两个斐波那契数,一般是 34
和 55,大向日葵是 89 和 144,还曾发现过一个更大的
向日葵有 144 和 233 条螺线.

(3) 股票指数增减的"波浪理论"　1934 年美国
经济学家 Elliott 通过分析研究大量的资料后,发现
了股指增减的微妙规律,并提出了颇有影响的"波浪理论". 该理论认为:股指波动
的一个完整过程(周期)是由波形图(股指变化的图像)上的 5(或 8)个波组成,其中
3 上 2 下(或 5 上 3 下).注意此处的 2,3,5,8 均是斐波那契数列中的数.

1.8.2　交流电路中的电流强度

在交流电路中,电流大小是随时间变化的,设电流通过导线的横截面的电量是
$Q(t)$,它是时间 t 的函数,求某时刻 t_0 的电流强度.

这里求的时刻 t_0 的电流强度和绪论中分析过的变速直线运动的瞬时速度有
些类似. 我们可以先求时间由 t_0 改变到 $t_0+\Delta t$ 时,通过导线的电量,即 $\Delta Q=$
$Q(t_0+\Delta t)-Q(t_0)$.进而,在 Δt 这段时间内,导线的平均电流强度为 $\bar{I}=\dfrac{\Delta Q}{\Delta t}=$
$\dfrac{Q(t_0+\Delta t)-Q(t_0)}{\Delta t}$. 而且,$\Delta t$ 越小,$\bar{I}$ 就越接近 t_0 时刻的电流强度 $i(t_0)$,当 $\Delta t\to 0$ 时,

如果极限 $\lim\limits_{\Delta t\to 0}\dfrac{\Delta Q}{\Delta t}$ 存在,则此极限就是 t_0 时刻的电流强度,即 $i(t_0)=\lim\limits_{\Delta t\to 0}\dfrac{\Delta Q}{\Delta t}=$

$\lim\limits_{\Delta t\to 0}\dfrac{Q(t_0+\Delta t)-Q(t_0)}{\Delta t}$,是一个特殊的比值形式的极限. 在第 2 章会看到,我们将把
这种特殊的极限定义为导数.

习 题 1.8

1. 用数学归纳法证明斐波那契数列的通项公式为

$$x_n=\frac{1}{\sqrt{5}}\left[\left(\frac{1+\sqrt{5}}{2}\right)^n-\left(\frac{1-\sqrt{5}}{2}\right)^n\right],\quad n=0,1,2,\cdots.$$

2. 一根长为 8cm 的电线,它的质量从左端开始到右边 $x$cm 的地方是 $x^3 g$,如

图 1.23 所示.

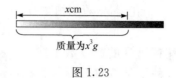

图 1.23

（1）求这根电线中间 2cm 长的一段的平均线密度（平均线密度＝质量/长度）；

（2）求从左端开始 3cm 处的实际线密度.

3. 某个城市被一种流感冲击，官方估计流感爆发 t 天后感染人数为

$$p(t)=120t^2-2t^3,\quad 0\leqslant t\leqslant 40.$$

求在 $t=10,t=20$ 和 $t=30$ 时的流感传播率.

4. 电荷量相对时间的变化率叫电流. 设有 $\frac{1}{3}t^3+t$（单位：C）电荷在 t（单位：s）内流过一根电线，求 3s 后的电流以及判断何时出现 20A 的电流脉冲.

复 习 题 1

A

1. 极限 $\lim\limits_{x\to c}f(x)=A$ 表示当 x 足够接近（但不等于）_____时，$f(x)$ 接近于_____.

2. 函数 $f(x)=\dfrac{x^2-9}{x-3}$ 在 $x=3$ 处虽然没有定义，但是有极限 $\lim\limits_{x\to 3}f(x)=$_____.

3. 设函数 $f(x)=\begin{cases}\dfrac{\sin x+e^{2ax}-1}{x}, & x\neq 0,\\ a, & x=0,\end{cases}$ 函数 $f(x)$ 在 $x=0$ 处连续，则 $a=$_____.

4. 设 $\alpha(x)=x^3-3x+2,\beta(x)=c\,(x-1)^n$，且 $x\to 1$ 时 $\alpha(x)\sim\beta(x)$，则 $c=$_____，$n=$_____.

5. 用 ε-δ 语言证明：$\lim\limits_{x\to c}\sqrt{x}=\sqrt{c}$，其中 $c>0$.

6. 设数列 $\{x_n\}$ 的通项公式为 $x_n=\dfrac{\sqrt{n}+[1-(-1)^n]n^2}{n}$，请考虑当 $n\to\infty$ 时，数例 $\{x_n\}$ 是否是无界变量，是否是无穷大？

7. 求极限.

（1）$\lim\limits_{x\to 0^+}(\cos\sqrt{x})^{\frac{1}{x}}$；

（2）$\lim\limits_{x\to -\infty}(\sqrt{4x^2-8x+5}+2x+1)$；

（3）$\lim\limits_{x\to\infty}\left(\dfrac{5x^2+2}{3x+1}\sin\dfrac{1}{x}\right)$；　　　　　（4）$\lim\limits_{x\to0}\left(\dfrac{a^x+b^x+c^x}{3}\right)^x$，其中 $a,b,c>0$.

8．设 $x_1=10,x_{n+1}=\sqrt{6+x_n}(n=1,2,\cdots)$，试证：数列 $\{x_n\}$ 的极限存在，并求 $\lim\limits_{n\to\infty}x_n$.

9．证明：方程 $x^5-7x=4$ 在区间$(1,2)$内至少有一个实根.

10．若 $\lim\limits_{x\to x_0}f(x)=0$，且 $\lim\limits_{x\to x_0}\dfrac{f(x)}{g(x)}=A\neq0$，证明：$\lim\limits_{x\to x_0}g(x)=0$.

B

1．叙述用割圆术计算圆周率的方法，并说明原理.

2．了解复利计算方法，思考：为某种用途希望在 10 个月后提取 10000 元现金，并计划在 10 个月中分月等量存入，每月应存入多少？

3．拉伸一条橡皮带覆盖$[0,1]$，将两个端点释放后，橡皮带收缩到只覆盖$[a,b]$，$a\geqslant0,b\leqslant1$. 思考：在橡皮带的整个收缩过程中是否存在一点保持原来的位置不变，为什么？

第 2 章　导数与微分

导数与微分是微分学的两个重要概念，也是微分学中的两个经典数学模型．导数研究的是函数相对于自变量的变化快慢，而微分研究的是当自变量有微小变化时，函数值的改变量的大小．本章将介绍导数与微分的概念、计算公式和运算方法．

2.1　导数的概念

2.1.1　导数的产生背景

1. 变速直线运动的瞬时速度

设一物体作自由落体运动，其运动方程为 $s=s(t)$，其中 s 为物体在时刻 t 离开起点的位移，求物体在任一时刻 t_0 的瞬时速度．

设物体在时刻 t_0 的位移为 $s(t_0)$，从 t_0 到 $t_0+\Delta t$ 这段时间间隔中，物体的位移为
$$\Delta s=s(t_0+\Delta t)-s(t_0).$$

物体在这段时间间隔内的平均速度为
$$\bar{v}=\frac{\Delta s}{\Delta t}=\frac{s(t_0+\Delta t)-s(t_0)}{\Delta t}.$$

显然这个平均速度不能精确地反映物体在时刻 t_0 的瞬时速度，但 $|\Delta t|$ 越小，用平均速度表示时刻 t_0 的瞬时速度就越精确．因此当 $\Delta t \to 0$ 时，若极限 $\lim\limits_{\Delta t \to 0}\dfrac{\Delta s}{\Delta t}$ 存在，我们就定义此极限值为物体在 t_0 时刻的瞬时速度，即
$$v(t_0)=\lim_{\Delta t \to 0}\frac{\Delta s}{\Delta t}=\lim_{\Delta t \to 0}\frac{s(t_0+\Delta t)-s(t_0)}{\Delta t}.$$

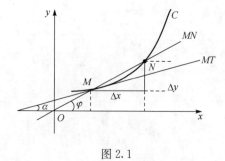

图 2.1

2. 切线斜率

设曲线 C 是函数 $y=f(x)$ 的图形（图 2.1）．求曲线在点 $M(x_0,y_0)$ 处的切线斜率．

在 C 上 M 附近任取一点 $N(x_0+\Delta x, y_0+\Delta y)$，其中 Δx 可正可负，$\Delta y=f(x_0+\Delta x)-f(x_0)$，作割线 MN，于是割

线 MN 的斜率为

$$\tan\varphi=\frac{\Delta y}{\Delta x}=\frac{f(x_0+\Delta x)-f(x_0)}{\Delta x}.$$

当点 N 沿曲线 C 趋于点 M 时,割线 MN 将随之转动,若割线 MN 存在极限位置 MT,则称直线 MT 为曲线 C 在点 M 的切线.当 N 无限接近 M 时,$\Delta x\to 0$,$\varphi\to\alpha$(α 为切线 MT 的倾角),故曲线 $y=f(x)$ 在点 $M(x_0,y_0)$ 处的切线斜率为

$$\tan\alpha=\lim_{\varphi\to\alpha}\tan\varphi=\lim_{\Delta x\to 0}\frac{\Delta y}{\Delta x}=\lim_{\Delta x\to 0}\frac{f(x_0+\Delta x)-f(x_0)}{\Delta x}$$

或记为斜率

$$k=\lim_{\Delta x\to 0}\frac{f(x_0+\Delta x)-f(x_0)}{\Delta x}.$$

3. 非均匀细杆的质量

设有一根质量非均匀分布的细杆,取杆的一端为坐标原点,分布在 $[0,x]$ 上细杆的质量 m 是点 x 的函数 $m=m(x)$,求细杆在点 $M(x_0)$ 处的线密度(图 2.2).

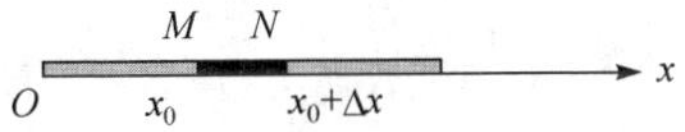

图 2.2

若细杆均匀分布,则单位长度杆的质量称为此细杆的线密度.为求非均匀细杆在 $M(x_0)$ 点处的线密度,仿照上述两个例子,在 $M(x_0)$ 附近任取一点 $N(x_0+\Delta x)$,则在 $[x_0,x_0+\Delta x]$ 上细杆的质量为 $\Delta m=m(x_0+\Delta x)-m(x_0)$,$\dfrac{\Delta m}{\Delta x}$ 表示细杆在 $[x_0,x_0+\Delta x]$ 上的平均线密度 $\bar\mu$,

$$\bar\mu=\frac{\Delta m}{\Delta x}=\frac{m(x_0+\Delta x)-m(x_0)}{\Delta x}.$$

平均线密度不能精确反映细杆在点 $M(x_0)$ 处的线密度,但 $|\Delta x|$ 越小,用平均线密度表示点 $M(x_0)$ 处的线密度就越精确.因此定义当 $\Delta x\to 0$ 时,如果 $\lim\limits_{\Delta x\to 0}\dfrac{\Delta m}{\Delta x}$ 存在,则称此极限值为非均匀细杆在点 M 处的线密度.记为

$$\mu(x_0)=\lim_{\Delta x\to 0}\frac{\Delta m}{\Delta x}=\lim_{\Delta x\to 0}\frac{m(x_0+\Delta x)-m(x_0)}{\Delta x}.$$

2.1.2　导数的概念

上述三个问题虽然有不同的实际背景,但是抛开它们的具体意义而只保留其数学的结构,我们就抽象出导数的概念.

1. 导数定义

定义 2.1　设函数 $y=f(x)$ 在点 x_0 及其某邻域有定义,当自变量 x 在 x_0 处

取得增量 $\Delta x(\Delta x \neq 0)$ 时,相应的因变量 y 取得增量 $\Delta y = f(x_0 + \Delta x) - f(x_0)$;
如果

$$\lim_{\Delta x \to 0} \frac{\Delta y}{\Delta x} = \lim_{\Delta x \to 0} \frac{f(x_0 + \Delta x) - f(x_0)}{\Delta x}$$

存在,则称函数 $y = f(x)$ 在点 x_0 处可导,并称此极限值为函数 $y = f(x)$ 在点 x_0 处的**导数**,记为 $f'(x_0)$,即

$$f'(x_0) = \lim_{\Delta x \to 0} \frac{\Delta y}{\Delta x} = \lim_{\Delta x \to 0} \frac{f(x_0 + \Delta x) - f(x_0)}{\Delta x},$$

也可记为 $y'|_{x=x_0}$,$\dfrac{\mathrm{d}y}{\mathrm{d}x}\Big|_{x=x_0}$ 或 $\dfrac{\mathrm{d}f(x)}{\mathrm{d}x}\Big|_{x=x_0}$.

如果此极限不存在,则称函数 $y = f(x)$ 在点 x_0 处**不可导**或**导数不存在**.

函数 $y = f(x)$ 在点 x_0 处的导数,也可用不同的形式表示,常见的有

$$f'(x_0) = \lim_{x \to x_0} \frac{f(x) - f(x_0)}{x - x_0} \quad \text{和} \quad f'(x_0) = \lim_{h \to 0} \frac{f(x_0 + h) - f(x_0)}{h}$$

注 1　导数 $f'(x_0)$ 表示的是函数 $f(x)$ 在点 x_0 处的变化率;

注 2　当且仅当 $\lim\limits_{\Delta x \to 0} \dfrac{f(x_0 + \Delta x) - f(x_0)}{\Delta x}$ 为定数时,才能称 $y = f(x)$ 在 x_0 点处可导.

2. 导函数

定义 2.2　如果函数 $y = f(x)$ 在开区间 (a, b) 内的每点处都可导,就称函数 $f(x)$ 在区间 (a, b) 内**可导**,并记为 $f(x) \in D(a, b)$. 这时,对于任一 $x \in (a, b)$,都对应着一个确定的导数值 $f'(x)$. 这样就构成了一个新的函数,这个函数称为 $y = f(x)$ 的**导函数**,记作 $f'(x)$,y',$\dfrac{\mathrm{d}y}{\mathrm{d}x}$ 或 $\dfrac{\mathrm{d}f(x)}{\mathrm{d}x}$.

若用极限表示函数 $f(x)$ 的导函数,则

$$f'(x) = \lim_{\Delta x \to 0} \frac{f(x + \Delta x) - f(x)}{\Delta x} = \lim_{h \to 0} \frac{f(x + h) - f(x)}{h}.$$

因此,函数 $y = f(x)$ 在点 x_0 处的导数 $f'(x_0)$ 等于导函数 $f'(x)$ 在 x_0 点处的值. 导函数有时也简称导数,下面我们就用导数的定义推出一些基本初等函数的导数公式.

例 2.1.1　求函数 $f(x) = C$(C 为常数)的导数.

解　$f'(x) = \lim\limits_{\Delta x \to 0} \dfrac{f(x + \Delta x) - f(x)}{\Delta x} = \lim\limits_{\Delta x \to 0} \dfrac{C - C}{\Delta x} = 0.$

故得常值函数的求导公式 $C' = 0$.

例 2.1.2 求函数 $f(x)=\sin x$ 的导数 $f'(x)$ 及 $f'\left(\dfrac{\pi}{4}\right)$.

解 $f'(x)=\lim\limits_{\Delta x\to0}\dfrac{f(x+\Delta x)-f(x)}{\Delta x}=\lim\limits_{\Delta x\to0}\dfrac{\sin(x+\Delta x)-\sin x}{\Delta x}$

$$=\lim_{\Delta x\to0}\frac{2\cos(x+\dfrac{\Delta x}{2})\sin\dfrac{\Delta x}{2}}{\Delta x}$$

$$=\lim_{\Delta x\to0}\cos(x+\frac{\Delta x}{2})\cdot\frac{\sin\dfrac{\Delta x}{2}}{\dfrac{\Delta x}{2}}=\cos x.$$

即 $(\sin x)'=\cos x.$ 故

$$f'\left(\frac{\pi}{4}\right)=(\sin x)'|_{x=\frac{\pi}{4}}=\cos\frac{\pi}{4}=\frac{\sqrt{2}}{2}.$$

用类似的方法,可求得 $(\cos x)'=-\sin x$.

例 2.1.3 求函数 $f(x)=a^x(a>0,a\neq1)$ 的导数.

解 $f'(x)=\lim\limits_{\Delta x\to0}\dfrac{f(x+\Delta x)-f(x)}{\Delta x}=\lim\limits_{\Delta x\to0}\dfrac{a^{x+\Delta x}-a^x}{\Delta x}$

$$=a^x\lim_{\Delta x\to0}\frac{a^{\Delta x}-1}{\Delta x}$$

$$=a^x\lim_{\Delta x\to0}\frac{\Delta x\ln a}{\Delta x}=a^x\ln a.\ (a^{\Delta x}-1\sim\Delta x\ln a,\Delta x\to0)$$

故得指数函数的导数公式 $(a^x)'=a^x\ln a.$

特别地, $(\mathrm{e}^x)'=\mathrm{e}^x.$

例 2.1.4 求函数 $f(x)=\log_a x(a>0,a\neq1)$ 的导数.

解 $f'(x)=\lim\limits_{\Delta x\to0}\dfrac{f(x+\Delta x)-f(x)}{\Delta x}=\lim\limits_{\Delta x\to0}\dfrac{\log_a(x+\Delta x)-\log_a x}{\Delta x}$

$$=\lim_{\Delta x\to0}\frac{1}{\Delta x}\log_a\left(\frac{x+\Delta x}{x}\right)=\lim_{\Delta x\to0}\log_a\left(1+\frac{\Delta x}{x}\right)^{\frac{1}{\Delta x}}$$

$$=\lim_{\Delta x\to0}\log_a\left(1+\frac{\Delta x}{x}\right)^{\frac{x}{\Delta x}\cdot\frac{1}{x}}$$

$$=\lim_{\Delta x\to0}\frac{1}{x}\log_a\left(1+\frac{\Delta x}{x}\right)^{\frac{x}{\Delta x}}$$

$$=\frac{1}{x}\log_a\mathrm{e}$$

$$=\frac{1}{x}\frac{\ln e}{\ln a}=\frac{1}{x\ln a},$$

即 $(\log_a x)'=\dfrac{1}{x\ln a}$.

特别地, $(\ln x)'=\dfrac{1}{x}$.

例 2.1.5　设函数 $f(x)=x^n$(n 为正整数),求 $f'(x)$.

解　$f'(x)=\lim\limits_{\Delta x\to 0}\dfrac{f(x+\Delta x)-f(x)}{\Delta x}$

$$=\lim\limits_{\Delta x\to 0}\frac{(x+\Delta x)^n-x^n}{\Delta x}$$

$$=\lim\limits_{\Delta x\to 0}\frac{x^n+nx^{n-1}\Delta x+\dfrac{n(n-1)}{2}x^{n-2}(\Delta x)^2+\cdots+(\Delta x)^n-x^n}{\Delta x}$$

$$=\lim\limits_{\Delta x\to 0}\frac{nx^{n-1}\Delta x+\dfrac{n(n-1)}{2}x^{n-2}(\Delta x)^2+\cdots+(\Delta x)^n}{\Delta x}$$

$$=nx^{n-1},$$

即 $(x^n)'=nx^{n-1}$.

以后可以证明 $(x^\mu)'=\mu x^{\mu-1}$(μ 为实数),这就是幂函数的导数公式. 另外一些基本初等函数的导数公式在介绍了导数的运算法则之后再作介绍.

2.1.3　单侧导数

定义 2.3　如果极限 $\lim\limits_{\Delta x\to 0^-}\dfrac{f(x_0+\Delta x)-f(x_0)}{\Delta x}$ 存在,则称此极限值为函数 $y=f(x)$ 在 x_0 的**左导数**,记作 $f'_-(x_0)$. 如果极限 $\lim\limits_{\Delta x\to 0^+}\dfrac{f(x_0+\Delta x)-f(x_0)}{\Delta x}$ 存在,则称此极限值为函数 $y=f(x)$ 在 x_0 的**右导数**,记作 $f'_+(x_0)$.

定理 2.1　函数 $y=f(x)$ 在点 x_0 处可导的充要条件是 $y=f(x)$ 在点 x_0 处左右导数存在且相等,即

$$f'(x_0)=A\Leftrightarrow f'_-(x_0)=f'_+(x_0)=A.$$

如果函数 $y=f(x)$ 在开区间 (a,b) 内每一点都可导,则称 $f(x)$ 在开区间 (a,b) 内可导,并记为 $f(x)\in D(a,b)$.

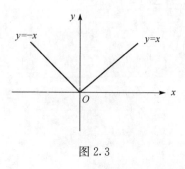

图 2.3

例 2.1.6　求函数 $f(x)=|x|$(图 2.3)在

$x=0$ 点的导数.

解 $f(x)=|x|=\begin{cases} -x, & x\leqslant 0, \\ x, & x>0. \end{cases}$

当 $\Delta x<0$ 时,由左导数定义

$$f'_-(0)=\lim_{\Delta x\to 0^-}\frac{f(0+\Delta x)-f(0)}{\Delta x}$$

$$=\lim_{\Delta x\to 0^-}\frac{-\Delta x-0}{\Delta x}=-1.$$

当 $\Delta x>0$ 时,由右导数定义

$$f'_+(0)=\lim_{\Delta x\to 0^+}\frac{f(0+\Delta x)-f(0)}{\Delta x}$$

$$=\lim_{\Delta x\to 0^+}\frac{\Delta x-0}{\Delta x}=1.$$

故 $f'_-(0)\neq f'_+(0)$,所以函数 $f(x)=|x|$ 在 $x=0$ 点不可导.

2.1.4 导数的几何意义

由导数的产生背景实例 2 可知,函数 $y=f(x)$ 在点 x_0 处的导数等于函数 $y=f(x)$ 所表示的曲线在点 (x_0,y_0) 处的切线斜率,即 $f'(x_0)=\tan\alpha$. 其中 α 是曲线上点 $M(x_0,y_0)$ 处的切线与 x 轴正方向的夹角. 由直线的点斜式方程,可以得到该点处的切线方程为

$$y-y_0=f'(x_0)(x-x_0),$$

过曲线 $y=f(x)$ 上一点 $M(x_0,y_0)$ 且垂直于该点的切线的直线称为曲线在该点的法线,法线方程为

$$y-y_0=-\frac{1}{f'(x_0)}(x-x_0) \quad (f'(x_0)\neq 0).$$

如果 $f'(x_0)$ 为无穷大,则曲线在点 (x_0,y_0) 处具有垂直于 x 轴的切线 $x=x_0$. 所以有导数必有切线,有切线不一定有导数.

例 2.1.7 求曲线 $y=x\sqrt{x}$ 的通过点 $(0,-4)$ 的切线方程.

解 设切点的横坐标为 x_0,则切线的斜率为

$$f'(x_0)=\left(x^{\frac{3}{2}}\right)'=\frac{3}{2}x^{\frac{1}{2}}\Big|_{x=x_0}=\frac{3}{2}\sqrt{x_0},$$

于是所求切线的方程为

$$y-x_0\sqrt{x_0}=\frac{3}{2}\sqrt{x_0}(x-x_0).$$

根据题目要求,点 $(0,-4)$ 在切线上,因此

$$-4-x_0\sqrt{x_0}=\frac{3}{2}\sqrt{x_0}(0-x_0),$$

解得 $x_0=4$. 所以切点的坐标为 $(4,8)$，切线斜率 $k=f'(4)=3$. 于是所求切线的方程为

$$y-8=3(x-4), \quad 即 \quad y=3x-4.$$

2.1.5　函数可导与连续的关系

定理 2.2　若函数 $y=f(x)$ 在点 x_0 处可导，则函数 $f(x)$ 在 x_0 连续，反之不成立.

证　由于函数 $y=f(x)$ 在点 x_0 处可导，即 $\lim\limits_{\Delta x\to 0}\dfrac{\Delta y}{\Delta x}=f'(x_0)$，所以 $\lim\limits_{\Delta x\to 0}\Delta y=$

$$\lim_{\Delta x\to 0}\left(\frac{\Delta y}{\Delta x}\cdot\Delta x\right)=\lim_{\Delta x\to 0}\frac{\Delta y}{\Delta x}\cdot\lim_{\Delta x\to 0}\Delta x=f'(x_0)\cdot 0=0,\text{故}$$

$y=f(x)$ 在点 x_0 连续.

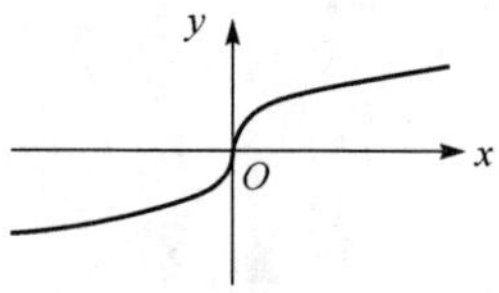

反之，$f(x)$ 在 x_0 处连续时，$f(x)$ 在点 x_0 处不一定可导.

图 2.4

如图 2.4 所示，函数 $f(x)=\sqrt[3]{x}$ 在区间 $(-\infty,+\infty)$ 内连续，但在点 $x=0$ 处不可导. 这是因为函数在点 $x=0$ 处导数为无穷大，即

$$f'(0)=\lim_{x\to 0}\frac{f(0+x)-f(0)}{x}=\lim_{x\to 0}\frac{\sqrt[3]{x}-0}{x}=\lim_{x\to 0}\frac{1}{\sqrt[3]{x^2}}=+\infty.$$

例 2.1.8　讨论函数 $f(x)=\begin{cases}x\sin\dfrac{1}{x}, & x\neq 0,\\ 0, & x=0\end{cases}$ 在 $x=0$ 点的连续性与可导性.

解　由于 $\lim\limits_{x\to 0}f(x)=\lim\limits_{x\to 0}x\sin\dfrac{1}{x}=0$，所以 $f(x)$ 在 $x=0$ 连续. 事实上 $f(x)$ 在 $(-\infty,+\infty)$ 内处处连续.

但 $f'(0)=\lim\limits_{\Delta x\to 0}\dfrac{f(0+\Delta x)-f(0)}{\Delta x}=$

$\lim\limits_{\Delta x\to 0}\dfrac{\Delta x\sin\dfrac{1}{\Delta x}-0}{\Delta x}=\lim\limits_{\Delta x\to 0}\sin\dfrac{1}{\Delta x}$ 不存在，所以 $f(x)$ 在 $x=0$ 不可导(图 2.5).

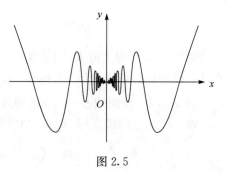

图 2.5

习 题 2.1

1. 设 $f(x)=4x^2$，试用导数定义求 $f'(x)$ 和 $f'(-2)$.

2. 设 $f(x) = ax^2 + bx + c$(其中 a,b,c 为常数)，试用定义求 $f'(x)$.

3. 利用导数公式 $(x^\mu)' = \mu x^{\mu-1}$(μ 为实数)，求下列函数的导数.

(1) $y = x^5$；　　　　　　　(2) $y = \sqrt{x^3}$；　　　　　　　(3) $y = \dfrac{1}{x}$；

(4) $y = \dfrac{1}{\sqrt{x}}$；　　　　　　(5) $y = \sqrt{x\sqrt{x\sqrt{x}}}$.

4. 求曲线 $y = x^4$ 在 $(1,1)$ 点的切线方程及法线方程.

5. 讨论函数 $f(x) = \begin{cases} 2x^2, & x < 2 \\ 4x, & x \geqslant 2 \end{cases}$ 在点 $x = 2$ 处的连续性及可导性.

6. 求函数 $f(x) = \begin{cases} x^2, & x \geqslant c \\ ax + b, & x < c \end{cases}$ 在 $x = c$ 处的右导数. 当 a 与 b 取何值时，函数 $f(x)$ 在 $x = c$ 可导.

7. 已知 $f(0) = 0$，且 $f'(0)$ 存在，求 $\lim\limits_{x \to 0} \dfrac{f(x)}{x}$.

8. 设 $f'(x_0)$ 存在，试用导数定义求下列极限.

(1) $\lim\limits_{\Delta x \to 0} \dfrac{f(x_0 - \Delta x) - f(x_0)}{\Delta x}$；

(2) $\lim\limits_{h \to 0} \dfrac{f(x_0 + \alpha h) - f(x_0 - \beta h)}{h}$；

(3) $\lim\limits_{n \to \infty} \dfrac{f\left(x_0 + \dfrac{1}{n}\right) - f(x_0)}{\dfrac{1}{n}}$.

9. 讨论 $f(x) = \begin{cases} x\arctan \dfrac{1}{x}, & x \neq 0, \\ 0, & x = 0 \end{cases}$ 在 $x = 0$ 处的连续性与可导性.

10. 设函数 $f(x)$ 在 $[-1,1]$ 上有界，$g(x) = f(x)\sin x^2$，求 $g'(0)$.

11. 设 $f(x)$ 为连续函数，且 $\lim\limits_{x \to 2} \dfrac{f(x) + 3}{\ln(x-1)} = 1$，求 $y = f(x)$ 在 $x = 2$ 处的切线方程.

12. 设 $y = x^n$(n 为大于 1 的整数)上的点 $(1,1)$ 处的切线交 x 轴于点 $(\xi, 0)$，求 $\lim\limits_{n \to \infty} y(\xi)$.

2.2　导数的运算法则

2.1 节根据导数的定义，求出了一些基本初等函数的导数公式. 但是如果对于每一个函数都利用导数定义去求导往往会很困难. 因此本节将介绍求导数的四则运算法则、反函数的导数法则,由此推出所有基本初等函数的导数公式. 最后我们来介绍复合函数求导的链式法则. 借助这些法则和公式,我们能够求出常见函数的导数.

2.2.1　导数的四则运算法则

定理 2.3　设函数 $u=u(x)$ 及 $v=v(x)$ 在点 x 处可导,那么它们的和、差、积、商(除分母为零的点外)都在点 x 处可导,并且

(1) $(u\pm v)'=u'\pm v'$;

(2) $(uv)'=u'v+uv'$;

(3) $\left(\dfrac{u}{v}\right)'=\dfrac{u'v-uv'}{v^2}$.

下面给出法则(1)的证明,法则(2)、(3)的证明从略.

证　(1) 设 $y=u\pm v$,则当 x 取得增量 Δx 时,u,v 分别取得增量

$$\Delta u=u(x+\Delta x)-u(x),\Delta v=v(x+\Delta x)-v(x),$$

于是

$$\begin{aligned}\Delta y&=[u(x+\Delta x)\pm v(x+\Delta x)]-[u(x)\pm v(x)]\\&=[u(x+\Delta x)-u(x)]\pm[v(x+\Delta x)-v(x)]\\&=\Delta u\pm\Delta v.\end{aligned}$$

所以

$$y'=\lim_{\Delta x\to 0}\frac{\Delta y}{\Delta x}=\lim_{\Delta x\to 0}\frac{\Delta u\pm\Delta v}{\Delta x}=\lim_{\Delta x\to 0}\frac{\Delta u}{\Delta x}\pm\lim_{\Delta x\to 0}\frac{\Delta v}{\Delta x}=u'\pm v'$$

法则(1)、(2)可推广到任意有限个可导函数的情形. 即

$$(u_1\pm u_2\pm\cdots\pm u_n)'=u_1'\pm u_2'\pm\cdots\pm u_n'\quad(其中\ n\ 为自然数),$$

$$(u_1 u_2\cdots u_n)'=u_1'u_2\cdots u_n+u_1 u_2'\cdots u_n+\cdots+u_1 u_2\cdots u_n'.$$

在法则(2)中,如果 $v=C$(C 为常数),因为 $C'=0$,则有

$$(Cu)'=Cu',$$

即常数因子可以从导数符号中提出.

例 2.2.1　设 $y=3x^2-5x+\sin\dfrac{\pi}{3}$,求 y'.

解　由法则(1),得

$$y'=\left(3x^2-5x+\sin\frac{\pi}{3}\right)'=6x-5+0=6x-5.$$

例 2.2.2　设 $y=x^3\sin x$,求 y'.

解　由法则(2),得

$$y'=(x^3\sin x)'=(x^3)'\sin x+x^3(\sin x)'=3x^2\sin x+x^3\cos x.$$

例 2. 2. 3 设 $y=\dfrac{x+1}{x-1}(x\neq1)$，求 y'.

解 由法则(3)，得

$$y'=\left(\frac{x+1}{x-1}\right)'=\frac{(x+1)'(x-1)-(x+1)(x-1)'}{(x-1)^2}.$$

$$=\frac{(x-1)-(x+1)}{(x-1)^2}=\frac{-2}{(x-1)^2}.$$

例 2. 2. 4 设 $y=\tan x$，求 y'.

解 $y=\tan x=\dfrac{\sin x}{\cos x}$，由法则(3)，得

$$y'=\frac{(\sin x)'\cos x-\sin x(\cos x)'}{\cos^2 x}$$

$$=\frac{\cos^2 x+\sin^2 x}{\cos^2 x}=\frac{1}{\cos^2 x}$$

$$=\sec^2 x,$$

故 $(\tan x)'=\sec^2 x$.

类似地，可得 $(\cot x)'=-\csc^2 x$.

例 2. 2. 5 设 $y=\sec x$，求 y'.

解 $y=\sec x=\dfrac{1}{\cos x}$，$y'=\dfrac{0-1\cdot(\cos x)'}{\cos^2 x}=\dfrac{\sin x}{\cos^2 x}$

$$=\tan x\sec x,$$

故 $(\sec x)'=\tan x\sec x$.

类似地，可得 $(\csc x)'=-\cot x\csc x$.

值得注意的是导数的四则运算法则只有在 $u(x)$，$v(x)$ 均在 x 处可导的条件下才能运用.

例 2. 2. 6 设 $f(x)=(x-a)\varphi(x)$，$\varphi(x)$ 在 $x=a$ 处连续，求 $f'(a)$.

解 $f(x)$ 是 $x-a$ 与 $\varphi(x)$ 的乘积，但 $\varphi(x)$ 在 $x=a$ 处是否可导不知，所以不能用两个函数乘积的求导法则求导，而要用导数的定义

$$f'(a)=\lim_{x\to a}\frac{f(x)-f(a)}{x-a}=\lim_{x\to a}\frac{(x-a)\varphi(x)-0}{x-a}$$

$$=\lim_{x\to a}\varphi(x)=\varphi(a).$$

2. 2. 2 反函数的求导法则

定理 2. 4 设函数 $x=f(y)$ 在某区间 I_y 内单调、可导且 $f'(y)\neq0$，则其反函数 $y=f^{-1}(x)$ 在对应区间 $I_x=\{x|x=f(y),y\in I_y\}$ 内也可导，并且

$$(f^{-1})'(x) = \frac{1}{f'(y)} \quad 或 \quad \frac{\mathrm{d}y}{\mathrm{d}x} = \frac{1}{\dfrac{\mathrm{d}x}{\mathrm{d}y}}.$$

证　$\forall x \in I_x$, 设 $\Delta x \neq 0$, 且 $x + \Delta x \in I_x$ 由 $x = f(y)$ 单调, 可知其反函数 $y = f^{-1}(x)$ 单调, 故 $\Delta y = f^{-1}(x + \Delta x) - f^{-1}(x) \neq 0$, 即 $\dfrac{\Delta y}{\Delta x} = \dfrac{1}{\dfrac{\Delta x}{\Delta y}}$.

由 $x = f(y)$ 可导, 知 $x = f(y)$ 连续, 所以其反函数 $y = f^{-1}(x)$ 在点 x 处连续, 于是 $\Delta x \to 0$ 时, 必有 $\Delta y \to 0$, 且 $\lim\limits_{\Delta y \to 0} \dfrac{\Delta x}{\Delta y} = f'(y) \neq 0$, 因此

$$\lim_{\Delta x \to 0} \frac{\Delta y}{\Delta x} = \lim_{\Delta y \to 0} \frac{1}{\dfrac{\Delta x}{\Delta y}} = \frac{1}{\lim\limits_{\Delta y \to 0} \dfrac{\Delta x}{\Delta y}} = \frac{1}{f'(y)},$$

即

$$(f^{-1})'(x) = \frac{1}{f'(y)} \quad 或 \quad \frac{\mathrm{d}y}{\mathrm{d}x} = \frac{1}{\dfrac{\mathrm{d}x}{\mathrm{d}y}}.$$

定理 2.4 表明, 反函数的导数等于它的直接函数导数的倒数.

例 2.2.7　求 $y = \arcsin x$ $(-1 < x < 1)$ 的导数.

解　$y = \arcsin x$ 在 $(-1 < x < 1)$ 上的直接函数为 $x = \sin y \left(\text{其中} -\dfrac{\pi}{2} < y < \dfrac{\pi}{2}\right)$, $x = \sin y$ 在 $\left(-\dfrac{\pi}{2}, \dfrac{\pi}{2}\right)$ 上单调增加, 且 $x' = (\sin y)' = \cos y > 0$, 所以

$$(\arcsin x)' = \frac{1}{(\sin y)'} = \frac{1}{\cos y} = \frac{1}{\sqrt{1 - \sin^2 y}} = \frac{1}{\sqrt{1 - x^2}}.$$

类似地, $(\arccos x)' = -\dfrac{1}{\sqrt{1 - x^2}}$.

例 2.2.8　求 $y = \arctan x$ $(-\infty < x < +\infty)$ 的导数.

解　$y = \arctan x$ 在 $(-\infty < x < +\infty)$ 上 的 直 接 函 数 为 $x = \tan y$ $\left(-\dfrac{\pi}{2} < y < \dfrac{\pi}{2}\right)$. $x = \tan y$ 在 $\left(-\dfrac{\pi}{2}, \dfrac{\pi}{2}\right)$ 单调增加, 且 $x' = (\tan y)' = \sec^2 y > 0$, 因此

$$(\arctan x)' = \frac{1}{(\tan y)'} = \frac{1}{\sec^2 y} = \frac{1}{1 + \tan^2 y} = \frac{1}{1 + x^2}.$$

类似地, $(\operatorname{arccot} x)' = -\dfrac{1}{1 + x^2}$.

2.2.3　复合函数的求导法则

定理 2.5　如果 $u=\varphi(x)$ 在点 x 处可导,函数 $y=f(u)$ 在 x 对应的点 $u=\varphi(x)$ 处可导,则复合函数 $y=f[\varphi(x)]$ 在点 x 处可导,且

$$\frac{\mathrm{d}y}{\mathrm{d}x}=f'(u)\cdot\varphi'(x)\quad\text{或}\quad\frac{\mathrm{d}y}{\mathrm{d}x}=\frac{\mathrm{d}y}{\mathrm{d}u}\cdot\frac{\mathrm{d}u}{\mathrm{d}x}.$$

此法则称为复合函数求导的链式法则.

证　因为 $y=f(u)$ 在点 u 处可导,所以 $\lim\limits_{\Delta u\to 0}\dfrac{\Delta y}{\Delta u}=f'(u)$ 存在,由趋向于极限的量与无穷小量之间的关系得

$$\frac{\Delta y}{\Delta u}=f'(u)+\alpha,$$

其中 $\lim\limits_{\Delta u\to 0}\alpha=0.$

若 $\Delta u\neq 0$,则

$$\Delta y=f'(u)\Delta u+\alpha\Delta u \tag{2.1}$$

若 $\Delta u=0$,则由 $\Delta y=f(u+\Delta u)-f(u)=0$,所以对于任何 α,式(2.1)均成立. 因此可规定此时 $\alpha=0$.

即无论 $\Delta u=0$ 或 $\Delta u\neq 0$,式(2.1)均成立. 于是

$$\frac{\Delta y}{\Delta x}=f'(u)\frac{\Delta u}{\Delta x}+\alpha\frac{\Delta u}{\Delta x},$$

两端取极限

$$\lim_{\Delta x\to 0}\frac{\Delta y}{\Delta x}=f'(u)\lim_{\Delta x\to 0}\frac{\Delta u}{\Delta x}+\lim_{\Delta x\to 0}\alpha\frac{\Delta u}{\Delta x}.$$

由于已知 $u=\varphi(x)$ 在 x 处可导,所以 $u=\varphi(x)$ 在 x 处连续.

当 $\Delta x\to 0$ 时,$\Delta u\to 0$,从而 $\alpha\to 0$,故

$$\frac{\mathrm{d}y}{\mathrm{d}x}=f'(u)\cdot\varphi'(x)$$
$$=f'[\varphi(x)]\varphi'(x).$$

定理 2.5 说明,(1) 复合函数 $y=f[\varphi(x)]$ 对自变量 x 的导数,等于函数对中间变量的导数与中间变量对自变量的导数的乘积,即 $\{f[\varphi(x)]\}'=f'[\varphi(x)]\cdot\varphi'(x)$.

(2) 若要求 $y=f[\varphi(x)]$ 在某一点 x_0 的导数,则 $\dfrac{\mathrm{d}y}{\mathrm{d}x}\Big|_{x=x_0}=f'[\varphi(x_0)]\cdot\varphi'(x_0)=f'(u_0)\varphi'(x_0)$,其中 $u_0=\varphi(x_0)$.

(3) 公式可推广到任意有限个函数复合的情形,如 $y=f(u)$,$u=u(v)$,$v=v(x)$,则 $\dfrac{\mathrm{d}y}{\mathrm{d}x}=\dfrac{\mathrm{d}y}{\mathrm{d}u}\cdot\dfrac{\mathrm{d}u}{\mathrm{d}v}\cdot\dfrac{\mathrm{d}v}{\mathrm{d}x}$. 运用复合函数求导法则时,关键是弄清复合函数

的复合关系,由外向内一层一层地逐个求导,不能遗漏.

例 2. 2. 9　求 $y=\sin(4x+3)$ 的导数.

解　此函数由 $y=\sin u,u=4x+3$ 复合而成

$$\frac{\mathrm{d}y}{\mathrm{d}x}=\frac{\mathrm{d}y}{\mathrm{d}u}\cdot\frac{\mathrm{d}u}{\mathrm{d}x}=(\sin u)'\cdot(4x+3)'$$

$$=\cos u\cdot 4=4\cos(4x+3).$$

例 2. 2. 10　求 $y=\sin^2 3x$ 的导数.

解　此函数由 $y=u^2,u=\sin v,v=3x$ 复合而成,从而有

$$\frac{\mathrm{d}y}{\mathrm{d}x}=\frac{\mathrm{d}y}{\mathrm{d}u}\cdot\frac{\mathrm{d}u}{\mathrm{d}v}\cdot\frac{\mathrm{d}v}{\mathrm{d}x}=2u\cdot\cos v\cdot 3$$

$$=6\sin 3x\cdot\cos 3x.$$

例 2. 2. 11　求幂函数 $y=x^\alpha(\alpha$ 为实数$)$ 的导数.

解　$y=x^\alpha=\mathrm{e}^{\alpha\ln x}.$ 此函数由 $y=\mathrm{e}^u,u=\alpha\ln x$ 复合而成,所以

$$\frac{\mathrm{d}y}{\mathrm{d}x}=\frac{\mathrm{d}y}{\mathrm{d}u}\cdot\frac{\mathrm{d}u}{\mathrm{d}x}=\mathrm{e}^u\cdot(\alpha\ln x)'$$

$$=\mathrm{e}^{\alpha\ln x}\frac{\alpha}{x}=\alpha\frac{x^\alpha}{x}$$

$$=\alpha x^{\alpha-1}.$$

例 2. 2. 12　$y=\sqrt[3]{1-2x^2},$ 求 $\dfrac{\mathrm{d}y}{\mathrm{d}x}.$

解　$\dfrac{\mathrm{d}y}{\mathrm{d}x}=\left[(1-2x^2)^{\frac{1}{3}}\right]'=\dfrac{1}{3}(1-2x^2)^{-\frac{2}{3}}\cdot(1-2x^2)'$

$$=\frac{-4x}{3\sqrt[3]{(1-2x^2)^2}}.$$

例 2. 2. 13　设 $y=2^{\sin^2\frac{1}{x}},$ 求 $\dfrac{\mathrm{d}y}{\mathrm{d}x}.$

解　此函数由 $y=2^u,u=v^2,v=\sin t,t=\dfrac{1}{x}$ 复合而成,因此

$$\frac{\mathrm{d}y}{\mathrm{d}x}=2^{\sin^2\frac{1}{x}}\ln 2\left(\sin^2\frac{1}{x}\right)'$$

$$=2^{\sin^2\frac{1}{x}}\ln 2\cdot 2\sin\frac{1}{x}\cos\frac{1}{x}\cdot\left(\frac{1}{x}\right)'$$

$$=2^{\sin^2\frac{1}{x}}\ln 2\cdot\left(-\frac{1}{x^2}\right)\sin\frac{2}{x}.$$

例 2. 2. 14　设 $y=f(\arcsin x),$ 其中 $y=f(u)$ 可导,求 $\dfrac{\mathrm{d}y}{\mathrm{d}x}.$

解　$\dfrac{\mathrm{d}y}{\mathrm{d}x}=f'(\arcsin x)(\arcsin x)'=f'(\arcsin x)\dfrac{1}{\sqrt{1-x^2}}.$

例 2.2.15　设 $y=f\{f[f(x)]\}$，其中 $y=f(u)$ 可导，求 $\dfrac{\mathrm{d}y}{\mathrm{d}x}$.

解　$\dfrac{\mathrm{d}y}{\mathrm{d}x}=f'\{f[f(x)]\}\cdot f'(f(x))\cdot f'(x).$

2.2.4　基本初等函数的导数公式

经过上面的讨论，现在可以将基本初等函数的求导公式归纳如下.

(1) $(C)'=0$；

(2) $(x^a)'=\alpha x^{a-1}$；

(3) $(a^x)'=a^x\ln a$；

(4) $(\mathrm{e}^x)'=\mathrm{e}^x$；

(5) $(\log_a x)'=\dfrac{1}{x\ln a}$；

(6) $(\ln x)'=\dfrac{1}{x}$；

(7) $(\sin x)'=\cos x$；

(8) $(\cos x)'=-\sin x$；

(9) $(\tan x)'=\sec^2 x$；

(10) $(\cot x)'=-\csc^2 x$；

(11) $(\sec x)'=\sec x\tan x$；

(12) $(\csc x)'=-\csc x\cot x$；

(13) $(\arcsin x)'=\dfrac{1}{\sqrt{1-x^2}}$；

(14) $(\arccos x)'=\dfrac{-1}{\sqrt{1-x^2}}$；

(15) $(\arctan x)'=\dfrac{1}{1+x^2}$；

(16) $(\text{arccot}\,x)'=\dfrac{-1}{1+x^2}.$

有了这些公式和导数的四则运算法则以及复合函数的求导法则，我们就可以求初等函数的导数.

例 2.2.16　设 $y=\ln|x|$，求 y'.

解　$y=\ln|x|=\begin{cases}\ln(-x),&x<0,\\ \ln x,&x>0.\end{cases}$

$$y'=\begin{cases}-\dfrac{1}{x}(-x)'=\dfrac{1}{x},&x<0,\\[2mm] \dfrac{1}{x},&x>0,\end{cases}$$

所以 $(\ln|x|)'=\dfrac{1}{x}.\ (x\neq0)$

例 2.2.17　设 $y=\mathrm{e}^{|x-1|}$ 求 $y'(x)$.

解　这里求的是导函数

$$y=\mathrm{e}^{|x-1|}=\begin{cases}\mathrm{e}^{1-x},&x\leqslant1,\\ \mathrm{e}^{x-1},&x>1.\end{cases}$$

当 $x<1$ 时，$y'=\mathrm{e}^{1-x}\cdot(1-x)'=-\mathrm{e}^{1-x}$，

当 $x>1$ 时，$y'=\mathrm{e}^{x-1}(x-1)'=\mathrm{e}^{x-1}$，

而在 $x=1$ 点处，由于函数在左右两侧的表达式不同，所以需要用导数定义分左右导数考虑.

$$f'_-(1)=\lim_{x\to1^-}\frac{f(x)-f(1)}{x-1}=\lim_{x\to1^-}\frac{\mathrm{e}^{1-x}-1}{x-1}=-1,\ (x\to1^-,\mathrm{e}^{1-x}-1\sim1-x)$$

$$f'_+(1)=\lim_{x\to1^+}\frac{f(x)-f(1)}{x-1}=\lim_{x\to1^+}\frac{\mathrm{e}^{x-1}-1}{x-1}=1,$$

$f'_-(1)\neq f'_+(1)$，故 $f(x)$ 在 $x=1$ 不可导，所以

$$y'(x)=\begin{cases}-\mathrm{e}^{1-x}, & x<1,\\ 不存在, & x=1,\\ \mathrm{e}^{x-1}, & x>1.\end{cases}$$

例 2.2.18　设 $y=f(x)=\begin{cases}x^2\sin\dfrac{1}{x}, & x\neq0,\\ 0, & x=0,\end{cases}$ 求 $f'(x)$，并讨论 $f'(x)$ 在 $x=0$ 点处的连续性.

解　$x\neq0$ 时，$y'=2x\sin\dfrac{1}{x}+x^2\cos\dfrac{1}{x}\cdot\left(-\dfrac{1}{x^2}\right)$.

$x=0$ 时，用导数定义有

$$\begin{aligned}f'(0)&=\lim_{x\to0}\frac{f(x)-f(0)}{x}\\&=\lim_{x\to0}\frac{x^2\sin\dfrac{1}{x}-0}{x}=\lim_{x\to0}x\sin\frac{1}{x}\\&=0.\end{aligned}$$

因此

$$f'(x)=\begin{cases}2x\sin\dfrac{1}{x}-\cos\dfrac{1}{x}, & x\neq0,\\ 0, & x=0.\end{cases}$$

但是 $\lim\limits_{x\to0}f'(x)=\lim\limits_{x\to0}\left(2x\sin\dfrac{1}{x}-\cos\dfrac{1}{x}\right)$ 不存在，故导函数 $f'(x)$ 在 $x=0$ 点处不连续.

习 题 2.2

1. 设 $f(x)$ 在点 x_0 处可导，$g(x)$ 在 x_0 处不可导，证明：

(1) 函数 $F(x)=f(x)+g(x)$ 在点 x_0 处不可导；

(2) 若 $f(x_0) \neq 0$,则 $G(x) = f(x)g(x)$ 在点 x_0 处不可导.

2. 求下列函数的导数.

(1) $y = x^4 + \dfrac{7}{x^3} - \dfrac{2}{x} + 10$;

(2) $y = 5x^2 - 3^x + 2e^x$;

(3) $y = x^5 + 5^x$;

(4) $y = 3e^x \sin x$;

(5) $y = \dfrac{\cos x}{x^2}$;

(6) $y = \arccos x$;

(7) $y = \dfrac{x \sin x}{1 + \tan x}$;

(8) $y = \dfrac{x^3}{3^x}$.

3. 求下列函数在给定点的导数.

(1) $y = 3\sin x - 4\cos x$. 求 $y'|_{x=\frac{\pi}{3}}$ 及 $y'|_{x=\frac{\pi}{4}}$;

(2) $y = x\sin x + \dfrac{1}{2}\cos x$. 求 $\dfrac{\mathrm{d}y}{\mathrm{d}x}\bigg|_{x=\frac{\pi}{4}}$;

(3) $f(x) = \dfrac{2}{3-x} + \dfrac{x^2}{5}$. 求 $f'(0)$ 及 $f'(1)$.

4. 求下列函数的导数.

(1) $y = (4x+3)^6$;

(2) $y = 3e^{2x}$;

(3) $y = 2\sin(3x+4)$;

(4) $y = 3^{\sin x}$;

(5) $y = \ln(3+x)$;

(6) $y = \cos(4-5x)$;

(7) $y = \ln(x + \sqrt{a^2 + x^2})$;

(8) $y = e^{-\frac{x}{3}}\cos 2x$;

(9) $y = \sqrt{x + \sqrt{x + \sqrt{x}}}$;

(10) $y = \dfrac{1 - \ln x}{1 + \ln x}$;

(11) $y = e^{\arctan \sqrt{x}}$;

(12) $y = \sec^2 \dfrac{x}{a} + \csc^2 \dfrac{x}{a}$;

(13) $y = a^{a^x} + x^{a^a}$;

(14) $y = \log_x(\ln x)$.

5. 设 $f(u)$ 可导,求 $\dfrac{\mathrm{d}y}{\mathrm{d}x}$.

(1) $y = f\left(\arcsin \dfrac{1}{x}\right)$;

(2) $y = f(2^x) \cdot 2^{f(x)}$;

(3) $y = f(\sin^2 x) + f(\cos^2 x)$;

6. 已知 $f\left(\dfrac{1}{x}\right) = \dfrac{x}{1+x}$,求 $f'(x)$.

7. 设 $f(x)$ 在 $x = 1$ 处有连续的导数,$f'(1) = -2$,求 $\lim\limits_{x \to 0^+} \dfrac{\mathrm{d}}{\mathrm{d}x} f(\cos \sqrt{x})$.

8. 设 $f(x) = |x-a|\varphi(x)$,$\varphi(x)$ 在 $x = a$ 连续,求 $f'(a)$.

2.3　隐函数的导数、由参数方程所确定的函数的导数

2.3.1　隐函数的导数

若因变量 y 表示为自变量 x 的明确表达式 $y=f(x)$,则称 $y=f(x)$ 为显函数. 如 $y=\ln(x^2+3x+5)$, $y=e^{-\frac{x}{2}}\sin(\omega x+\varphi)$ 等,而有时变量 x 与 y 的关系不用显式给出,甚至某些情形下不能用显式给出,这就产生了隐函数概念. 例如 $e^y=2x$, $x^2+y^2=a^2$, $y-x-\varepsilon\sin y=0$ 等. 前面两个方程可以将 y 表示为 x 的函数,而第三个方程 y 不能表示为 x 的函数(但是 x 可以表示为 y 的函数).

一般地,称由方程 $F(x,y)=0$ 所确定的函数为隐函数. 这里一个方程两个变元,x,y 有对等的关系. 有些情况下 y 是 x 的函数,有些情况下,x 也可以是 y 的函数.

把一个隐函数化成显函数,称为隐函数的显化. 隐函数的显化有时有困难,甚至是不可能的. 但是无论能否解出函数的显示表达式,我们都可以利用复合函数的求导法则求出隐函数的导数.

1. 隐函数的定义

定义 2.4　给定方程 $F(x,y)=0$,如果在某区间 (a,b) 上存在着函数 $y=f(x)$,使 $\forall x\in(a,b)$, $F(x,f(x))=0$ 成立,则称 $y=f(x)$ 是由方程 $F(x,y)=0$ 确定的隐函数.

有关隐函数的存在理论,这里不讨论,只关注隐函数的导数.

2. 隐函数求导法

设由方程 $F(x,y)=0$ 确定了隐函数 $y=y(x)$,于是对方程两端关于 x 求导,遇到 x 直接求导,遇到 y 就将 y 看成 x 的函数,再乘以 y 对 x 的导数 y',得到一个含有 y' 的方程,然后从中解出 y' 即可.

例 2.3.1　设函数 $y=y(x)$ 由方程 $e^y=2x$ 所确定,求 y'.

解法 1　将函数解成显式再求导.

对方程 $e^y=2x$ 两端取自然对数

$$y=\ln 2x,$$

$$y'=\frac{2}{2x}=\frac{1}{x}.$$

解法 2　对方程两端关于 x 求导. 注意 y 是 x 的函数,得

$$e^y y'=2,$$

解得

$$y' = \frac{2}{e^y} = \frac{2}{2x} = \frac{1}{x}.$$

对隐函数求导今后常用第二种方法.

例 2.3.2　求由方程 $\ln \sqrt{x^2 + y^2} = \arctan \dfrac{y}{x}$ 所确定的隐函数 $y = y(x)$ 的导数 y'.

解　对方程两端关于 x 求导,得

$$\frac{1}{\sqrt{x^2 + y^2}} \frac{2x + 2yy'}{2\sqrt{x^2 + y^2}} = \frac{1}{1 + \left(\dfrac{y}{x}\right)^2} \frac{y'x - y \cdot 1}{x^2},$$

整理得 $\dfrac{x + yy'}{x^2 + y^2} = \dfrac{y'x - y}{x^2 + y^2}$,因此 $x + yy' = y'x - y$,解得 $y' = \dfrac{x + y}{x - y}$.

例 2.3.3　设 $y = y(x)$ 由方程 $e^y + 2xy - e = 0$ 所确定,求 $y'(0)$.

解　对方程两端关于 x 求导,得

$$(e^y)' + (2xy)' - (e)' = 0,$$

即 $e^y \cdot y' + 2(y + xy') = 0$,故

$$y' = \frac{-2y}{e^y + 2x}.$$

将 $x = 0$ 代入方程解得 $y = 1$,故 $y'(0) = -\dfrac{2}{e}$.

例 2.3.4　证明曲线 $\sqrt{x} + \sqrt{y} = \sqrt{a}$ 上任意一点的切线在两坐标轴上的截距之和为常数 $a\,(a > 0)$.

证　设 (x_0, y_0) 为曲线上任一点,先求出曲线在该点的切线斜率,对 $\sqrt{x} + \sqrt{y} = \sqrt{a}$ 两端关于 x 求导,则

$$\frac{1}{2\sqrt{x}} + \frac{y'}{2\sqrt{y}} = 0, \quad y' = -\sqrt{\frac{y}{x}}.$$

在 (x_0, y_0) 处切线斜率 $y'|_{(x_0, y_0)} = -\sqrt{\dfrac{y_0}{x_0}}$,于是得切线方程

$$y - y_0 = -\sqrt{\frac{y_0}{x_0}}(x - x_0).$$

令 $y = 0$,则 $x = x_0 + \sqrt{x_0 y_0}$,再令 $x = 0$,得 $y = y_0 + \sqrt{x_0 y_0}$. 故

$$x_0 + y_0 + 2\sqrt{x_0 y_0} = (\sqrt{x_0} + \sqrt{y_0})^2 = \sqrt{a}^2 = a.$$

3. 对数求导法

在求导过程中我们发现有的函数虽然是显函数形式,但却不好求导. 例如,幂

指函数,$y=f(x)^{g(x)}$ $(f(x)>0,f(x),g(x)$ 可导$)$ 就没有求导公式;又如函数 $y=\dfrac{(2x+3)\sqrt[3]{6-x}}{\sqrt[5]{x+1}}$, $y=\sqrt{\mathrm{e}^{\frac{1}{x}}\sqrt{x\sqrt{\sin x}}}$. 如果直接求导非常复杂. 因此我们考虑用两端取自然对数的方法,将其转化为隐函数后再求导. 一般地,称这种方法为对数求导法.

对 $y=f(x)^{g(x)}$ $(f(x)>0,f(x),g(x)$ 可导$)$,两端取自然对数 $\ln y=g(x)\ln f(x)$, 两端对 x 求导,显然 y 是 x 的函数,于是

$$\frac{y'}{y}=g'(x)\ln f(x)+g(x)\cdot\frac{f'(x)}{f(x)}$$

$$y'=y\left[g'(x)\ln f(x)+\frac{g(x)}{f(x)}f'(x)\right]$$

$$=f(x)^{g(x)}\left[g'(x)\ln f(x)+\frac{g(x)}{f(x)}f'(x)\right].$$

例 2.3.5 设 $y=x^{\arcsin x}$ $(x>0)$,求 y'.

解 取对数 $\ln y=\arcsin x\ln x$,两端对 x 求导

$$\frac{y'}{y}=\frac{1}{\sqrt{1-x^2}}\ln x+\arcsin x\cdot\frac{1}{x},$$

$$y'=x^{\arcsin x}\left[\frac{\ln x}{\sqrt{1-x^2}}+\frac{\arcsin x}{x}\right].$$

例 2.3.6 设函数 $x=x(y)$ 由方程 $x^y=y^x$ $(x>0,y>0)$ 所确定,求 $\dfrac{\mathrm{d}x}{\mathrm{d}y}$.

解 对方程两端取自然对数

$$y\ln x=x\ln y,$$

对 y 求导,$x=x(y)$ 得

$$\ln x+y\cdot\frac{x'(y)}{x}=x'(y)\ln y+x\frac{1}{y},$$

解得

$$x'(y)=\frac{\dfrac{x}{y}-\ln x}{\dfrac{y}{x}-\ln y}=\frac{x(x-y\ln x)}{y(y-x\ln y)}.$$

例 2.3.7 设 $y=3^x+x^3+x^x$ $(x>0)$ 求 y'.

解 当幂指函数与其他函数相加减时,就不能再用取对数的方法求导,这时需要将幂指函数写成指数函数的形式,如 $x^x=\mathrm{e}^{x\ln x}$ 于是问题转化为求 $y=3^x+x^3+\mathrm{e}^{x\ln x}$ $(x>0)$ 的导数.

$$y' = 3^x \ln 3 + 3x^2 + \mathrm{e}^{x\ln x}\left(\ln x + x \cdot \frac{1}{x}\right)$$

$$= 3^x \ln 3 + 3x^2 + x^x(\ln x + 1).$$

例 2.3.8　设 $y = y(x)$ 由方程 $x^{y^2} + y^2 \ln x - 4 = 0$ 所确定,求 y'.

解　将方程改写为 $\mathrm{e}^{y^2 \ln x} + y^2 \ln x - 4 = 0$,再对 x 求导

$$\mathrm{e}^{y^2 \ln x}\left[2yy'\ln x + \frac{y^2}{x}\right] + 2yy'\ln x + \frac{y^2}{x} = 0.$$

注意到 $x^{y^2} = \mathrm{e}^{y^2\ln x}$,解出 y' 并化简得 $y' = -\dfrac{y}{2x\ln x}$.

下面再介绍用对数求导法求由多个因子乘除所表示的函数的导数.

例 2.3.9　设 $y = \dfrac{(2x+3)\sqrt[3]{6-x}}{\sqrt[5]{x+1}}$,求 y'.

解　对两端取自然对数 $\ln y = \ln \dfrac{(2x+3)\sqrt[3]{6-x}}{\sqrt[5]{x+1}}$,利用对数的性质

$$\ln y = \ln(2x+3) + \frac{1}{3}\ln(6-x) - \frac{1}{5}\ln(x+1),$$

再对 x 求导,其中 $y = y(x)$,

$$\frac{y'}{y} = \frac{2}{2x+3} - \frac{1}{3} \cdot \frac{1}{6-x} - \frac{1}{5} \cdot \frac{1}{x+1}.$$

所以

$$y' = \frac{(2x+3)\sqrt[3]{6-x}}{\sqrt[5]{x+1}}\left[\frac{2}{2x+3} - \frac{1}{3(6-x)} - \frac{1}{5(x+1)}\right].$$

例 2.3.10　设 $y = \sqrt{\mathrm{e}^{\frac{1}{x}}\sqrt{x\sqrt{\sin x}}}$,求 y'.

解　将函数改写为 $y = \mathrm{e}^{\frac{1}{2x}} \cdot x^{\frac{1}{4}} \cdot \sin^{\frac{1}{8}}x$,两端取对数

$$\ln y = \frac{1}{2x}\ln \mathrm{e} + \frac{1}{4}\ln x + \frac{1}{8}\ln \sin x,$$

$$\frac{y'}{y} = -\frac{1}{2x^2} + \frac{1}{4x} + \frac{\cos x}{8\sin x}.$$

所以 $y' = \sqrt{\mathrm{e}^{\frac{1}{x}}\sqrt{x\sqrt{\sin x}}}\left(-\dfrac{1}{2x^2} + \dfrac{1}{4x} + \dfrac{1}{8}\cot x\right).$

2.3.2　由参数方程所确定的函数的导数

设 y 与 x 的函数关系由参数方程 $\begin{cases} x = x(t), \\ y = y(t) \end{cases}$ 所确定,下面求 $\dfrac{\mathrm{d}y}{\mathrm{d}x}$.

虽然,通过参数方程消去参数 t,将 y 表示为 x 的函数后求出 $\dfrac{\mathrm{d}y}{\mathrm{d}x}$ 不失为一种方法,但是消去参数 t 有时会有困难. 因此,我们需要找到一种方法能直接求出由参数方程所确定的函数的导数.

定理 2.6　若 $x(t)$,$y(t)$ 均可导,$x(t)$ 存在可导的反函数,且 $x'(t)\neq 0$,则由参数方程 $\begin{cases} x=x(t), \\ y=y(t) \end{cases}$ 所确定的函数 $y=y(x)$ 可导,且 $\dfrac{\mathrm{d}y}{\mathrm{d}x}=\dfrac{y'(t)}{x'(t)}$.

证　记 $x=x(t)$ 的反函数为 $t=t(x)$,于是 $y=y[t(x)]$,利用复合函数和反函数的导数公式,

$$\frac{\mathrm{d}y}{\mathrm{d}x}=\frac{\mathrm{d}y}{\mathrm{d}t}\cdot\frac{\mathrm{d}t}{\mathrm{d}x}=\frac{\mathrm{d}y}{\mathrm{d}t}\cdot\frac{1}{\dfrac{\mathrm{d}x}{\mathrm{d}t}}=\frac{y'(t)}{x'(t)}\quad(x'(t))\neq 0),$$

即 $\dfrac{\mathrm{d}y}{\mathrm{d}x}=\dfrac{y'(t)}{x'(t)}$.

上式就是由参数方程所确定的函数的求导公式.

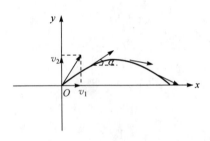

图 2.6

例 2.3.11　已知抛射体的运动方程为 $\begin{cases} x=v_1 t, \\ y=v_2 t-\dfrac{1}{2}gt^2, \end{cases}$ 其运动轨迹如图 2.6 所示,求抛射体在时刻 t 的瞬时速度 v 的大小与方向.

解　抛射体在时刻 t 的瞬时速度 v 的大小等于其水平分速度与竖直分速度的合成,即

$$|\boldsymbol{v}|=\sqrt{{v_1}^2+{v_2}^2}=\sqrt{\left(\frac{\mathrm{d}x}{\mathrm{d}t}\right)^2+\left(\frac{\mathrm{d}y}{\mathrm{d}t}\right)^2}=\sqrt{{v_1}^2+(v_2-gt)^2}.$$

设 α 为速度 v 与 x 轴正方向之间的夹角,由导数的几何意义知

$$\tan\alpha=\frac{\mathrm{d}y}{\mathrm{d}x}=\frac{y'(t)}{x'(t)}=\frac{v_2-gt}{v_1}.$$

所以 $\alpha=\arctan\dfrac{v_2-gt}{v_1}$,由此可知抛物体的入射角 $(t=0)$ 为

$$\alpha=\arctan\frac{v_2}{v_1}.$$

当 $\tan\alpha=\dfrac{v_2-gt}{v_1}=0$,即 $t=\dfrac{v_2}{g}$ 时,运动方向水平,抛射体达到最高点.

例 2.3.12 求曲线 $\begin{cases} x=\sin t, \\ y=\cos 2t \end{cases}$ 在 $t=\dfrac{\pi}{3}$ 处的切线方程.

解 曲线在任意点的切线斜率为

$$\frac{\mathrm{d}y}{\mathrm{d}x}=\frac{y'(t)}{x'(t)}=\frac{(\cos 2t)'}{(\sin t)'}=\frac{-\sin 2t \cdot 2}{\cos t}=-4\sin t,$$

将 $t=\dfrac{\pi}{3}$ 代入方程,得曲线上对应点的坐标为 $\left(\dfrac{\sqrt{3}}{2},-\dfrac{1}{2}\right)$. 在此点处的切线斜率为

$$\left.\frac{\mathrm{d}y}{\mathrm{d}x}\right|_{t=\frac{\pi}{3}}=-4\sin t\Big|_{t=\frac{\pi}{3}}=-2\sqrt{3}.$$

于是,切线方程为

$$y-\left(-\frac{1}{2}\right)=-2\sqrt{3}\left(x-\frac{\sqrt{3}}{2}\right).$$

化简得

$$y=-2\sqrt{3}x+\frac{5}{2}.$$

例 2.3.13 设 $y=y(x)$ 由方程 $\begin{cases} xe^t+t\cos x=\pi, \\ y=\sin t+\cos^2 t \end{cases}$ 所确定,求曲线在 $x=0$ 所对应点处的切线方程.

解 将 $x=0$ 代入方程得 $t=\pi,y=1$. 为求由参数方程所确定的曲线在点 $(0,1)$ 处的切线斜率,先要求出 $x'(t),y'(t)$.

将 x 看成 t 的函数,对 $xe^t+t\cos x=\pi$ 两端关于 t 求导得

$$x'(t)e^t+xe^t+\cos x-t\sin x \cdot x'(t)=0,$$

解得 $x'(t)=\dfrac{-xe^t-\cos x}{e^t-t\sin x}$,将 $t=\pi,x=0$ 代入得

$$x'(t)\big|_{t=\pi}=-e^{-\pi},$$

再对 $y=\sin t+\cos^2 t$ 关于 t 求导,

$$y'(t)=\cos t+2\cos t(-\sin t),\quad y'(t)\big|_{t=\pi}=-1,$$

所以 $\left.\dfrac{\mathrm{d}y}{\mathrm{d}x}\right|_{(0,1)}=\left.\dfrac{y'(t)}{x'(t)}\right|_{t=\pi}=\dfrac{-1}{-e^{-\pi}}=e^{\pi}.$

因此,曲线在 $(0,1)$ 处的切线方程为 $y-1=e^{\pi}(x-0)$,即 $y=e^{\pi}x+1$ 为所求.

隐函数与参数方程所确定的函数的求导法则都是根据复合函数求导的链式法则得出的,所以熟练地掌握复合函数求导法则是十分重要的.

2.3.3 相关变化率

设在某一变化过程中 y 是 x 的函数,而 y 与 x 又都是第三个变量 t 的函数,

$x=x(t)$ 对 t 可导，从而变化率 $\dfrac{\mathrm{d}x}{\mathrm{d}t}$ 与 $\dfrac{\mathrm{d}y}{\mathrm{d}t}$ 间也存在一定关系．这两个相互依赖的变化率称为相关变化率．相关变化率问题就是研究这两个变化率之间的关系，以便从其中一个变化率求出另一个变化率．

例 2.3.14　某船被一绳索牵引靠岸，绞盘比船头高 4m，绞拉动绳索的速度为 2m/s，问当船距岸边 8m 时船前进的速率为多大？

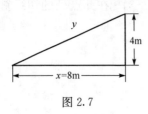

图 2.7

解　如图 2.7 所示，设 t 时刻该船与岸的距离为 x m，船与绞盘的距离为 y m，则 $x^2+4^2=y^2$，其中 y 与 x 均为时间 t 的函数，已知 $\dfrac{\mathrm{d}y}{\mathrm{d}t}=2$ m/s，将方程两边同时对 t 求导，得

$$2x\frac{\mathrm{d}x}{\mathrm{d}t}=2y\frac{\mathrm{d}y}{\mathrm{d}t},\frac{\mathrm{d}x}{\mathrm{d}t}=\frac{y}{x}\frac{\mathrm{d}y}{\mathrm{d}t}.$$

将 $x=8$ 代入 $x^2+4^2=y^2$ 得 $y=4\sqrt{5}$，又 $\dfrac{\mathrm{d}y}{\mathrm{d}t}=2$（m/s），于是得 $\dfrac{\mathrm{d}x}{\mathrm{d}t}=\sqrt{5}$（m/s），即当船距岸边 8m 时船前进的速率为 $\sqrt{5}$ m/s.

习 题 2.3

1. 求下列方程所确定的函数 $y=y(x)$ 的导数 $\dfrac{\mathrm{d}y}{\mathrm{d}x}$.

(1) $x^3+3x^4y-2xy^2+8=0$；

(2) $y=\sin\dfrac{y}{x}$；

(3) $\mathrm{e}^{xy}+y\ln x=\sin 2x$；

(4) $xy=\mathrm{e}^{x+y}$；

(5) $y=1+x\mathrm{e}^y$.

2. 用对数求导法求 $y=y(x)$ 的导数 y'.

(1) $y=x^{\sin x}$；

(2) $(\cos x)^y=(\sin y)^x$；

(3) $x^y=y^x+\sin x^2$；

(4) $y=\dfrac{\sqrt{x+2}\,(3-x)^4}{(x+1)^5}$；

(5) $y=\sqrt{x\sqrt{\sin x\sqrt{1-\mathrm{e}^x}}}$.

3. 求曲线 $y^2+y^4=2x^3$ 在 $y=1$ 处的切线方程.

4. 求参数方程所确定的函数的导数 $\dfrac{\mathrm{d}y}{\mathrm{d}x}$.

(1) $\begin{cases} x=at+b, \\ y=\dfrac{1}{3}at^2+bt; \end{cases}$

(2) $\begin{cases} x=\theta(1-\sin\theta), \\ y=\theta\cos 2\theta; \end{cases}$

(3) $\begin{cases} x=2\mathrm{e}^t, \\ y=3\mathrm{e}^{-t}. \end{cases}$

5. 求摆线 $\begin{cases} x=a(t-\sin t), \\ y=a(1-\cos t) \end{cases}$ 在 $t=\dfrac{\pi}{2}$ 处的切线和法线方程.

6. 一气球从离开观察员 500m 处离地面铅直上升,其速度为 140m/min. 当气球高度为 500m 时,观察员视线的仰角增加率是多少?

7. 一飞艇在离地面 2km 的上空以 200km/h 的速度飞临某目标的上空,以便进行航空摄影,试求飞艇飞至目标正上方时,摄影机转动的角速度.

8. 一圆柱体的侧面因受压而伸长,其底半径 r 以变化率 2cm/s 减少,其高 h 以变化率 5cm/s 增加,求当 $r=6$cm,$h=8$cm 时,其体积 V 的变化率.

2.4 高 阶 导 数

一般地,函数 $y=f(x)$ 的导数 $f'(x)$ 仍然是 x 的函数,它称为 $f(x)$ 的一阶导数. 如果 $f'(x)$ 的导数存在,就称其为函数 $y=f(x)$ 的二阶导数,记作 y'',$f''(x)$ 或 $\dfrac{d^2 y}{dx^2}$.

根据导数的定义,$f''(x)=\lim\limits_{\Delta x\to 0}\dfrac{f'(x+\Delta x)-f'(x)}{\Delta x}$.

类似地,函数 $y-f(x)$ 的二阶导数的导数,称为 $y=f(x)$ 的三阶导数,$\cdots$,$(n-1)$ 阶导数的导数称为 n 阶导数,并分别记作

$$y''',\cdots,y^{(n)} \text{ 或 } f'''(x),\cdots,f^{(n)}(x) \text{ 或 } \frac{d^3 y}{dx^3},\cdots,\frac{d^n y}{dx^n}.$$

二阶及二阶以上的导数统称高阶导数. 与一阶导数类似,$y=f(x)$ 在点 x_0 处的二阶导数记为 $f''(x_0)$ 或 $y''(x_0)$,n 阶导数就记为 $f^{(n)}(x_0)$ 或 $y^{(n)}(x_0)$. 作变速直线运动的质点若其运动方程为 $s=s(t)$,则在 t_0 时刻质点的瞬时速度为 $v(t_0)=s'(t_0)$;在 t_0 时刻质点的加速度 $a=v'(t_0)=s''(t_0)$.

求高阶导数就是多次连续地求导数,因此可用前面学过的求导方法来计算高阶导数.

例 2.4.1 $y=ax^2+bx+c$,求 y'''.

解 $y'=2ax+b,y''=2a,y'''=0$.

例 2.4.2 求 n 次多项式 $P_n(x)=a_0 x^n+a_1 x^{n-1}+\cdots+a_{n-1}x+a_n$ 的 n 阶导数.

解 $P_n{}'(x)=a_0 nx^{n-1}+a_1(n-1)x^{n-2}+\cdots+a_{n-1}$,

$P_n{}''(x)=a_0 n(n-1)x^{n-2}+a_1(n-1)(n-2)x^{n-3}+\cdots+2a_{n-2}$,

每求一次导数,多项式的幂次就降低一次,因此

$$P_n{}^{(n)}(x)=a_0 n(n-1)(n-2)\cdots 3\cdot 2\cdot 1=a_n n!.$$

由此可知,对 n 次多项式 $P_n(x)$ 求高于 n 阶的导数均为 0,即

$$P_n{}^{(n+1)}(x) = P_n{}^{(n+2)}(x) = \cdots = 0.$$

例 2.4.3 设 $f(x) = e^{2x}\sin 3x$,求 $f''(0)$.

解 $\quad f'(x) = (e^{2x})'\sin 3x + e^{2x}(\sin 3x)'$

$$= e^{2x} \cdot 2 \cdot \sin 3x + e^{2x} \cdot \cos 3x \cdot 3$$

$$= 2e^{2x}\sin 3x + 3e^{2x}\cos 3x,$$

$$f''(x) = 2[(e^{2x})'\sin 3x + e^{2x}(\sin 3x)'] + 3[(e^{2x})'\cos 3x + e^{2x}(\cos 3x)']$$

$$= 2[2e^{2x}\sin 3x + e^{2x}\cos 3x \cdot 3] + 3[2e^{2x}\cos 3x + e^{2x}(-\sin 3x) \cdot 3]$$

$$= -5e^{2x}\sin 3x + 12e^{2x}\cos 3x,$$

所以

$$f''(0) = 12.$$

例 2.4.4 求函数 $y = xe^x$ 的 n 阶导数.

解
$$y' = xe^x + e^x = e^x(x+1),$$
$$y'' = e^x(x+1) + e^x = e^x(x+2),$$
$$y''' = e^x(x+2) + e^x = e^x(x+3),$$
$$\cdots\cdots$$
$$y^{(n)} = e^x(x+n).$$

例 2.4.5 求正弦函数的 n 阶导数.

解 $\quad y = \sin x$,

$$y' = \cos x = \sin\left(x + \frac{\pi}{2}\right)$$

$$y'' = \cos\left(x + \frac{\pi}{2}\right) = \sin\left(x + \frac{\pi}{2} + \frac{\pi}{2}\right) = \sin\left(x + 2 \cdot \frac{\pi}{2}\right)$$

$$y''' = \cos\left(x + 2 \cdot \frac{\pi}{2}\right) = \sin\left(x + 2 \cdot \frac{\pi}{2} + \frac{\pi}{2}\right) = \sin\left(x + 3 \cdot \frac{\pi}{2}\right)$$

一般地,可得

$$y^{(n)} = \sin\left(x + n \cdot \frac{\pi}{2}\right),$$

即

$$(\sin x)^{(n)} = \sin\left(x + n \cdot \frac{\pi}{2}\right).$$

类似的,可得

$$(\cos x)^n = \cos\left(x + n \cdot \frac{\pi}{2}\right).$$

例 2.4.6 求 $y = \sin^2 x$ 的 n 阶导数.

解 $\quad y = \sin^2 x = \frac{1}{2}(1 - \cos 2x),$

$$y^{(n)} = \left(\frac{1}{2} - \frac{1}{2}\cos 2x \right)^{(n)}$$

$$= \left[0 - \frac{1}{2}\cos\left(2x + \frac{\pi}{2} \right) \cdot (2x)' \right]^{(n-1)}$$

$$= \left[-\frac{1}{2} \cdot 2\cos\left(2x + \frac{\pi}{2} \right) \right]^{(n-1)}$$

$$= \left[-\frac{1}{2} \cdot 2\cos\left(2x + \frac{2\pi}{2} \right) \cdot (2x)' \right]^{(n-2)}$$

$$= \left[-\frac{1}{2} \cdot 2^2 \cos\left(2x + \frac{2\pi}{2} \right) \right]^{(n-2)}$$

$$= \cdots = -\frac{1}{2}2^n \cos\left(2x + \frac{n\pi}{2} \right)$$

$$= -2^{n-1}\cos\left(2x + \frac{n\pi}{2} \right).$$

例 2.4.7　设 $y = \dfrac{x^5 - x^4 + 2x^2 - 3x}{x-1}$，求 $y^{(5)}$.

解　因为 $y = x^4 + 2x - 1 - \dfrac{1}{x-1}$，$(x^4 + 2x - 1)^{(5)} = 0$，所以

$$y^{(5)} = 0 - \left[(x-1)^{-1} \right]^{(5)}$$

$$= -\left[(-1)(x-1)^{-2} \right]^{(4)}$$

$$= -\left[(-1)(-2)(x-1)^{-3} \right]^{(3)}$$

$$= \cdots = -\left[(-1)(-2)(-3)(-4)(-5)(x-1)^{-6} \right]$$

$$= 5!\ \frac{1}{(x-1)^6} = \frac{120}{(x-1)^6}.$$

例 2.4.8　设 $y = \dfrac{1}{x^2 - 5x + 6}$，求 $y^{(100)}$.

解　$y = \dfrac{1}{x^2 - 5x + 6} = \dfrac{1}{x-3} - \dfrac{1}{x-2}$，$y^{(100)} = \left[(x-3)^{-1} - (x-2)^{-1} \right]^{(100)}$，由
例 2.4.7可知

$$y^{(100)} = \frac{100!}{(x-3)^{101}} - \frac{100!}{(x-2)^{101}}.$$

例 2.4.9　求方程 $\begin{cases} x = a\cos^3 t, \\ y = b\sin^3 t \end{cases}$ 所确定的函数的二阶导数 $\dfrac{\mathrm{d}^2 y}{\mathrm{d}x^2}$.

解　$\dfrac{\mathrm{d}y}{\mathrm{d}x} = \dfrac{(b\sin^3 t)'}{(a\cos^3 t)'} = \dfrac{3b\sin^2 t\cos t}{3a\cos^2 t(-\sin t)} = -\dfrac{b\sin t}{a\cos t} = -\dfrac{b}{a}\tan t,$

$$\frac{\mathrm{d}^2 y}{\mathrm{d}x^2} = \frac{\dfrac{\mathrm{d}\left(\dfrac{\mathrm{d}y}{\mathrm{d}x}\right)}{\mathrm{d}t}}{\dfrac{\mathrm{d}x}{\mathrm{d}t}} = \frac{\left(-\dfrac{b}{a}\tan t\right)'}{(a\cos^3 t)'}$$

$$= \frac{b}{3a^2 \sin t \cos^4 t}$$

$$= \frac{b}{3a^2 \sin t \cos^4 t}.$$

例 2.4.10 设 $y = \ln\dfrac{1+x}{1-x}$,求 $y^{(n)}$.

解　　　　$y = \ln(1+x) - \ln(1-x)$,

$$y' = \frac{1}{1+x} + \frac{1}{1-x},$$

$$y'' = \frac{-1}{(1+x)^2} + \frac{1}{(1-x)^2},$$

$$y''' = \frac{1 \cdot 2(1+x)}{(1+x)^4} + \frac{1 \cdot 2(1-x)}{(1-x)^4} = \frac{2 \cdot 1}{(1+x)^3} + \frac{2 \cdot 1}{(1-x)^3},$$

$$y^{(4)} = \frac{-3 \cdot 2 \cdot 1 (1+x)^2}{(1+x)^6} + \frac{3 \cdot 2 \cdot 1 (1-x)^2}{(1-x)^6}$$

$$= \frac{-3 \cdot 2 \cdot 1}{(1+x)^4} + \frac{3 \cdot 2 \cdot 1}{(1-x)^4},$$

$$\cdots\cdots$$

从而

$$y^{(n)} = \frac{(-1)^{n-1}(n-1)!}{(1+x)^n} + \frac{(n-1)!}{(1-x)^n}.$$

例 2.4.11 设 $y = u(x)v(x)$,$u(x)$,$v(x)$ n 阶可导,求 $y^{(n)}$.

解　　　　　　　　$y' = u'v + uv'$,

$$y'' = u''v + 2u'v' + uv'',$$

$$y''' = u'''v + 3u''v' + 3uv'' + uv''',$$

$$\cdots\cdots$$

用数学归纳法可证

$$y^{(n)} = u^{(n)}v^{(0)} + nu^{(n-1)}v' + \frac{n(n-1)}{2!}u^{(n-2)}v'' + \cdots$$

$$+ \frac{n(n-1)(n-2)\cdots(n-k+1)}{k!}u^{(n-k)}v^{(k)} + u^{(0)}v^{(n)}. \quad (2.2)$$

式(2.2)称为两个函数乘积的 n 阶导数公式,也称为莱布尼茨公式. 利用莱布尼茨公式时,要特别注意正确选择 u,v,公式中 $u^{(0)}$ 表示对 $u(x)$ 不求导.

例 2.4.12　设 $y=x^2\sin 2x$,求 $y^{(5)}(0)$.

解　设 $u=\sin 2x$,$u^{(n)}=\sin\left(2x+\dfrac{n\pi}{2}\right)\cdot 2^n$,$v=x^2$,$v'=2x$,$v''=2$,$v'''=0$,

$$(x^2\sin 2x)^{(5)}=(\sin 2x)^{(5)}\cdot(x^2)^{(0)}+5\,(\sin 2x)^{(4)}(x^2)'$$

$$+\frac{5\cdot 4}{2!}(\sin 2x)^{(3)}(x^2)''+\frac{5\cdot 4\cdot 3}{3!}(\sin 2x)''\cdot(x^2)'''$$

$$=\sin\left(2x+\frac{5\pi}{2}\right)\cdot 2^5\cdot x^2+5\sin\left(2x+\frac{4\pi}{2}\right)\cdot 2^4\cdot 2x$$

$$+5\cdot 2\cdot\sin\left(2x+\frac{3\pi}{2}\right)\cdot 2^3\cdot 2+0.$$

$(x^2\sin 2x)^{(5)}\big|_{x=0}=-5\cdot 2^5=-160.$

例 2.4.13　设 $y=f(x^2)$,f 二阶可导,求 y''.

解　$y'=f'(x^2)\cdot 2x$,$y''=4x^2f''(x^2)+2f'(x^2)$.

例 2.4.14　利用变换 $t=\sqrt{x}$,将方程 $4x\dfrac{\mathrm{d}^2y}{\mathrm{d}x^2}+2(1-\sqrt{x})\dfrac{\mathrm{d}y}{\mathrm{d}x}-6y=\mathrm{e}^{3\sqrt{x}}$

$(x>0)$ 化为以 t 为自变量的方程.

解　将 t 看成中间变量,x 看成自变量,则 $y=y(t)$,$t=\sqrt{x}$,利用复合函数求导的法则有

$$\frac{\mathrm{d}y}{\mathrm{d}x}=\frac{\mathrm{d}y}{\mathrm{d}t}\frac{\mathrm{d}t}{\mathrm{d}x}=\frac{\mathrm{d}y}{\mathrm{d}t}\cdot\frac{1}{2\sqrt{x}};$$

$$\frac{\mathrm{d}^2y}{\mathrm{d}x^2}=\frac{\mathrm{d}}{\mathrm{d}x}\left(\frac{\mathrm{d}y}{\mathrm{d}t}\right)\cdot\frac{1}{2\sqrt{x}}+\frac{\mathrm{d}y}{\mathrm{d}t}\frac{\mathrm{d}\left(\dfrac{1}{2\sqrt{x}}\right)}{\mathrm{d}x}$$

$$=\frac{\mathrm{d}^2y}{\mathrm{d}t^2}\frac{\mathrm{d}t}{\mathrm{d}x}\cdot\frac{1}{2\sqrt{x}}+\frac{\mathrm{d}y}{\mathrm{d}t}\left[\frac{1}{-4x\sqrt{x}}\right]$$

$$=\frac{\mathrm{d}^2y}{\mathrm{d}t^2}\frac{1}{2\sqrt{x}}\cdot\frac{1}{2\sqrt{x}}-\frac{1}{4x\sqrt{x}}\frac{\mathrm{d}y}{\mathrm{d}t}.$$

将 $\dfrac{\mathrm{d}y}{\mathrm{d}x}$,$\dfrac{\mathrm{d}^2y}{\mathrm{d}x^2}$ 代入原方程

$$4x\left[\frac{1}{4x}\frac{\mathrm{d}^2y}{\mathrm{d}x^2}-\frac{1}{4x\sqrt{x}}\frac{\mathrm{d}y}{\mathrm{d}t}\right]+2(1-\sqrt{x})\cdot\frac{1}{2\sqrt{x}}\frac{\mathrm{d}y}{\mathrm{d}t}-6y=\mathrm{e}^{3t}$$

得 $\dfrac{\mathrm{d}^2y}{\mathrm{d}t^2}-\dfrac{1}{\sqrt{x}}\dfrac{\mathrm{d}y}{\mathrm{d}t}+\dfrac{1}{\sqrt{x}}\dfrac{\mathrm{d}y}{\mathrm{d}t}-\dfrac{\mathrm{d}y}{\mathrm{d}t}-6y=\mathrm{e}^{3t}$,故 $\dfrac{\mathrm{d}^2y}{\mathrm{d}t^2}-\dfrac{\mathrm{d}y}{\mathrm{d}t}-6y=\mathrm{e}^{3t}$ 为所求.

下面再用一个例子来说明怎样求由参数方程所确定函数的二阶导数.

例 2.4.15　设 $y=y(x)$ 由参数方程 $\begin{cases} x=\arctan t, \\ y=\ln(1+t^2) \end{cases}$ 确定,求 $\dfrac{\mathrm{d}^2 y}{\mathrm{d}x^2}\Big|_{t=1}$.

解　根据定理 2.6,参数式函数求导的公式是

$$\frac{\mathrm{d}y}{\mathrm{d}x}=\frac{y'(t)}{x'(t)}=\frac{\dfrac{2t}{1+t^2}}{\dfrac{1}{1+t^2}}=2t.$$

怎样求二阶导数呢?

$$\frac{\mathrm{d}^2 y}{\mathrm{d}x^2}=\frac{\mathrm{d}y'}{\mathrm{d}x}.$$

这里 y' 是 t 的函数,由 $x=\arctan t$ 又知 t 是 x 的函数,所以利用复合函数求导的链式法则和反函数的导数公式有

$$\frac{\mathrm{d}^2 y}{\mathrm{d}x^2}=\frac{\mathrm{d}y'}{\mathrm{d}x}=\frac{\mathrm{d}y'}{\mathrm{d}t}\cdot\frac{\mathrm{d}t}{\mathrm{d}x}=\frac{\dfrac{\mathrm{d}y'}{\mathrm{d}t}}{\dfrac{\mathrm{d}x}{\mathrm{d}t}}=\frac{2}{\dfrac{1}{1+t^2}}=2(1+t^2),$$

故 $\dfrac{\mathrm{d}^2 y}{\mathrm{d}x^2}\Big|_{t=1}=4$. 所以参数方程的二阶导数为

$$\frac{\mathrm{d}^2 y}{\mathrm{d}x^2}=\frac{\mathrm{d}y'}{\mathrm{d}x}=\frac{\mathrm{d}y'}{\mathrm{d}t}\cdot\frac{\mathrm{d}t}{\mathrm{d}x}=\frac{\dfrac{\mathrm{d}y'}{\mathrm{d}t}}{\dfrac{\mathrm{d}x}{\mathrm{d}t}}.$$

例 2.4.16　设 $x=t+\dfrac{1}{t}$,$y=t^2+\dfrac{1}{t^2}$,$z=t^3+\dfrac{1}{t^3}$ $(t\neq 0)$ 确定了 $y=y(x)$,$z=z(x)$,

证明:$3x\dfrac{\mathrm{d}^2 y}{\mathrm{d}x^2}=\dfrac{d^2 z}{\mathrm{d}x^2}$.

分析:由 $\begin{cases} x=t+\dfrac{1}{t}, \\ y=t^2+\dfrac{1}{t^2} \end{cases}$ 和 $\begin{cases} x=t+\dfrac{1}{t}, \\ z=t^3+\dfrac{1}{t^3}, \end{cases}$ 仿照上面例 2.3.15 可以分别求出高阶导

数 $\dfrac{\mathrm{d}^2 y}{\mathrm{d}x^2}$ 和 $\dfrac{d^2 z}{\mathrm{d}x^2}$,代入方程加以验证,这是第一种解法(从略). 但是由题设参数式方程得特点,也可以消去参数后再求导.

证　因为 $y=t^2+\dfrac{1}{t^2}=\left(t+\dfrac{1}{t}\right)^2-2=x^2-2$,所以 $\dfrac{\mathrm{d}y}{\mathrm{d}x}=2x$,$\dfrac{\mathrm{d}^2 y}{\mathrm{d}x^2}=2$,而 $z=t^3+\dfrac{1}{t^3}$

$$=\left(t+\frac{1}{t}\right)^3-3\left(t+\frac{1}{t}\right)=x^3-3x,\text{于是}\frac{\mathrm{d}z}{\mathrm{d}x}=3x^2-3,\frac{\mathrm{d}^2z}{\mathrm{d}x^2}=6x,\text{故 }3x\frac{\mathrm{d}^2y}{\mathrm{d}x^2}=\frac{\mathrm{d}^2z}{\mathrm{d}x^2},$$

得证.

例 2.4.17　设 $y=\tan(x+y)$,求 $y''(x)$.

解　对方程两端关于 x 求导

$$y'=\sec^2(x+y)(1+y')$$

解得

$$y'=\frac{\sec^2(x+y)}{1-\sec^2(x+y)}=-\csc^2(x+y),$$

对上式两端再关于 x 求导,得

$$y''=-2\csc(x+y)[-\csc(x+y)\cdot\cot(x+y)]\cdot(1+y'),$$
$$y''=2\csc^2(x+y)\cot(x+y)\cdot(1+y').$$

将 $y'=-\csc^2(x+y)$ 代入上式化简得

$$y''=-2\csc^2(x+y)\cdot\cot^3(x+y).$$

习 题 2.4

1. 求下列函数的二阶导数.

(1) $y=3x^2+\ln x$;　　　　　　　　(2) $y=\cos^2x$;

(3) $y=\mathrm{e}^x\sin x$;　　　　　　　　(4) $y=x^2\sqrt{2x+3}$.

2. 求下列方程所确定的隐函数 y 的二阶导数 $\dfrac{\mathrm{d}^2y}{\mathrm{d}x^2}$.

(1) $y=x+\arctan x$;

(2) $y=1+x\mathrm{e}^y$;

(3) $y=\sin(x+y)$.

3. 求下列函数的 n 阶导数.

(1) $y=3^x$;　　　　　　　　　　(2) $y=3x^2+\ln x$;

(3) $y=x\mathrm{e}^x$;　　　　　　　　　(4) $y=\dfrac{1}{x(1-2x)}$.

4. 求由参数方程所确定的函数的二阶导数.

(1) $\begin{cases}x=1+t^2,\\y=t+t^3;\end{cases}$　　　　　　(2) $\begin{cases}x=a\sin t,\\y=b\cos t;\end{cases}$

(3) $\begin{cases}x=f'(t),\\y=tf'(t)-f(t),\end{cases}f''(t)$ 存在且不为零.

5. 设 $y=f(x^2+1)$,求 $\dfrac{\mathrm{d}^2y}{\mathrm{d}x^2}$.

2.5　微　　分

　　函数的微分是微分学的又一个重要概念,本节将介绍微分的定义、微分与导数的关系、微分的运算法则以及利用微分作函数的线性近似.

2.5.1　微分的概念

　　我们先分析一个由自变量的微小变化引起函数值的微小变化的实例.

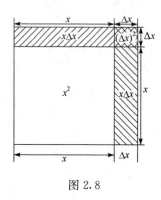

图 2.8

　　例 2.5.1　边长为 x 的正方形金属薄片,受热影响其边长增加了 Δx,求其面积改变了多少?

　　解　如图 2.8 所示,设正方形面积为 $y=x^2$,面积的增量为

$$\Delta y=(x+\Delta x)^2-x^2=2x\Delta x+(\Delta x)^2.$$

　　Δy 由两部分组成,一部分是 $2x\Delta x$,即图中两个矩形的面积;另一部分是 $(\Delta x)^2$,即图中小正方形的面积. 显然 $2x\Delta x$ 是 Δy 的主要部分,且当 x 一定时,$2x$ 为常数,$2x\Delta x$ 是 Δx 的线性函数,$2x$ 又恰好为 x^2 在点 x 处的导数;而另一部分 $(\Delta x)^2$ 是 $\Delta x\to 0$ 时的高阶无穷小. 也就是说,$2x\Delta x$ 是增量的主要部分,$\Delta y\approx 2x\Delta x$,我们称 $2x\Delta x$ 为函数 $y=x^2$ 在点 x 处的微分.

　　一般地,当函数 $y=f(x)$ 比较复杂,在点 x 处的改变量 Δy 不好计算时,可以用 Δx 的线性函数 $A\Delta x$ 来作近似,如果 $\lim\limits_{\Delta x\to 0}\dfrac{\Delta y-A\Delta x}{\Delta x}=0$,则这种近似是合理的,$A\Delta x$ 就称为函数 $y=f(x)$ 在该点的微分.

　　1. 微分的定义

　　定义 2.5　设函数 $y=f(x)$ 在点 x_0 及其邻域有定义,若 $f(x)$ 在点 x_0 处的增量 $\Delta y=f(x+\Delta x)-f(x)$ 与自变量增量 Δx 满足如下关系

$$\Delta y=A\Delta x+o(\Delta x),$$

其中 A 是与 Δx 无关的常数,$o(\Delta x)$ 是 $\Delta x\to 0$ 时的高阶无穷小. 则称函数 $y=f(x)$ 在点 x_0 处**可微**. $A\cdot\Delta x$ 称为函数 $y=f(x)$ 在点 x_0 处的**微分**,并记为 $\mathrm{d}y\big|_{x=x_0}=A\Delta x$,$A\Delta x\,(A\neq 0)$ 称为 Δy 的**线性主部**.

　　由微分的定义自然要问:函数 $y=f(x)$ 需要满足什么条件才可微? 如果函数 $y=f(x)$ 在点 x_0 处可微,那么与 Δx 无关的常数 A 等于什么? 下面的定理对这两个问题给出了回答.

2. 可微与可导的关系

定理 2.7　函数 $y=f(x)$ 在点 x_0 处可微的充要条件是 $y=f(x)$ 在点 x_0 处可导,且 $A=f'(x_0)$,即 $\mathrm{d}y|_{x=x_0}=f'(x_0)\Delta x$.

证　必要性. 设函数 $y=f(x)$ 在 x_0 点处可微,由定义有

$$\Delta y=A\Delta x+o(\Delta x),$$

其中 A 是与 Δx 无关的常数,$\lim\limits_{\Delta x \to 0}\dfrac{o(\Delta x)}{\Delta x}=0$

对上式两边同时除以 Δx

$$\frac{\Delta y}{\Delta x}=A+\frac{o(\Delta x)}{\Delta x},$$

取极限,得

$$f'(x_0)=\lim_{\Delta x \to 0}\frac{\Delta y}{\Delta x}=A+\lim_{\Delta x \to 0}\frac{o(\Delta x)}{\Delta x}=A,$$

即 $y=f(x)$ 在 x_0 处可导,且 $f'(x)=A$.

充分性. 若 $y=f(x)$ 在 x_0 点处可导,则

$$\lim_{\Delta x \to 0}\frac{\Delta y}{\Delta x}=f'(x_0),$$

由趋向于极限的量与无穷小量之间的关系

$$\frac{\Delta y}{\Delta x}=f'(x_0)+\alpha,$$

其中 $\lim\limits_{\Delta x \to 0}\alpha=0$,即

$$\Delta y=f'(x_0)\Delta x+\alpha\Delta x,$$

显然 $\lim\limits_{\Delta x \to 0}\dfrac{\alpha\Delta x}{\Delta x}=0$,即 $\alpha\Delta x=o(\Delta x)$

$$\Delta y=f'(x_0)\Delta x+o(\Delta x).$$

由于 $f'(x_0)$ 与 Δx 无关,所以由微分的定义知 $y=f(x)$ 在点 x_0 处可微.

定理 2.7 说明一元函数 $y=f(x)$ 在 x_0 处可微与可导等价,且常数 $A=f'(x_0)$,于是 $\mathrm{d}y|_{x=x_0}=f'(x_0)\cdot\Delta x$

一般地,我们又将自变量的增量 Δx 规定为自变量的微分,记为 $\mathrm{d}x$,即 $\Delta x=\mathrm{d}x$. 于是函数在点 x_0 处的微分表达式也可记为 $\mathrm{d}y=f'(x_0)\mathrm{d}x$.

若函数在区间 I 上每一点都可微,则 $\mathrm{d}y=f'(x)\mathrm{d}x$.

这个公式反映了导数与微分的关系,由于 $\mathrm{d}y,\mathrm{d}x$ 分别表示因变量与自变量的微分,所以它们都有各自的意义,从而导数就可以表示为它们的商,即 $f'(x)=\dfrac{\mathrm{d}y}{\mathrm{d}x}$,

所以引入微分概念以后,导数记号 $\dfrac{dy}{dx}$ 就不再是一个完整的记号了,而可以看成两个微分的商,简称为微商.

例 2.5.2 设 $y=2x^2-x$,当 $x=1$,$\Delta x=0.01$ 时,求 Δy 与 dy.

解 $\Delta y=y(x+\Delta x)-y(x)$

$$=2\,(x+\Delta x)^2-(x+\Delta x)-2x^2+x$$

$$=4x\Delta x+2\,(\Delta x)^2-\Delta x,$$

$$\Delta y\big|_{\substack{x=1\\ \Delta x=0.01}}=0.0302,dy\big|_{\substack{x=1\\ \Delta x=0.01}}=0.03.$$

例 2.5.3 求函数 $y=x\ln(2x)$ 的微分.

解 由于 $y'=\left[x\ln(2x)\right]'=\ln(2x)+x\cdot\dfrac{1}{2x}\cdot 2=\ln(2x)+1$,所以

$$dy=y'dx=(\ln(2x)+1)dx.$$

2.5.2　微分的运算法则

由前面推导的结论 $dy=f'(x)dx$ 可知,要计算函数 $y=f(x)$ 的微分,可归结为求 $y=f(x)$ 的导数,由导数的基本公式与运算法则,很容易得到微分的计算公式和运算法则.

1. 基本初等函数的微分公式

(1) $d(C)=0(C$ 为常数$)$;　　　　　(2) $dx^\alpha=\alpha x^{\alpha-1}dx$;

(3) $da^x=a^x\ln a dx$;　　　　　　　(4) $de^x=e^x dx$;

(5) $d(\log_a x)=\dfrac{1}{x\ln a}dx(a>0,a\neq 1)$;　(6) $d(\ln x)=\dfrac{1}{x}dx$;

(7) $d(\sin x)=\cos x dx$;　　　　　　(8) $d(\cos x)=-\sin x dx$;

(9) $d(\tan x)=\sec^2 x dx$;　　　　　(10) $d(\cot x)=-\csc^2 x dx$;

(11) $d(\sec x)=\sec x\tan x dx$;　　　(12) $d(\csc x)=-\csc x\cot x dx$;

(13) $d(\arcsin x)=\dfrac{1}{\sqrt{1-x^2}}dx$;　　(14) $d(\arccos x)=\dfrac{-1}{\sqrt{1-x^2}}dx$;

(15) $d(\arctan x)=\dfrac{1}{1+x^2}dx$;　　(16) $d(\text{arccot}x)=\dfrac{-1}{1+x^2}dx$.

2. 微分的四则运算法则

由函数的和、差、积、商的求导法则,可得到微分的四则运算法则. 设函数 $u=u(x)$,$v=v(x)$ 在点 x 处可微,则有

(1) $\mathrm{d}(u\pm v)=\mathrm{d}u\pm\mathrm{d}v$;

(2) $\mathrm{d}(Cu)=C\mathrm{d}u$;

(3) $\mathrm{d}(uv)=v\mathrm{d}u+u\mathrm{d}v$;

(4) $\mathrm{d}\left(\dfrac{u}{v}\right)=\dfrac{v\mathrm{d}u-u\mathrm{d}v}{v^2}\,(v\neq0)$.

这些法则的证明可直接从微分的定义与上述定理得出,例如

$$\mathrm{d}\left(\frac{u}{v}\right)=\left(\frac{u}{v}\right)'\mathrm{d}x=\frac{u'v-uv'}{v^2}\mathrm{d}x=\frac{v\mathrm{d}u-u\mathrm{d}v}{v^2}.$$

3. 一阶微分形式的不变性

当 u 为自变量时,若函数 $y=f(u)$ 在点 u 可微,则 $\mathrm{d}y=f'(u)\mathrm{d}u$.

当 u 不是自变量,而是中间变量时,若 $u=\varphi(x)$ 在点 x 处可微,$y=f(u)$ 在相应的点 u 处可微,则由复合函数求导法则推得复合函数的微分法则

$$\mathrm{d}y=\mathrm{d}f[\varphi(x)]=\{f[\varphi(x)]\}'\mathrm{d}x=f'[\varphi(x)]\cdot\varphi'(x)\mathrm{d}x.$$

又因 $\mathrm{d}u=\varphi'(x)\mathrm{d}x$,所以仍有 $\mathrm{d}y=f'(u)\mathrm{d}u$. 故无论 u 是自变量还是中间变量,函数 $y=f(u)$ 的微分总是保持同一形式 $\mathrm{d}y=f'(u)\mathrm{d}u$,这一性质称为一阶微分形式的不变性. 利用该性质可方便地计算微分.

例 2.5.4　$y=\sin^3(2x+3)$,求 $\mathrm{d}y$.

解法 1　利用 $\mathrm{d}y=y'\mathrm{d}x$,得

$$\begin{aligned}
\mathrm{d}y&=[\sin^3(2x+3)]'\mathrm{d}x\\
&=3\sin^2(2x+3)\cos(2x+3)\cdot2\mathrm{d}x\\
&=6\sin^2(2x+3)\cos(2x+3)\mathrm{d}x.
\end{aligned}$$

解法 2　利用微分形式不变性

$$\begin{aligned}
\mathrm{d}y&=3\sin^2(2x+3)\mathrm{d}\sin(2x+3)\\
&=3\sin^2(2x+3)\cos(2x+3)\mathrm{d}(2x+3)\\
&=3\sin^2(2x+3)\cos(2x+3)\cdot2\mathrm{d}x\\
&=6\sin^2(2x+3)\cos(2x+3)\mathrm{d}x.
\end{aligned}$$

例 2.5.5　求 $xy=\mathrm{e}^{x+y}$ 所确定的函数 $y=y(x)$ 的微分 $\mathrm{d}y$.

解　对方程两端求微分,得

$$\begin{aligned}
x\mathrm{d}y+y\mathrm{d}x&=\mathrm{e}^{x+y}\mathrm{d}(x+y),\\
x\mathrm{d}y+y\mathrm{d}x&=\mathrm{e}^{x+y}(\mathrm{d}x+\mathrm{d}y),\\
x\mathrm{d}y-\mathrm{e}^{x+y}\mathrm{d}y&=\mathrm{e}^{x+y}\mathrm{d}x-y\mathrm{d}x,\\
(x-\mathrm{e}^{x+y})\mathrm{d}y&=(\mathrm{e}^{x+y}-y)\mathrm{d}x,
\end{aligned}$$

所以

$$dy = \frac{e^{x+y} - y}{x - e^{x+y}} dx.$$

例 2.5.6　求方程 $\begin{cases} x = \sin t, \\ y = \cos 2t \end{cases}$ 所确定的函数的一阶导数 $\dfrac{dy}{dx}$.

解　$dy = -\sin 2t \, d2t = -2\sin 2t \, dt$，$dx = \cos t \, dt$. 故

$$\frac{dy}{dx} = \frac{-2\sin 2t \, dt}{\cos t \, dt} = -4\sin t.$$

2.5.3　函数的线性近似

首先介绍微分的几何意义. 如图 2.9 所示，在曲线 $y = f(x)$ 上，过点 $M(x_0, y_0)$，作切线 MT，切线的倾斜角为 α，当 x 有微小增量 Δx 时，得到曲线上另一点 $N(x_0 + \Delta x, y_0 + \Delta y)$.

在 ΔMQP 中，$MQ = \Delta x$，$\tan \alpha = f'(x_0)$，则

$$QP = MQ \cdot \tan \alpha = f'(x_0)\Delta x = f'(x_0)dx$$

即 $dy = QP$.

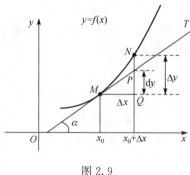

图 2.9

由此可得到微分的几何意义：对给定的 x_0 和 Δx，函数 $y = f(x)$ 的微分 dy 等于曲线 $y = f(x)$ 在点 (x_0, y_0) 处的切线的纵坐标的增量. 并且 $|\Delta x|$ 越小，dy 与 Δy 相差就越小，所以 $dy \approx \Delta y$，这在几何上表示在点 $(x_0, f(x_0))$ 附近用切线近似代替曲线，由此产生的误差是 Δx 的高阶无穷小. 过切点 $(x_0, f(x_0))$ 的切线方程是 $y = f(x_0) + f'(x_0)(x - x_0)$ 这个切线方程是 $(x - x_0)$ 的一次函数，所以是线性函数. 在切线附近用这个线性函数去近似代替曲线，称为函数的局部线性化方法，这是微分学的重要思想方法之一.

下面就利用微分的定义推出两个线性近似公式.

若函数 $y = f(x)$ 在点 x_0 处可微，则

$$\Delta y = A\Delta x + o(\Delta x) = f'(x_0)\Delta x + o(\Delta x). \tag{2.3}$$

当 $|\Delta x|$ 很小，且 $f'(x_0) \neq 0$ 时，就得到增量的近似计算公式

$$\Delta y \approx dy = f'(x_0)\Delta x, \tag{2.4}$$

式 (2.4) 又可写成 $f(x_0 + \Delta x) - f(x_0) \approx f'(x_0)\Delta x$，故 $f(x_0 + \Delta x) \approx f(x_0) + f'(x_0)\Delta x$.

令 $x = x_0 + \Delta x$，则 $\Delta x = x - x_0$，得

$$f(x) \approx f(x_0) + f'(x_0)(x - x_0). \tag{2.5}$$

这就是函数值的线性近似计算公式.

例 2.5.7　利用微分计算 $\cos 30°30'$ 的近似值.

解　设 $f(x)=\cos x$,则 $f'(x)=-\sin x$,取 $x_0=\dfrac{\pi}{6}$,$\Delta x=\dfrac{\pi}{360}$,代入式(2.5)

$$\cos x \approx \cos x_0 + (\cos x)'|_{x=x_0} \cdot \Delta x,$$

故

$$\cos 30°30' \approx \cos \frac{\pi}{6} + \left(-\sin \frac{\pi}{6}\right) \times \frac{\pi}{360}$$

$$=\frac{\sqrt{3}}{2}+\left(-\frac{1}{2}\right)\times\frac{\pi}{360}$$

$$=0.8617,$$

即 $\cos 30°30' \approx 0.8617$.

在工程问题中,经常会遇到一些复杂的计算公式. 如果直接用这些公式进行计算,那是很费力的. 利用微分往往可以把一些复杂的计算公式改用简单的近似公式来代替.

在 $f(x) \approx f(x_0) + f'(x_0)(x-x_0)$ 中,取 $x_0=0$,得

$$f(x) \approx f(0) + f'(0)x, \tag{2.6}$$

这就是零点的线性近似公式.

我们可由式(2.6)推导出一些常用的近似公式.

(1) $\sin x \approx x$（x 用弧度作单位来表达）;

(2) $(1+x)^\alpha \approx 1+\alpha x$;

(3) $e^x \approx 1+x$;

(4) $\tan x \approx x$（x 用弧度作单位来表达）;

(5) $\ln(1+x) \approx x$.

下面给出(1)的证明

设 $f(x)=\sin x$,则 $f'(x)=\cos x$,$f(0)=\sin 0=0$,$f'(0)=\cos 0=1$. 由式(2.6)得

$$\sin x \approx 0+1(x-0)=x,$$

其余的零点近似计算公式,类似可证.

例 2.5.8　计算 $\ln(1.05)$ 的近似值.

解　因 $\ln(1.05)=\ln(1+0.05)$,由公式 $\ln(1+x) \approx x$ 得

$$\ln(1.05)=\ln(1+0.05) \approx 0.05.$$

故 $\ln(1.05) \approx 0.05$.

习 题 2.5

1. 函数微分的概念是怎么引入的,它与函数的增量有什么关系?

2. 函数在一点处的微分与导数有什么不同，它们之间有什么联系？

3. 设 $y=\sin x$，当 $x=\dfrac{\pi}{3}$，$\Delta x=\dfrac{\pi}{18}$ 时，求 $\mathrm{d}y$.

4. 求下列函数的微分.

(1) $y=\ln(3x+2)$;　　　　　　　　　　(2) $y=\sin^2(3x-2)$;

(3) $y=\mathrm{e}^x\cos(x+3)$;　　　　　　　(4) $y=2^{\ln\tan x}$;

(5) $y=\dfrac{1}{x}+3\sqrt{x}$;　　　　　　　　(6) $y=\dfrac{1}{1+x^2}$.

5. 求方程 $xy+\cos\mathrm{e}^y=0$ 所确定的函数 $y=y(x)$ 的微分.

6. 求方程 $\begin{cases}x=a\cos^2 t,\\ y=b\sin 2t\end{cases}$ 所确定函数中的一阶导数 $\dfrac{\mathrm{d}y}{\mathrm{d}x}$.

7. 设 $y=\dfrac{\sin x}{x}$，求 $\dfrac{\mathrm{d}y}{\mathrm{d}(x^2)}$ $(x>0)$.

8. 已知 φ 与 f 可微，求函数的微分 $\mathrm{d}y$.

(1) $y=\dfrac{\varphi(x)}{1-x^2}$;　　　　　　　　(2) $y=f(\sqrt{x})+\cos f(x)$.

9. 将适当的函数填入下面的括号内，使等式成立

(1) $\mathrm{d}(\quad)=\dfrac{1}{\sqrt{x}}\mathrm{d}x$;　　　　　　(2) $\mathrm{d}(\quad)=\dfrac{1}{1+x}\mathrm{d}x$;

(3) $\mathrm{d}(\quad)=\sec^2 2x\mathrm{d}x$;　　　　　(4) $\mathrm{d}(\quad)=\dfrac{\ln x^2}{x}\mathrm{d}x$;

(5) $\mathrm{d}(\quad)=(x^2+\cos 2x)\mathrm{d}x$;　　(6) $\mathrm{d}(\quad)=\sin 2x\mathrm{d}x$.

10. 求下列各式的近似值.

(1) $\ln(1.001)$;　　　　(2) $\mathrm{e}^{0.01}$;　　　　(3) $\sqrt[3]{1.01}$.

2.6　导数与微分模型举例

2.6.1　实际问题中的导数模型

例 2.6.1（气体的压缩率与压缩系数）　求温度恒定的气体体积 V 随压强 P 的变化率.

解　当压强由 P 增加至 $P+\Delta P$ 时，相应体积的改变量为 $\Delta V=V(P+\Delta P)-V(P)$，体积的平均变化率为 $\dfrac{\Delta V}{\Delta P}=\dfrac{V(P+\Delta P)-V(P)}{\Delta P}$，当 $\Delta P<0$ 时，显然有 $\Delta V\geqslant 0$，因此上述比值非正，从而其绝对值反映体积对压强的平均压缩率. 对平均压缩率取极限，则 $\dfrac{\mathrm{d}V}{\mathrm{d}P}=\lim\limits_{\Delta P\to 0}\dfrac{\Delta V}{\Delta P}$，即为压强等于 P 时，体积的压缩率.

热力学中定义 $\beta = -\dfrac{V'(P)}{V}$ 为气体的等温压缩系数,它表示压强为 P 时,单位体积气体的体积压缩率.

例 2.6.2(边际成本) 设某公司生产 x 件产品时的总成本为 $C(x)$,当生产的件数从 x 增加到 $x + \Delta x$ 时,增加的成本为 $\Delta C = C(x + \Delta x) - C(x)$,从而 $\dfrac{\Delta C}{\Delta x} = \dfrac{C(x+\Delta x) - C(x)}{\Delta x}$,表示生产 Δx 件产品的平均成本,令 $\Delta x \to 0$ 取极限得 $\dfrac{\mathrm{d}C}{\mathrm{d}x} = \lim\limits_{\Delta x \to 0} \dfrac{C(x+\Delta x) - C(x)}{\Delta x}$. 在经济学中,将 $\dfrac{\mathrm{d}C}{\mathrm{d}x}$ 称为边际成本,它给出了产量为 x 时生产单位产品所需的成本.

由于成本函数的自变量只能取非负整数 n,所以成本函数是不连续的,也不可导. 但当产品数量很大时,我们粗略地将自变量看成是连续变化的,若取 $\Delta x = 1$ 和足够大的 x,则有

$$C'(x) \approx C(x+1) - C(x),$$

这表示产量为 x 时的边际成本近似于多生产一件产品的成本.

类似地,在经济学中还有边际需求、边际收益、边际利润等概念,它们分别是需求函数、收益函数、利润函数的导数,其含义类似于边际成本.

例 2.6.3(生物种群的增长率) 设 $N = N(t)$ 表示某生物种群在时刻 t 的个体总数,求此生物种群在时刻 t_0 的增长率.

解 设在 $[t_0, t_0 + \Delta t]$ 时间间隔内种群个体总数的增量为

$$\Delta N = \frac{N(t_0 + \Delta t) - N(t_0)}{\Delta t}.$$

平均增长率是瞬时增长率的近似值. 让 $\Delta t \to 0$ 取极限,得 t_0 时刻的瞬时增长率

$$N'(t_0) = \lim_{\Delta x \to 0} \frac{\Delta N}{\Delta t}.$$

这里要注意种群个体总数 $N(t)$ 只能取正整数,是不连续的函数,从而也不可导,但由于多数生物种群繁衍世代延续,且数量庞大,当时间间隔 Δt 较小时,由出生和死亡引起的种群个体数量的变化相对于个体总数来说也较小,因此可近似地把 $N(t)$ 看成连续可导函数.

2.6.2 人口增长模型

例 2.6.4 某地区近年来的人口数据见表 2.1.

表 2.1　某地区近年来的人口数据

年份	人口/千人	增加人口/千人
2010	570	
2011	591	21
2012	613	22
2013	636	23

预计在 2015 年,该地区人口将以何种速度增长?

1. 模型建立

为了弄清该地区人口是如何增长的,我们观察表 2.1 中第三列中人口的年增加量.

如果人口是线性增长的,那么第三列中的数据应该是相同的. 但人口越多增长得就越快,则第三列中数据就不同.

根据第二列数据,我们近似地得到

$$\frac{2011\ 年人口}{2010\ 年人口}=\frac{591\ 千人}{570\ 千人}\approx1.037,$$

$$\frac{2012\ 年人口}{2011\ 年人口}=\frac{613\ 千人}{591\ 千人}\approx1.037,$$

$$\frac{2013\ 年人口}{2012\ 年人口}=\frac{636\ 千人}{613\ 千人}\approx1.037.$$

以上结果表明,在 2010~2011 年、2011~2012 年和 2012~2013 年,人口都增长了大约 3.7%.

设 t 是自 2010 年以来的年数,则

当 $t=0$ 时,2010 年人口 $=570=570(1.037)^0$,

当 $t=1$ 时,2011 年人口 $=591=570(1.037)^1$,

当 $t=2$ 时,2012 年人口 $=613=591(1.037)^1=570(1.037)^2$,

当 $t=3$ 时,2013 年人口 $=636=613(1.037)^1=570(1.037)^3$.

设 2010 年后 t 年的人口为 P,则该地区的人口模型为

$$P=570\,(1.037)^t.$$

2. 模型求解

由于瞬时增长率是导数,故需要计算 $\dfrac{\mathrm{d}P}{\mathrm{d}t}$ 在 $t=5$ 的值

$$\frac{\mathrm{d}P}{\mathrm{d}t}=\frac{\mathrm{d}\big[570\,(1.037)^t\big]}{\mathrm{d}t}=570(\ln1.037)(1.037)^t$$

$$=20.709(1.037)^t.$$

将 $t=5$ 代入,得 $20.709(1.037)^5=24.835$. 故该地区的人口在 2015 年年初大约以每年 24.835 千人即以 24835 人的速度增长.

2.6.3 经营决策模型

例 2.6.5 假设你经营一条航线,考察近年来的数据发现,该航线的总成本近似为航班数的二次函数,该航线的总收入与航班数近似成正比. 且该航线无航班时,该航线年总成本为 100 万美元;当航班 25 架次时,年总成本为 200 万美元;航班为 50 架次时,年总成本及年总收入都为 500 万美元. 现该航线航班有 31 架次,问是否需要增加第 32 次航班.

1. 模型建立

我们假设作出的决定纯粹以金钱为基础:如果这架航班能为公司挣钱,那么就应该增加. 显然需要考虑当航班 31 架次时的边际利润,其含义为,当航班 31 架次时,多增加 1 次航班所增加(或减少)的利润.

此处边际利润为利润函数的导数,而利润函数是经济管理中的常用函数,其计算方法为收入函数与成本函数之差.

设该航线上航班数为 q,该航线总成本为 $C(q)$,该航线总收入为 $R(q)$,该航线利润为 $L(q)$.

由现有条件,可设 $C(q) \approx a_1 q^2 + a_2 q + a_3$,将 $(0,100),(25,200),(50,500)$ 代入,得 $a_1 = \dfrac{4}{25}, a_2 = 0, a_3 = 100$ 故得该航线的总成本为

$$C(q) \approx \frac{4}{25} q^2 + 100.$$

设 $R(q) = a_4 q$,将 $(50,500)$ 代入得 $a_4 = 10$. 故得该航线总收入为

$$R(q) = 10q.$$

该航线的利润函数为

$$L(q) = R(q) - C(q)$$
$$= 10q - \left(\frac{4}{25} q^2 + 100\right)$$
$$= -\frac{4}{25} q^2 + 10q - 100.$$

2. 模型求解

需要计算 $\dfrac{\mathrm{d}L(q)}{\mathrm{d}q}$ 在 $q=31$ 的值.

$$\frac{\mathrm{d}L(q)}{\mathrm{d}q} = \frac{\mathrm{d}\left(-\dfrac{4}{25}q^2 + 10q - 100\right)}{\mathrm{d}q}$$

$$= -\frac{8}{25}q + 10.$$

当 $q=31$ 时,该航线的边际利润为 $\left.\dfrac{\mathrm{d}L(q)}{\mathrm{d}q}\right|_{q=31} = -\dfrac{8}{25} \times 31 + 10 = 0.08$,即该航线有 31 架次航班时,每增加 1 次航班,该航线利润将增加 0.08 万美元,故可以考虑增加第 32 架次航班.

习题 2.6

1. 某地区的小麦产量 y 与化肥的投入量 x 有如下的函数关系:$y = 150 + 60x - \dfrac{3}{5}x^2$,试分别求当 $x=20$,$x=70$ 时的边际产量.

2. 设 $N = N(x)$ 表示 x 个劳动力所生产的某产品的数量,如果每个劳动力生产的产品数量相同,则 $\dfrac{N}{x}$ 是常数,称为劳动生产率.实际上,产品的产量并不是随劳动力的增加而均匀增长的,试求劳动力数量为 x_0 时的边际劳动生产率.

3. 某人身高 1.8m,在一个漆黑的夜晚在水平路面上以 1.6m/s 的速率走向一街灯,设街灯在路面上方 5m,当此人与灯的水平距离为 4m 时,人影端点移动的速率是多少?

4. 如果 t 表示 2000 年以来的年数,某地区人口(千人)由 $P(t) = 500\,(1.01)^t$ 表示.估计该地区 2006 年的人口增长速度(人/年)?

5. 一架摄像机安装在距火箭发射台 4000m 处,假设火箭发射后沿直线上升并在距地面 3000m 处,其速率达到 300m/s,问

(1) 这时火箭与摄像机之间距离的增加率是多少?

(2) 如果摄像机镜头始终对准升空火箭,那么这时摄像机倾角的增加率是多少?

复习题 2

A

1. 填空.

(1) $f(x)$ 在点 x_0 的左、右导数存在且相等是 $f(x)$ 在点 x_0 可导的_____条件.

(2) 设 $y=f(x)$ 在 $x=a$ 处可导, 则 $\lim\limits_{h \to 0} \dfrac{f(a+h)-f(a)}{h}=$ _____.

(3) $f(x)=x(x+1)(x+2)\cdots(x+100)$, 则 $f'(0)=$ _____.

(4) $f(x)$ 在点 x_0 可导是 $f(x)$ 在点 x_0 可微的 _____ 条件.

2. 判断函数 $f(x)=\begin{cases} x^2+1, & 0 \leqslant x<1, \\ 3x-2, & x \geqslant 1 \end{cases}$ 在 $x=1$ 处的可导性.

3. 设 $f(x)=\begin{cases} \dfrac{1-\sqrt{a-x}}{x}, & x<0, \\ a+bx, & x \geqslant 0, \end{cases}$ 试确定 a,b 的值, 使 $f(x)$ 在 $x=0$ 处可导,

并求 $f'(0)$.

4. 求下列函数的导数.

(1) $y=\dfrac{2x}{1+\cos x}$;　　　　　　　　　　(2) $y=x\cos x \ln x$;

(3) $y=x^2-3x+6$;　　　　　　　　　　(4) $y=x^2\ln x^2$;

(5) $y=\arccos(\sin x)$;　　　　　　　　(6) $y=\sin\sqrt{x}+\sqrt{\sin x}$.

5. 求由方程 $2x-y=\cos y$ 所确定的函数 $y=y(x)$ 的导数.

6. 函数 $y=y(x)$ 由方程 $y^2+\cos y-\sin x=e^x$ 确定, 求 y'.

7. 求下列函数的高阶导数.

(1) $y=e^x\sin x$, 求 $y^{(4)}$;

(2) $y=\ln(1-x)$, 求 $y^{(n)}$.

8. 设曲线 $y=y(x)$ 由参数方程 $\begin{cases} x=\sin t^2, \\ y=\cos t^2, \end{cases}$ 所确定, 求 $t=\sqrt{\dfrac{\pi}{3}}$ 时的切线方程.

9. 求下列函数的微分.

(1) $\dfrac{x^2}{a^2}+\dfrac{y^2}{b^2}=c$;　　　　　　(2) $y=\ln\tan\dfrac{x}{3}$;

(3) $y=x^{\tan x}$;　　　　　　　　　(4) $y=\varphi[x^2+\psi(x)]$, 其中 $\varphi(x),\psi(x)$ 可导.

10. 设 f 是定义在 $(-\infty,+\infty)$ 上的函数, $f(x)\neq 0$, $f'(0)=1$, 且 $\forall x,y \in (-\infty,+\infty)$, $f(x+y)=f(x)\cdot f(y)$, 证明 f 在 $(-\infty,+\infty)$ 上可导, 且 $f'(x)=f(x)$.

B

1. 讨论函数 $f(x)=|x-1|$ 在 $x=1$ 处的连续性及可导性.

2. 设 $f(x)=\begin{cases} x^2, & x<2, \\ ax+b, & x \geqslant 2, \end{cases}$ 求 a,b 取何值时 $f(x)$ 在 $x=2$ 处可导.

3. 生产 q 单位产品的成本(单位:元)为 $C(q)=0.08q^3+75q+1000$.

(1) 计算边际成本函数.

(2) 求 $C'(50)$,并从产品成本角度解释其含义.

4. 苹果园产量 Y(单位:kg)是每亩所施化肥量(单位:kg)的函数. 假设 $Y=f(x)=320+140x-10x^2$.

(1) 每亩施 5kg 化肥时的产量是多少?

(2) 计算 $f'(5)$,并判断应该增加还是减少施肥量?

第 3 章 微分中值定理与导数的应用

本章将首先介绍在微积分学中有重要理论价值的几个微分中值定理,然后在此基础上利用导数研究函数在区间上的整体性态,最后介绍一些典型的优化与微分模型.

3.1 微分中值定理

3.1.1 罗尔定理

为了介绍罗尔(Rolle)[①]定理,我们先介绍一个引理.

引理(Fermat[②]定理) 若函数 $f(x)$ 在开区间 (a,b) 内一点 x_0 取得最大值(或最小值),且 $f(x)$ 在点 x_0 可导,则 $f'(x_0)=0$.

引理的几何意义是明显的(图 3.1),曲线在最高点和最低点显然有水平切线,其斜率等于 0. 这是因为在最高点(或最低点)的两侧,曲线的单调性由单增变为单减(或由单减变为单增),切线的斜率由正变负(或由负变正),当切线沿曲线连续变化时,就必然经过位于水平位置的那一点,在该点的导数等于零.

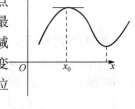

图 3.1

证 无妨设 $f(x)$ 在点 x_0 处取得最大值,于是对任何 $\Delta x, f(x_0+\Delta x) \leqslant f(x_0)$.

当 $\Delta x < 0$ 时,$\dfrac{f(x_0+\Delta x)-f(x_0)}{\Delta x} \geqslant 0$;

当 $\Delta x > 0$ 时,$\dfrac{f(x_0+\Delta x)-f(x_0)}{\Delta x} \leqslant 0$.

由 $f(x)$ 在 x_0 处可导,$f'(x_0)=\lim\limits_{\Delta x \to 0} \dfrac{f(x_0+\Delta x)-f(x_0)}{\Delta x}$ 存在,可知 $f'_-(x_0)=f'_+(x_0)=f'(x_0)$.

根据极限的保号性,得

---

① 罗尔(M. Rolle),1652~1719,法国数学家.

② 费马(Fermat),1601~1655,法国数学家,与笛卡儿共同创建解析几何,是用切线研究函数的创始人,也是微分学的创始人之一.

$$f'(x_0) = f'_-(x_0) = \lim_{\Delta x \to 0^-} \frac{f(x_0 + \Delta x) - f(x_0)}{\Delta x} \geqslant 0,$$

$$f'(x_0) = f'_+(x_0) = \lim_{\Delta x \to 0^+} \frac{f(x_0 + \Delta x) - f(x_0)}{\Delta x} \leqslant 0.$$

所以 $f'(x_0) = 0$.

若 $f(x)$ 在 x_0 点处取得最小值,类似可证.

定理 3.1　如果函数 $f(x)$ 在闭区间 $[a,b]$ 上连续,在开区间 (a,b) 内可导①,且 $f(a) = f(b)$,那么至少存在一点 $\xi \in (a,b)$,使得 $f'(\xi) = 0$.

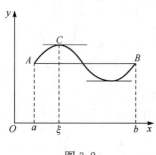

图 3.2

定理的几何意义是:连接同样高度的两点的一段连续曲线弧上,如果除端点外处处都具有不平行 y 轴的切线,那么在曲线上至少存在一点 $(\xi, f(\xi))$,曲线在该点的切线是水平的,即 $f'(\xi) = 0$(图 3.2).

证　由 $f(x)$ 在闭区间 $[a,b]$ 上连续,可知 $f(x)$ 在闭区间 $[a,b]$ 上必取得它的最大值 M 和最小值 m,

于是根据已知条件只有两种可能.

(1) $M = m$,由于 $\forall x \in [a,b]$, $m \leqslant f(x) \leqslant M$ 那么 $f(x) \equiv M$,因此对于 $\forall x \in (a,b)$, $f'(x) = 0$ 成立,故 $\exists \xi \in (a,b)$, $f'(\xi) = 0$

(2) $M \neq m$,由于 $f(a) = f(b)$,所以 M 与 m 中必至少有一个不在端点处取得.设 M 不在端点取得,即 $M \neq f(a) = f(b)$,由闭区间上连续函数的最大值定理,必至少存在一点 $x = \xi \in (a,b)$ 使得 $f(\xi) = M$,由于已知 $f(x)$ 在 $x = \xi$ 可导,根据费马定理可知 $f'(\xi) = 0$.

例 3.1.1　验证: $f(x) = \ln\sin x$ 在 $\left[\dfrac{\pi}{6}, \dfrac{5\pi}{6}\right]$ 上满足罗尔定理.

证　函数 $f(x) = \ln\sin x$ 是定义在 $\left[\dfrac{\pi}{6}, \dfrac{5\pi}{6}\right]$ 上的初等函数,初等函数在其有定义的区间上连续,所以 $f(x)$ 在闭区间 $\left[\dfrac{\pi}{6}, \dfrac{5\pi}{6}\right]$ 上连续; $f'(x) = \dfrac{\cos x}{\sin x}$ 在 $\left(\dfrac{\pi}{6}, \dfrac{5\pi}{6}\right)$ 内处处存在;又 $f\left(\dfrac{\pi}{6}\right) = f\left(\dfrac{5\pi}{6}\right) = \ln\dfrac{1}{2}$,根据罗尔定理, $\exists \xi \in \left(\dfrac{\pi}{6}, \dfrac{5\pi}{6}\right)$ 使得 $f'(\xi) = \cot\xi = 0$,显然 $\xi = \dfrac{\pi}{2} \in \left(\dfrac{\pi}{6}, \dfrac{5\pi}{6}\right)$.

例 3.1.2　不用求出 $f(x) = (x-1)(x-2)(x-3)$ 的导数,说明方程 $f'(x) = 0$

---

① $f(x)$ 在闭区间 $[a,b]$ 上连续,在开区间 (a,b) 内可导,今后简记为 $f(x) \in C[a,b] \bigcap D(a,b)$.

有几个实根,并指出它们所在的区间.

解　由于 $f(x)$ 是定义在 $(-\infty,+\infty)$ 上的初等函数,所以 $f(x)$ 在 $(-\infty,+\infty)$ 连续,且 $f(x)$ 是多项式函数,在 $(-\infty,+\infty)$ 可导,$f(1)=f(2)=f(3)=0$,故 $f(x)$ 在区间 $[1,2]$ 和 $[2,3]$ 上均满足罗尔定理的条件.所以 $\exists \xi_1 \in (1,2)$,使 $f'(\xi_1)=0$,$\exists \xi_2 \in (2,3)$,使 $f'(\xi_2)=0$,即方程 $f'(x)=0$ 至少有两个实根.又 $f'(x)$ 为二次多项式,由代数基本定理,方程 $f'(x)=0$ 至多有两个实根.综上,$f'(x)=0$ 恰有两个实根,分别介于区间 $(1,2)$ 和 $(2,3)$ 之间.

例 3.1.3　设 $f(x) \in C[0,\pi] \bigcap D(0,\pi)$,求证:$\exists \xi \in (0,\pi)$,使 $f'(\xi)\sin\xi + f(\xi)\cos\xi = 0$.

分析:由题意即证 $\exists \xi \in (0,\pi)$,ξ 是导函数方程 $f'(x)\sin x + f(x)\cos x = 0$ 的根,因为 $[f(x)\sin x]' = f'(x)\sin x + f(x)\cos x$,所以只需要设 $F(x)=f(x)\sin x$,在 $[0,\pi]$ 上对 $F(x)$ 应用罗尔定理.

证　设辅助函数 $F(x)=f(x)\sin x$,由已知 $f(x) \in C[0,\pi] \bigcap D[0,\pi]$ 可得 $F(x)$ 在 $[0,\pi]$ 上连续,在 $(0,\pi)$ 内可导,$F(0)=F(\pi)=0$,所以根据罗尔定理 $\exists \xi \in (0,\pi)$,使

$$F'(\xi) = [f'(x)\sin x + f(x)\cos x]|_{x=\xi} = f'(\xi)\sin\xi + f(\xi)\cos\xi = 0.$$

3.1.2　拉格朗日定理

定理 3.2　(拉格朗日[①]中值定理)若函数 $f(x) \in C[a,b] \bigcap D(a,b)$,则至少存在一点 $\xi \in (a,b)$ 使

$$f'(\xi) = \frac{f(b)-f(a)}{b-a}.$$

定理的几何意义是,如果连续曲线弧 $\overset{\frown}{AB}$ 上除端点外处处具有不平行于 y 轴的切线,那么在曲线弧上必至少有一点 $(\xi,f(\xi))$,曲线在该点的切线平行于连接这两个端点的弦 $\overline{AB}$,如图 3.3 所示,弦 $\overline{AB}$ 的斜率为 $\dfrac{f(b)-f(a)}{b-a}$,在点 $(\xi,f(\xi))$ 处有切线平行于弦 $\overline{AB}$,所以 $f'(\xi) = \dfrac{f(b)-f(a)}{b-a}$,$\xi \in (a,b)$.

分析:由题意即证 $\exists \xi \in (a,b)$,ξ 是导函数方程 $f'(x) - \dfrac{f(b)-f(a)}{b-a} = 0$ 的根.

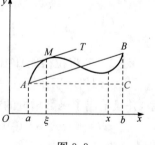

图 3.3

①　拉格朗日(J. L. Lagrange),1736~1813,法国数学家、力学家、天文学家.

因为 $\left[f(x)-\dfrac{f(b)-f(a)}{b-a}x\right]'=f'(x)-\dfrac{f(b)-f(a)}{b-a}$，所以需要验证函数 $F(x)=$ $f(x)-\dfrac{f(b)-f(a)}{b-a}x$ 是否满足罗尔定理.

证 设辅助函数 $F(x)=f(x)-\dfrac{f(b)-f(a)}{b-a}x,x\in[a,b]$. 已知 $f(x)\in C[a,b]\bigcap D(a,b)$，所以 $F(x)\in C[a,b]\bigcap D(a,b)$ 且 $F(a)=F(b)=\dfrac{bf(b)-af(a)}{b-a}$.

根据罗尔定理，$\exists\xi\in(a,b)$，使
$$F'(\xi)=\left[f'(x)-\frac{f(b)-f(a)}{b-a}\right]_{x=\xi}=f'(\xi)-\frac{f(b)-f(a)}{b-a}=0,$$
即 $f'(\xi)=\dfrac{f(b)-f(a)}{b-a},\xi\in(a,b)$.

注 1 定理的条件"$f(x)$ 在闭区间 $[a,b]$ 上连续，在开区间 (a,b) 内可导"是定理结论成立的充分条件. 若条件满足，结论成立；若条件不满足，结论有可能不成立. 如图 3.4(a) 中函数在 $x=c$ 处不连续，使得曲线在 (a,b) 内任一点的切线不能与线段 $\overline{AB}$ 平行；图 3.4(b) 中函数在 (a,b) 内一点 $x=c$ 处不可导，也导致曲线在 (a,b) 内任一点处的切线不平行于线段 $\overline{AB}$.

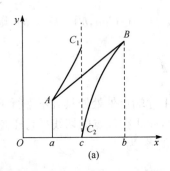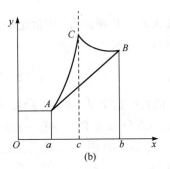

图 3.4

注 2 若将拉格朗日中值定理的结论改写为 $f(b)-f(a)=f'(\xi)(b-a)$，则可以看出定理揭示了函数在一个区间上的增量与区间内某一点的导数值之间的联系，并且给出了函数增量的精确表达式.

在 $f(b)-f(a)=f'(\xi)(b-a),\xi\in(a,b)$ 中，若令 $x=a,\Delta x=b-a$，则 $b=x+\Delta x$，公式变为
$$\Delta y=f(x+\Delta x)-f(x)=f'(\xi)\Delta x,\xi\text{ 介于 }x\text{ 与 }x+\Delta x\text{ 之间}.$$

若 $\Delta x>0,x<\xi<x+\Delta x,0<\xi-x<\Delta x,0<\dfrac{\xi-x}{\Delta x}<1$，记 $\theta=\dfrac{\xi-x}{\Delta x}$ 则 $\xi=x+\theta\Delta x$，

θ 为一个真分数,$0<\theta<1$.

因此公式又可改写为

$$f(x+\Delta x)-f(x)=f'(x+\theta\Delta x)\Delta x, \quad (0<\theta<1).$$

若 $\Delta x<0$ 类似可得.

这就是函数在 $[x,x+\Delta x]$ 上增量的精确表达式.我们称这个公式为**有限增量公式**或**微分中值公式**,可见定理从理论上肯定了 ξ 的存在性,尽管 ξ 不易求出.

我们常用拉格朗日中值定理证明一些不等式.

例 3.1.4　证明:当 $x>0$ 时,$\dfrac{x}{1+x}<\ln(1+x)<x$.

证　设 $f(x)=\ln(1+x),x>0$,显然 $f(x)\in C[0,x]\bigcap D(0,x)$,且

$$f'(x)=\frac{1}{1+x}.$$

由拉格朗日中值定理,$\exists\xi\in(0,x)$,使

$$f(x)-f(0)=f'(\xi)(x-0),$$

即

$$\ln(1+x)=\frac{1}{1+\xi}x, \quad \xi\in(0,x).$$

由于 $0<\xi<x$,所以

$$\frac{x}{1+x}<\frac{x}{1+\xi}<x,$$

即 $\dfrac{x}{1+x}<\ln(1+x)<x$.

显然拉格朗日中值定理在上述不等式的证明中起到了重要的桥梁作用.

例 3.1.5　若函数 $f(x)$ 在 $[a,b]$ 上满足罗尔定理的条件且不恒为常数,证明:至少存在一点 $\xi\in(a,b)$,使 $f'(\xi)>0$.

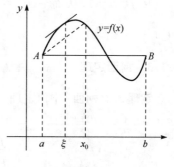

图 3.5

证　如图 3.5 所示,由于 $f(x)\in C[a,b]\bigcap D(a,b)$,且 $f(a)=f(b)$,但 $f(x)\not\equiv$ 常数,所以至少存在一点 $x_0\in(a,b)$,使得 $f(x_0)\neq f(a)=f(b)$.

(1) 若 $f(x_0)>f(a)=f(b)$,则因为 $f(x)$ 在 $[a,x_0]$ 上满足拉格朗日中值定理的条件,所以 $\exists\xi\in(a,x_0)$ 使 $f'(\xi)=\dfrac{f(x_0)-f(a)}{x_0-a}>0$.

(2) 若 $f(x_0)<f(a)=f(b)$,则因为 $f(x)$ 在 $[x_0,b]$ 上满足拉格朗日中值定理的条件,所以 $\exists\xi\in(x_0,b)$,使

$$f'(\xi) = \frac{f(b) - f(x_0)}{b - x_0} > 0.$$

由拉格朗日中值定理,还可以得出一些重要的结论,下面介绍其中两个.

推论 3.1　若函数 $f(x)$ 在开区间 (a,b) 内可导,且 $\forall x \in (a,b)$,恒有 $f'(x) = 0$,则 $f(x)$ 在 (a,b) 内必恒等于一个常数,即 $f(x) \equiv C$.

证　在 (a,b) 内任取两点 x_1, x_2,设 $x_1 < x_2$,于是 $f(x)$ 在 $[x_1, x_2]$ 上满足拉格朗日中值定理的条件,所以 $\exists \xi \in (x_1, x_2)$ 使 $f(x_2) - f(x_1) = f'(\xi)(x_2 - x_1)$. 由于 $\forall x \in (a,b)$ $f'(x) \equiv 0$,所以 $f'(\xi) = 0$ 从而 $f(x_1) = f(x_2)$ 由 x_1, x_2 的任意性,故 $f(x) \equiv C$.

推论 3.2　若函数 $f(x), g(x)$ 均在开区间 (a,b) 内可导,且 $\forall x \in (a,b)$,恒有 $f'(x) = g'(x)$,则在 (a,b) 内 $f(x) = g(x) + C$,其中 C 为任意常数.

证　作辅助函数 $F(x) = f(x) - g(x)$,由题设 $F'(x) = f'(x) - g'(x) = 0$,根据推论 3.1,$\forall x \in (a,b)$,$F(x) = f(x) - g(x) \equiv C$. 故 $f(x) = g(x) + C$.

推论 3.2 说明当两个函数的导函数相等时,它们之间至多相差一个常数.

例 3.1.6　设函数 $f(x)$ 在 $(-\infty, +\infty)$ 上可导,且 $f'(x) = f(x), f(0) = 1$,则 $f(x) = e^x$.

证　由题意即证 $\dfrac{f(x)}{e^x} \equiv 1, \forall x \in (-\infty, +\infty)$,作辅助函数 $\varphi(x) = \dfrac{f(x)}{e^x}$,由已知 $f'(x) = f(x)$,从而有 $\varphi'(x) = \dfrac{f'(x)e^x - f(x)e^x}{e^{2x}} = \dfrac{f'(x) - f(x)}{e^x} = 0$,根据推论 3.1,$\varphi(x) = \dfrac{f(x)}{e^x} = C, \forall x \in (-\infty, +\infty)$.

又 $f(0) = 1$,从而 $\varphi(0) = 1$,所以 $C = 1$,即 $\varphi(x) = \dfrac{f(x)}{e^x} = 1, f(x) = e^x$,$x \in (-\infty, +\infty)$.

3.1.3　柯西定理

定理 3.3(柯西①中值定理)　若函数 $f(x), g(x) \in C[a,b] \bigcap D(a,b)$,且对 $\forall x \in (a,b), g'(x) \neq 0$,则 $\exists \xi \in (a,b)$ 使

$$\frac{f(b) - f(a)}{g(b) - g(a)} = \frac{f'(\xi)}{g'(\xi)}.$$

若以 x 为参数,用参数方程 $\begin{cases} X = g(x), \\ Y = f(x), \end{cases} a \leqslant x \leqslant b$ 来表示 Y 与 X 的函数关系,

---

① 柯西(Cauchy),1789~1857,法国数学家,微积分学奠基人.

那么在 XOY 坐标系下,利用参数方程所表示

函数的导数公式 $\left.\dfrac{\mathrm{d}Y}{\mathrm{d}X}\right|_{X=g(\xi)}=\left.\dfrac{f'(x)}{g'(x)}\right|_{x=\xi}$,可以

很清楚地看到柯西中值定理有与罗尔定理、拉
格朗日中值定理类似的几何意义. 如图 3.6
所示,曲线弧上点 $(g(\xi),f(\xi))$ 处的切线斜率
与弦 $\overline{AB}$ 的斜率相等,这正是柯西中值定理的
几何意义.

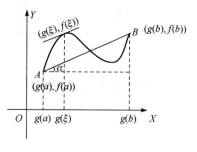

图 3.6

柯西中值定理表明在一个闭区间上,两个
函数的增量比等于该区间内某一点 ξ 处的导数比.

若在拉格朗日定理中令 $f(a)=f(b)$,则得到罗尔定理;若在柯西中值定理中
令 $g(x)=x$,则柯西中值定理就转化为拉格朗日中值定理. 可见罗尔定理是拉格朗
日中值定理的特例,柯西中值定理是拉格朗日中值定理的推广.

习 题 3.1

1. 已知曲线 $y=\mathrm{e}^x$ 上两点的坐标分别为 $A(0,1)$ 和 $B(1,\mathrm{e})$,沿曲线作平行于
弦 $\overline{AB}$ 的切线,求切点的坐标.

2. 验证拉格朗日中值定理对函数 $f(x)=\arctan x$ 在区间 $[0,1]$ 上的正确性,
并求出点 ξ.

3. 函数 $f(x)=1-\sqrt[3]{x^2}$ 在区间 $[-1,1]$ 上满足罗尔定理的条件吗,为什么?

4. 利用拉格朗日中值定理证明下列不等式.

(1) $|\arctan a-\arctan b|\leqslant|a-b|$;

(2) $na^{n-1}(b-a)\leqslant b^n-a^n\leqslant nb^{n-1}(b-a)\ (n>1,0\leqslant a\leqslant b)$;

(3) $\dfrac{b-a}{b}\leqslant\ln\dfrac{b}{a}\leqslant\dfrac{b-a}{a}\ (0<a\leqslant b)$;

(4) 当 $x>1$ 时,$\mathrm{e}^x>\mathrm{e}x$.

5. 若方程 $a_n x^n+a_{n-1}x^{n-1}+\cdots+a_1 x=0$ 有正根 $x=x_0$,证明:方程 $a_n n x^{n-1}+$
$a_{n-1}(n-1)x^{n-2}+\cdots+a_1=0$ 必有一个小于 x_0 的正根.

6. 证明:$x^5+x-1=0$ 只有一个正根.

7. 已知函数 $f(x)\in C[0,1]\bigcap D(0,1)$,且 $f(1)=0$,试证:在开区间 $(0,1)$ 内
至少存在一点 ξ,使得

$$f'(\xi)=-\frac{f(\xi)}{\xi}.$$

8. 设函数 $f(x)$ 在闭区间 $[a,b]$ 上连续,在开区间 (a,b) 内二阶可导,连接点
$(a,f(a))$ 与 $(b,f(b))$ 的直线与曲线 $f(x)$ 相交于点 $(c,f(c))$,其中 $a<c<b$,证明:

在(a,b)内至少存在一点ξ,使$f''(\xi)=0$.

9. 若函数$f(x)$在(a,b)内具有二阶导数,且$f(x_1)=f(x_2)=f(x_3)$,其中$a<x_1<x_2<x_3<b$,证明:在(x_1,x_3)上至少有一点ξ,使$f''(\xi)=0$.

10. 证明恒等式:$\arcsin x+\arccos x=\dfrac{\pi}{2}(-1\leqslant x\leqslant 1)$.

3.2　不定型的极限

本节将利用柯西中值定理,推导出在求极限的运算中十分有效、十分方便的一个法则,这就是**洛必达**(L'Hospital)[①]**法则**. 在自变量的一定趋势下,由两个函数构成的极限式,如$\lim\dfrac{f(x)}{g(x)}$,$\lim f(x)g(x)$,$\lim[f(x)-g(x)]$或$\lim f(x)^{g(x)}$其结果有时确定,有时不确定. 当结果确定时称为定式,不确定时,称其为不定式或不定型. 一共有七种不定型,它们是:$\dfrac{0}{0}$型,$\dfrac{\infty}{\infty}$型,$0\cdot\infty$型,$\infty-\infty$型和1^∞,0^0,∞^0型.

我们重点介绍$\dfrac{0}{0}$型,$\dfrac{\infty}{\infty}$型,因为后面五种不定型都可以通过初等运算化为$\dfrac{0}{0}$型或$\dfrac{\infty}{\infty}$型.

3.2.1　$\dfrac{0}{0}$型

定理 3.4　设函数$f(x),g(x)$满足以下条件

(1) $\lim\limits_{x\to x_0}f(x)=0$ $\lim\limits_{x\to x_0}g(x)=0$;

(2) 在x_0点的某去心邻域$\mathring{U}(x_0,\delta)$内,$f'(x)$及$g'(x)$均存在,且$g'(x)\neq 0$;

(3) $\lim\limits_{x\to x_0}\dfrac{f'(x)}{g'(x)}$存在(或为$\infty$);

则$\lim\limits_{x\to x_0}\dfrac{f(x)}{g(x)}=\lim\limits_{x\to x_0}\dfrac{f'(x)}{g'(x)}$.

证　注意到$\lim\limits_{x\to x_0}f(x)=0$ $\lim\limits_{x\to x_0}g(x)=0$,定义两个新函数

$$F(x)=\begin{cases}f(x), & x\neq x_0,\\ 0, & x=x_0,\end{cases}\qquad G(x)=\begin{cases}g(x), & x\neq x_0,\\ 0, & x=x_0.\end{cases}$$

于是$F(x),G(x)$在x_0处连续,再由条件(2),$F(x),G(x)$在$\mathring{U}(x_0,\delta)$可导且

---

① 洛必达(L'Hospital),1661~1704,法国数学家.

$G'(x) \neq 0$，因此函数 $F(x), G(x)$ 在 (x_0, x) 或 (x, x_0) 满足柯西中值定理的条件，从而有

$$\frac{F(x) - F(x_0)}{G(x) - G(x_0)} = \frac{F'(\xi)}{G'(\xi)}, \quad \xi \text{ 介于 } x_0 \text{ 与 } x \text{ 之间.}$$

由 $F(x), G(x)$ 的定义，上式等价于

$$\frac{f(x)}{g(x)} = \frac{f'(\xi)}{g'(\xi)}, \quad \xi \text{ 在 } x_0 \text{ 与 } x \text{ 之间.}$$

当 $x \to x_0$ 时，必有 $\xi \to x_0$，故

$$\lim_{x \to x_0} \frac{f(x)}{g(x)} = \lim_{x \to x_0} \frac{f'(\xi)}{g'(\xi)} = \lim_{\xi \to x_0} \frac{f'(\xi)}{g'(\xi)} = \lim_{x \to x_0} \frac{f'(x)}{g'(x)}.$$

注 1　定理 3.4 中如果将极限 $x \to x_0$ 换成 $x \to x_0^+$，$x \to x_0^-$ 或 $x \to \infty$，$x \to -\infty$，$x \to +\infty$，那么只要把条件作相应的修改，则仍然有 $\lim \dfrac{f(x)}{g(x)} = \lim \dfrac{f'(x)}{g'(x)}$.

注 2　如果用了一次洛必达法则后，$\lim \dfrac{f'(x)}{g'(x)}$ 仍属于 $\dfrac{0}{0}$ 型，那么只要 $f'(x)$，$g'(x)$ 满足定理的条件，就可以继续对分子分母分别求导，第二次使用洛必达法则，而得 $\lim \dfrac{f(x)}{g(x)} = \lim \dfrac{f'(x)}{g'(x)} = \lim \dfrac{f''(x)}{g''(x)}$，直至将极限确定为止.

例 3.2.1　求 $\lim\limits_{x \to 0} \dfrac{x - \tan x}{x^3}$.

解　是 $\dfrac{0}{0}$ 型.

$$\lim_{x \to 0} \frac{x - \tan x}{x^3} = \lim_{x \to 0} \frac{1 - \sec^2 x}{3x^2} = \lim_{x \to 0} \frac{1}{3x^2} \cdot \frac{\cos^2 x - 1}{\cos^2 x}$$

$$= \lim_{x \to 0} \frac{\cos x - 1}{3x^2} \cdot \frac{\cos x + 1}{\cos^2 x} = \lim_{x \to 0} \frac{-\frac{1}{2}x^2}{3x^2} \cdot 2 = -\frac{1}{3}.$$

例 3.2.2　求 $\lim\limits_{x \to a} \dfrac{x^a - a^x}{x^x - a^a}$ $(a > 0)$.

解　是 $\dfrac{0}{0}$ 型.

$$\lim_{x \to a} \frac{x^a - a^x}{x^x - a^a} = \lim_{x \to a} \frac{x^a - a^x}{e^{x \ln x} - a^a} = \lim_{x \to a} \frac{a x^{a-1} - a^x \ln a}{x^x (1 + \ln x) - 0} = \frac{1 - \ln a}{1 + \ln a}.$$

例 3.2.3　求 $\lim\limits_{x \to 0} \dfrac{e^x - e^{-x} - 2x}{x - \sin x}$.

解　是 $\dfrac{0}{0}$ 型.

$$\lim_{x\to 0}\frac{e^x-e^{-x}-2x}{x-\sin x}=\lim_{x\to 0}\frac{e^x+e^{-x}-2}{1-\cos x}=\lim_{x\to 0}\frac{e^x-e^{-x}}{\sin x}$$

$$=\lim_{x\to 0}\frac{e^x+e^{-x}}{\cos x}=2.$$

例 3.2.4　求 $\lim\limits_{x\to +\infty}\dfrac{\ln(1+\dfrac{1}{x})}{\operatorname{arccot}x}$.

解　是 $\dfrac{0}{0}$ 型.

$$\lim_{x\to +\infty}\frac{\ln\left(1+\dfrac{1}{x}\right)}{\operatorname{arccot}x}=\lim_{x\to +\infty}\frac{\dfrac{1}{1+\dfrac{1}{x}}\cdot\left(-\dfrac{1}{x^2}\right)}{-\dfrac{1}{1+x^2}}$$

$$=\lim_{x\to +\infty}\frac{1}{1+\dfrac{1}{x}}\cdot\frac{1+x^2}{x^2}=1$$

3.2.2　$\dfrac{\infty}{\infty}$ 型

定理 3.5　设函数 $f(x),g(x)$ 满足以下条件

(1) $\lim\limits_{x\to x_0}f(x)=\infty$ $\lim\limits_{x\to x_0}g(x)=\infty$;

(2) 在 x_0 点的某去心邻域 $\mathring{U}(x_0,\delta)$ 内,$f'(x)$ 及 $g'(x)$ 均存在,且 $g'(x)\neq 0$;

(3) $\lim\limits_{x\to x_0}\dfrac{f'(x)}{g'(x)}$ 存在(或为 ∞);

则 $\lim\limits_{x\to x_0}\dfrac{f(x)}{g(x)}=\lim\limits_{x\to x_0}\dfrac{f'(x)}{g'(x)}$.

定理的证明从略. 定理中如果将极限 $x\to x_0$ 换成 $x\to x_0^+$,$x\to x_0^-$ 或 $x\to\infty$,$x\to -\infty$,$x\to +\infty$,那么只要把条件做相应修改,结论仍然成立.

例 3.2.5　求 $\lim\limits_{x\to +\infty}\dfrac{\ln x}{x^n}$ $(n>0)$.

解　是 $\dfrac{\infty}{\infty}$ 型.

$$\lim_{x\to +\infty}\frac{\ln x}{x^n}=\lim_{x\to +\infty}\frac{\dfrac{1}{x}}{nx^{n-1}}=\lim_{x\to +\infty}\frac{1}{nx^n}=0.$$

例 3.2.6　求 $\lim\limits_{x\to +\infty}\dfrac{x^n}{e^{\lambda x}}$ $(n\in\mathbf{N},\lambda>0)$.

解　是 $\dfrac{\infty}{\infty}$ 型.

$$\lim_{x\to+\infty}\frac{x^n}{e^{\lambda x}}=\lim_{x\to+\infty}\frac{nx^{n-1}}{\lambda e^{\lambda x}}=\lim_{x\to+\infty}\frac{n(n-1)x^{n-2}}{\lambda^2 e^{\lambda x}}=\cdots=\lim_{x\to+\infty}\frac{n!}{\lambda^n e^{\lambda x}}=0.$$

事实上,若 $n\in\mathbf{R}^+$,极限仍然为零. 以上两个例子说明虽然当 $x\to+\infty$ 时,$\ln x, x^n, e^{\lambda x}$ 都是无穷大量,但是它们趋于 ∞ 的速度是不同的,x^n 增大的速度比 $\ln x$ 快,而 $e^{\lambda x}$ 增大的速度又比 x^n 快得多.

例 3.2.7　求 $\lim\limits_{x\to0^+}\dfrac{\ln\sin5x}{\ln\sin3x}$.

$$\lim_{x\to0^+}\frac{\ln\sin5x}{\ln\sin3x}=\lim_{x\to0^+}\frac{\dfrac{\cos5x}{\sin5x}\cdot5}{\dfrac{\cos3x}{\sin3x}\cdot3}=\lim_{x\to0}\frac{\sin3x}{\sin5x}\cdot\frac{5}{3}=\lim_{x\to0}\frac{3x}{5x}\cdot\frac{5}{3}=1.$$

3.2.3　其他不定型

除了 $\dfrac{0}{0}$ 型,$\dfrac{\infty}{\infty}$ 型外,还有 $0\cdot\infty,\infty-\infty,1^\infty,0^0,\infty^0$ 等不定型. 对于这些不定型通常可以采用一些恒等变形的运算,变量代换或取对数的方法转化为 $\dfrac{0}{0}$ 型或 $\dfrac{\infty}{\infty}$ 型来计算.

例 3.2.8　求 $\lim\limits_{x\to0^+}x^n\ln x$.

解　是 $0\cdot\infty$ 型,此时,只要将乘积形式变为商的形式,改写成 $\dfrac{0}{0}$ 型或 $\dfrac{\infty}{\infty}$ 型.

$$\lim_{x\to0^+}x^n\ln x=\lim_{x\to0^+}\frac{\ln x}{x^{-n}}\overset{\frac{\infty}{\infty}}{=}\lim_{x\to0^+}\frac{\dfrac{1}{x}}{-nx^{-n-1}}=\lim_{x\to0^+}\left(-\frac{x^n}{n}\right)=0.$$

例 3.2.9　求 $\lim\limits_{x\to0}\left(\dfrac{1}{x}-\dfrac{1}{e^x-1}\right)$.

解　是 $\infty-\infty$ 型,用通分的方法化作 $\dfrac{0}{0}$ 型或 $\dfrac{\infty}{\infty}$ 型.

$$\lim_{x\to0}\left(\frac{1}{x}-\frac{1}{e^x-1}\right)=\lim_{x\to0}\frac{e^x-1-x}{x(e^x-1)}\overset{\frac{0}{0}}{=}\lim_{x\to0}\frac{e^x-1-x}{x^2}=\lim_{x\to0}\frac{e^x-1}{2x}$$

$$=\frac{1}{2}\ (当\ x\to0\ 时,e^x-1\sim x).$$

例 3.2.10　求 $\lim\limits_{x\to\infty}\left[x-x^2\ln\left(1+\dfrac{1}{x}\right)\right]$.

解 因为

$$\lim_{x\to\infty}x^2\ln\Big(1+\frac{1}{x}\Big)=\lim_{x\to\infty}\frac{\ln\Big(1+\dfrac{1}{x}\Big)}{\dfrac{1}{x^2}}$$

$$=\lim_{x\to\infty}\frac{\dfrac{1}{x}}{\dfrac{1}{x^2}}=\lim_{x\to\infty}x=\infty\quad\Big(当\ x\to\infty时,\ln\Big(1+\frac{1}{x}\Big)\sim\frac{1}{x}\Big).$$

所以所求极限是 $\infty-\infty$ 型. 但又不能用通分的方法变为 $\dfrac{0}{0}$ 型或 $\dfrac{\infty}{\infty}$ 型,因此作

变量代换,令 $\dfrac{1}{x}=t$,当 $x\to\infty$ 时,$t\to0$,

$$\lim_{x\to\infty}\Big[x-x^2\ln\Big(1+\frac{1}{x}\Big)\Big]=\lim_{t\to0}\Big[\frac{1}{t}-\frac{1}{t^2}\ln(1+t)\Big]=\lim_{t\to0}\frac{t-\ln(1+t)}{t^2}$$

$$\overset{\frac{0}{0}}{=\!=\!=}\lim_{t\to0}\frac{1-\dfrac{1}{1+t}}{2t}=\lim_{t\to0}\frac{t}{2t(1+t)}=\lim_{t\to0}\frac{1}{2(1+t)}=\frac{1}{2}.$$

例 3.2.11　求 $\lim\limits_{x\to0^+}x^x$.

解　是 0^0 型. 设 $y=x^x$,两端取自然对数 $\ln y=x\ln x$,所以 $y=e^{x\ln x}$,

$$\lim_{x\to0^+}x^x=\lim_{x\to0^+}e^{x\ln x}=e^{\lim\limits_{x\to0^+}\frac{\ln x}{\frac{1}{x}}}=e^{\lim\limits_{x\to0^+}\frac{\frac{1}{x}}{-\frac{1}{x^2}}}=e^{\lim\limits_{x\to0^+}x}=e^0=1.$$

例 3.2.12　求 $\lim\limits_{x\to0}\Big(\dfrac{\sin x}{x}\Big)^{\frac{1}{x^2}}$.

解法 1　是 1^∞ 型. $\lim\limits_{x\to0}\Big(\dfrac{\sin x}{x}\Big)^{\frac{1}{x^2}}=\lim\limits_{x\to0}\Big(1+\dfrac{\sin x-x}{x}\Big)^{\frac{1}{x^2}}=\lim\limits_{x\to0}\Big[\Big(1+\dfrac{\sin x-x}{x}\Big)^{\frac{x}{\sin x-x}}\Big]^{\frac{\sin x-x}{x^3}}$

$$=e^{\lim\limits_{x\to0}\frac{\sin x-x}{x^3}}=e^{\lim\limits_{x\to0}\frac{\cos x-1}{3x^2}}=e^{\lim\limits_{x\to0}\frac{-\frac{1}{2}x^2}{3x^2}}=e^{-\frac{1}{6}}.$$

解法 2　设 $y=\Big(\dfrac{\sin x}{x}\Big)^{\frac{1}{x^2}}$,$\ln y=\dfrac{1}{x^2}\ln\dfrac{\sin x}{x}$,$y=e^{\frac{1}{x^2}\ln\frac{\sin x}{x}}$,

$$\lim_{x\to0}\Big(\frac{\sin x}{x}\Big)^{\frac{1}{x^2}}=e^{\lim\limits_{x\to0}\frac{\ln\frac{\sin x}{x}}{x^2}}=e^{\lim\limits_{x\to0}\frac{\frac{x}{\sin x}\cdot\frac{x\cos x-\sin x}{x^2}}{2x}}=e^{\lim\limits_{x\to0}\frac{x\cos x-\sin x}{2x^3}}$$

$$=e^{\lim\limits_{x\to0}\frac{\cos x-x\sin x-\cos x}{6x^2}}=e^{\lim\limits_{x\to0}\frac{-x\sin x}{6x^2}}=e^{-\frac{1}{6}}.$$

应用洛必达法则求不定型的极限时要注意以下问题.

(1) 不是 $\dfrac{0}{0}$ 型或 $\dfrac{\infty}{\infty}$ 型不能使用法则,如 $\lim\limits_{x\to 0}\dfrac{e^x-\cos x}{x^2}=\lim\limits_{x\to 0}\dfrac{e^x+\sin x}{2x}$ 右端已不再是不定型,所以不能再用法则,原式 $=\infty$;

(2) 遇 $0\cdot\infty,\infty-\infty,1^\infty,0^0,\infty^0$ 需要先化为 $\dfrac{0}{0}$ 型或 $\dfrac{\infty}{\infty}$ 型,再用洛必达法则;

(3) 洛必达法则的条件是结论成立的充分而非必要条件,当条件不满足时,不能断定 $\lim\limits_{x\to x_0}\dfrac{f(x)}{g(x)}$ 不存在.

例如,$\lim\limits_{x\to 0^+}\dfrac{x\sin\dfrac{1}{x}}{\sqrt{x}}=\lim\limits_{x\to 0^+}\sqrt{x}\sin\dfrac{1}{x}=0$. 若将其看成 $\dfrac{0}{0}$ 型用洛必达法则,那么

$$\lim_{x\to 0^+}\frac{x\sin\dfrac{1}{x}}{\sqrt{x}}=\lim_{x\to 0^+}\frac{\sin\dfrac{1}{x}+x\cos\dfrac{1}{x}\cdot\left(-\dfrac{1}{x^2}\right)}{\dfrac{1}{2\sqrt{x}}}=\lim_{x\to 0^+}\left(2\sqrt{x}\sin\frac{1}{x}-\frac{2}{\sqrt{x}}\cos\frac{1}{x}\right).$$

由于 $\lim\limits_{x\to 0^+}2\sqrt{x}\sin\dfrac{1}{x}=0$,$\lim\limits_{x\to 0^+}\dfrac{2}{\sqrt{x}}\cos\dfrac{1}{x}$ 不存在且又不为 ∞,所以右端的极限不存在且又不为 ∞,这不符合定理中的条件(3). "$\lim\limits_{x\to x_0}\dfrac{f'(x)}{g'(x)}$ 存在(或为 ∞)",所以不能用洛必达法则,但是原极限是存在的,其极限等于零. 因此洛必达法则的条件是结论成立的充分而非必要条件.

(4) 在运用洛必达法则求极限时,要与以往学习过的求极限的方法综合运用,如变量替换、等价无穷小替换、四则运算等,要边做边化简,以尽快求出极限.

习 题 3.2

1. 求下列极限.

(1) $\lim\limits_{x\to 1}\dfrac{x^3-3x+2}{x^3-x^2-x+1}$;

(2) $\lim\limits_{x\to 0}\dfrac{\ln(1+x)}{x}$;

(3) $\lim\limits_{x\to a}\dfrac{\sin x-\sin a}{x-a}$;

(4) $\lim\limits_{x\to \pi}\dfrac{\sin 3x}{\tan 5x}$;

(5) $\lim\limits_{x\to e}\dfrac{\ln x-1}{x-e}$;

(6) $\lim\limits_{x\to \frac{\pi}{2}}\dfrac{\ln\sin x}{(\pi-2x)^2}$;

(7) $\lim\limits_{x\to +\infty}\dfrac{\dfrac{\pi}{2}-\arctan x}{\dfrac{1}{x}}$;

(8) $\lim\limits_{x\to 1}\left(\dfrac{x}{x-1}-\dfrac{1}{\ln x}\right)$;

(9) $\lim\limits_{x\to 0}\left(\dfrac{1}{\sin x}-\dfrac{1}{x}\right)$;

(10) $\lim\limits_{x\to+\infty}\left(\dfrac{\pi}{2}-\arctan x\right)^{\frac{1}{\ln x}}$;

(11) $\lim\limits_{x\to 0}x^2\cdot \mathrm{e}^{\frac{1}{x^2}}$;

(12) $\lim\limits_{n\to\infty}\sqrt[n]{n}$;

(13) $\lim\limits_{x\to 0}\left(\dfrac{a^x+b^x+c^x}{3}\right)^{\frac{1}{x}}\ (a,b,c>0)$;

(14) $\lim\limits_{x\to 0^+}x^{\sin x}$.

2. 验证 $\lim\limits_{x\to+\infty}\dfrac{x-\sin x}{x+\cos x}$ 存在，但不能用洛必达法则计算.

3. 若 $f(x)$ 的二阶导数 $f''(x)$ 存在，求 $\lim\limits_{h\to 0}\dfrac{f(x+h)+f(x-h)-2f(x)}{h^2}$

4. 确定常数 a,b 使极限 $\lim\limits_{x\to 0}\dfrac{1+a\cos 2x+b\cos 4x}{x^4}$ 存在，并求出它的值.

5. 设 $f(x)$ 在 $x=0$ 处可导，且 $f(0)=0$，求 $\lim\limits_{x\to 0}\dfrac{f(1-\cos x)}{\tan x^2}$.

6. 求下列极限（方法不限）.

(1) $\lim\limits_{x\to 0}\dfrac{x^3\sin x}{(1-\cos x)^2}$;

(2) $\lim\limits_{x\to 0}\dfrac{\mathrm{e}^x-1+x^3\sin\frac{1}{x}}{x}$;

(3) $\lim\limits_{x\to+\infty}x\ln\left(1+\dfrac{1}{x}\right)$;

(4) $\lim\limits_{x\to 0}\dfrac{1-\cos^2 x}{x(\sqrt{1+x}-1)}$.

3.3 泰勒公式

3.3.1 函数逼近简介

用简单函数逼近复杂函数是数学中的一种基本思想方法. 多项式只用加、减、乘三种算术运算就能计算函数值，而且它又有很好的连续性、可微性与可积性，因此多项式函数称得上是一类最简单的函数. 我们常用多项式函数来近似表示其他函数，以使对这些函数的性态分析与数值计算变得简单方便.

在微分学中我们曾经指出，如果函数 $f(x)$ 在点 x_0 处可微，则由微分的定义有
$$f(x)=f(x_0)+f'(x_0)(x-x_0)+o(x-x_0),$$
当 $|x-x_0|$ 充分小时，
$$f(x)\approx f(x_0)+f'(x_0)(x-x_0). \tag{3.1}$$

式(3.1)称为函数 $f(x)$ 在 x_0 点处的一次近似多项式，它所产生的误差是 $(x-x_0)$ 的一次方的高阶无穷小. 从几何上看这是在 x_0 点的邻域用切线段近似曲线段的结果. 但是随着实际问题精度要求的提高，也许比 $(x-x_0)^n$ 的高阶无穷小才能忽略，这就要求我们对于一般的可导函数 $f(x)$，找出一个关于 $(x-x_0)$ 的 n

次多项式 $P_n(x)$

$$P_n(x)=a_0+a_1(x-x_0)+a_2(x-x_0)^2+\cdots+a_n(x-x_0)^n. \qquad (3.2)$$

使 $P_n(x)$ 在自变量 x 的尽量大的变化范围内能够近似表示函数 $y=f(x)$,并且使得用 $P_n(x)$ 逼近 $f(x)$ 时,所产生的误差是比 $(x-x_0)^n$ 高阶的无穷小.

由于数学上可以证明一个多项式只要次数足够高,它就可以按我们的要求具有多个单调区间、凹凸区间. 所以我们有希望找到一个多项式 $P_n(x)$,使它在包含点 x_0 的足够大的区间内,按我们要求的精确度近似表示一个可导函数 $f(x)$.

这样一来需要讨论以下几个问题:当 $f(x)$ 具备什么条件时,这样的 $P_n(x)$ 必存在呢? $P_n(x)$ 中的 $n+1$ 个系数 $a_0,a_1,\cdots,a_n$ 与 $f(x)$ 有怎样的关系? 它们如何确定? 当用这样的 $P_n(x)$ 去逼近 $f(x)$ 时,能否准确估计所产生的误差? 下面就来回答这些问题.

3.3.2　具有佩亚诺[①]型余项的 n 阶泰勒公式

首先不妨设这样的 n 次多项式 $P_n(x)$ 存在,再来考察 $f(x)$ 所需要满足的条件.

设 $f(x) \approx P_n(x)=a_0+a_1(x-x_0)+a_2(x-x_0)^2+\cdots+a_n(x-x_0)^n$,从几何上看,图 3.7 中的近似曲线 $P_n(x)$ 与 $f(x)$ 在点 x_0 应相交,有公共切线,有相同的弯曲方向. 因此应要求

$P_n(x_0)=f(x_0),P_n{}'(x_0)=f'(x_0),P_n{}''(x_0)=f''(x_0),\cdots.$

我们有理由猜想,如果 $P_n(x)$ 与 $f(x)$ 在点 x_0 处的高阶导数相同的越多,则在 x_0 附近,$P_n(x)$ 与 $f(x)$ 就越逼近,因此应有 $P_n{}^{(n)}(x_0)=f^{(n)}(x_0)$. 为了求 $n+1$ 个系数 a_n 与 $f(x)$ 的关系,我们对多项式 $P_n(x)$ 的表达式(3.2)的两端分别求 n 阶导数

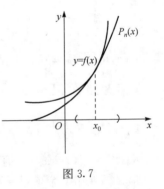

图 3.7

$$P_n{}'(x)=a_1+2a_2(x-x_0)+3a_3(x-x_0)^2+\cdots+na_n(x-x_0)^{n-1};$$
$$P_n{}''(x)=2a_2+3\cdot 2a_3(x-x_0)+\cdots+n(n-1)a_n(x-x_0)^{n-2};$$
$$\cdots\cdots$$
$$P_n{}^{(n)}(x)=n(n-1)(n-2)\cdots3\cdot 2\cdot a_n=a_n n!.$$

再令 $x=x_0$,则

$$a_0=P_n(x_0),a_1=P_n{}'(x_0),a_2=\frac{P_n{}''(x_0)}{2!},\cdots,a_n=\frac{P_n{}^{(n)}(x_0)}{n!}.$$

再注意到 $f(x_0)=P_n(x_0),f^{(n)}(x_0)=P^{(n)}(x_0)$,因此

---

① 佩亚诺(Giuseppe Peano),1858~1932,意大利数学家.

$$a_0 = f(x_0), a_1 = f'(x_0), a_2 = \frac{f''(x_0)}{2!}, \cdots, a_n = \frac{f^{(n)}(x_0)}{n!}.$$

于是得

$$f(x) \approx f(x_0) + \frac{f'(x_0)}{1!}(x-x_0) + \frac{f''(x_0)}{2!}(x-x_0)^2 + \cdots + \frac{f^{(n)}(x_0)}{n!}(x-x_0)^n.$$

由上面的讨论可以看出这需要 $f(x)$ 在 x_0 点处 n 阶可导. 当 $f(x)$ 满足这个条件时,如果可以证明这个公式的误差是关于 $(x-x_0)^n$ 的高阶无穷小,就说明上面的猜想正确.

定理 3.6　设 $f(x)$ 在点 x_0 处 n 阶可导,则

$$f(x) = f(x_0) + \frac{f'(x_0)}{1!}(x-x_0) + \frac{f''(x_0)}{2!}(x-x_0)^2 + \cdots$$
$$+ \frac{f^{(n)}(x_0)}{n!}(x-x_0)^n + o((x-x_0)^n), \tag{3.3}$$

式(3.3)称为**具有佩亚诺型余项的 n 阶泰勒公式**,$o((x-x_0)^n)$ 称为**佩亚诺(Peano)型余项**,并记为 $R_n(x) = o((x-x_0)^n)$. 而 $P_n(x) = f(x_0) + \frac{f'(x_0)}{1!}(x-x_0) + \frac{f''(x_0)}{2!}(x-x_0)^2 + \cdots + \frac{f^{(n)}(x_0)}{n!}(x-x_0)^n$ 称为 $f(x)$ 在 x_0 点处的 n 阶**泰勒(Taylor)**[①]**多项式**. 于是 $f(x) = P_n(x) + R_n(x)$.

证明思路是,记 $R_n(x) = f(x) - P_n(x)$,对极限 $\lim\limits_{x \to x_0} \dfrac{R_n(x)}{(x-x_0)^n}$ 应用 $n-1$ 次洛必达法则,再用 $f(x)$ 在 x_0 点的 n 阶导数定义,可得 $\lim\limits_{x \to x_0} \dfrac{R_n(x)}{(x-x_0)^n} = 0$,所以 $R_n(x) = o((x-x_0)^n)$,于是有式(3.3).

但是佩亚诺型余项只说明误差的量级,并未给出误差的精确表达式,这在工程上有时就可能不够用,因此需要对余项加以改进.

3.3.3　具有拉格朗日型余项的 n 阶泰勒公式

定理 3.7　设 $f(x)$ 在 (a,b) 内 $n+1$ 阶可导,$x_0 \in (a,b)$,则对 $\forall x \in (a,b)$,在 x_0 与 x 之间至少存在一点 ξ,使得

$$f(x) = f(x_0) + \frac{f'(x_0)}{1!}(x-x_0) + \frac{f''(x_0)}{2!}(x-x_0)^2 + \cdots$$
$$+ \frac{f^{(n)}(x_0)}{n!}(x-x_0)^n + \frac{f^{(n+1)}(\xi)}{(n+1)!}(x-x_0)^{n+1}. \tag{3.4}$$

---

① 　泰勒(Brook Taylor),1685~1731,英国数学家.

式(3.4)称为**带拉格朗日型余项的** n **阶泰勒公式**,其中 $R_n(x) = \dfrac{f^{(n+1)}(\xi)}{(n+1)!}$ $(x-x_0)^{n+1}$称为**拉格朗日型余项**,其中 ξ 在 x_0 与 x 之间.

这个定理又称为**泰勒中值定理**,它的证明思路是,要证 $R_n(x) = f(x) - P_n(x) = \dfrac{f^{(n+1)}(\xi)}{(n+1)!}(x-x_0)^{n+1}$,只需证明 $\dfrac{R_n(x)}{(x-x_0)^{n+1}} = \dfrac{f^{(n+1)}(\xi)}{(n+1)!}$,$\xi$ 在 x_0 与 x 之间. 这只要对 $R_n(x)$ 与 $G(x) = (x-x_0)^{n+1}$ 在 $[x_0,x]$ 或 $[x,x_0]$ 上用 $n+1$ 次柯西中值定理即得.

定理 3.6 和定理 3.7 各自成立的条件不同. 佩亚诺型余项的 n 阶泰勒公式只要求 $f(x)$ 在 x_0 点处存在 n 阶导数,所以公式反映的是函数 $f(x)$ 在 x_0 点的邻域的局部性态;而拉格朗日型余项的 n 阶泰勒公式要求 $f(x)$ 在含 x_0 的某区间内存在 $n+1$ 阶导数,所以公式反映的是函数 $f(x)$ 在包含 x_0 点在内的整个区间 (a,b) 上的性态.

在式(3.4)中若令 $n=0$,则得 0 阶拉格朗日型余项的泰勒公式

$$f(x) = f(x_0) + f'(\xi)(x-x_0), \quad \xi \text{ 在 } x_0 \text{ 与 } x \text{ 之间}.$$

由此可见拉格朗日型余项的 n 阶泰勒公式是微分中值定理的推广.

当 $x_0=0$ 时,泰勒公式又称为**麦克劳林(Maclaurin)**[①]**公式**,

$$f(x) = f(0) + \frac{f'(0)}{1!}x + \frac{f''(0)}{2!}x^2 + \cdots + \frac{f^{(n)}(0)}{n!}x^n + o(x^n) \tag{3.5}$$

或

$$f(x) = f(0) + \frac{f'(0)}{1!}x + \frac{f''(0)}{2!}x^2 + \cdots + \frac{f^{(n)}(0)}{n!}x^n + \frac{f^{(n+1)}(\xi)}{(n+1)!}x^{n+1}, \tag{3.6}$$

其中 ξ 在 0 与 x 之间.

此时余项 $R_n(x) = \dfrac{f^{(n+1)}(\xi)}{(n+1)!}x^{n+1}$,由于 ξ 在 0 与 x 之间,$\xi = x_0 + \theta(x-x_0)$,$x_0=0$,所以可记 $\xi = \theta x$,其中 $0<\theta<1$,于是

$$f(x) = f(0) + \frac{f'(0)}{1!}x + \frac{f''(0)}{2!}x^2 + \cdots + \frac{f^{(n)}(0)}{n!}x^n + \frac{f^{(n+1)}(\theta x)}{(n+1)!}x^{n+1} (0<\theta<1).$$

3.3.4　将函数展开为泰勒公式

将函数展开为泰勒公式有两种方法. 一种是直接展开,一种是间接展开. 我们这里只介绍直接展开法. 直接展开法的步骤是:首先写出 $f(x)$ 及 $f(x)$ 的 n 阶导数;然后求出 $f^{(n)}(x_0)$,写出 $a_0 = f(x_0)$,$a_n = \dfrac{f^{(n)}(x_0)}{n!}$;最后写出函数 $f(x)$ 的 n

---

① 麦克劳林(Maclaurin),1698~1746,18 世纪英国最具有影响力的数学家之一.

阶泰勒公式.

下面写出几个常用函数的 n 阶麦克劳林公式,注意到此时 $x_0=0$.

(1) $f(x)=\mathrm{e}^x$.

由 $f'(x)=f''(x)=\cdots=f^{(n)}(x)=\mathrm{e}^x$, $f^{(n+1)}(x)=\mathrm{e}^x$, 有 $f(0)=f'(0)=\cdots=f^{(n)}(0)=1$, $f^{(n+1)}(\xi)=\mathrm{e}^\xi$, $\xi=\theta x$ 于是

$$\mathrm{e}^x=1+x+\frac{x^2}{2!}+\cdots+\frac{x^n}{n!}+\frac{\mathrm{e}^\xi}{(n+1)!}x^{n+1},$$

其中 ξ 在 0 与 x 之间,$-\infty<x<+\infty$.

图 3.8 作出了 $y=\mathrm{e}^x$ 在 $n=1,n=2,n=3$ 时近似多项式的图形. 由图可见对相同的 x, n 越大时,其近似程度越好.

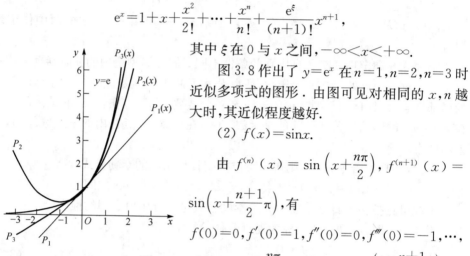

图 3.8

(2) $f(x)=\sin x$.

由 $f^{(n)}(x)=\sin\left(x+\frac{n\pi}{2}\right)$, $f^{(n+1)}(x)=\sin\left(x+\frac{n+1}{2}\pi\right)$, 有

$$f(0)=0, f'(0)=1, f''(0)=0, f'''(0)=-1,\cdots,$$

$$f^{(n)}(0)=\sin\frac{n\pi}{2}, f^{(n+1)}(\xi)=\sin\left(\xi+\frac{n+1}{2}\pi\right).$$

于是

$$\sin x=x-\frac{x^3}{3!}+\frac{x^5}{5!}-\frac{x^7}{7!}+\cdots+\frac{\sin\frac{n\pi}{2}}{n!}x^n+\frac{\sin\left(\xi+\frac{n+1}{2}\pi\right)}{(n+1)!}x^{n+1},$$

其中 ξ 在 0 与 x 之间,$-\infty<x<+\infty$.

图 3.9 作出了 $y=\sin x$ 在 $n=1,3,5,\cdots,19$ 时的近似多项式的图形,由图可见,对相同的 x, n 越大,逼近程度越好.

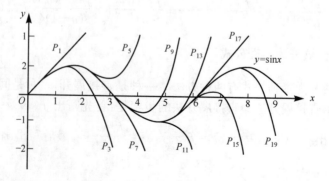

图 3.9

(3) $f(x)=\cos x$.

用与上面类似的方法可得

$$\cos x=1-\frac{x^2}{2!}+\frac{x^4}{4!}-\frac{x^6}{6!}+\cdots+\frac{\cos\dfrac{n\pi}{2}}{n!}x^n+\frac{\cos\left(\xi+\dfrac{n+1}{2}\pi\right)}{(n+1)!}x^{n+1},$$

其中 ξ 在 0 与 x 之间,$-\infty<x<+\infty$.

(4) $f(x)=\ln(1+x)$.

由 $f'(x)=\dfrac{1}{1+x}$,$f''(x)=-\dfrac{1}{(1+x)^2}$,$f'''(x)=\dfrac{2}{(1+x)^3}$,$f^{(4)}(x)=\dfrac{-3!}{(1+x)^4}$,$\cdots$,

$$f^{(n)}(x)=(-1)^{(n-1)}\frac{(n-1)!}{(1+x)^n},\quad f^{(n+1)}(x)=(-1)^n\frac{n!}{(1+x)^{(n+1)}}.$$

于是

$$f(0)=0,f'(0)=1,f''(0)=-1,f'''(0)=2!,f^{(4)}(0)=-3!,\cdots,$$

$$f^{(n)}(0)=(-1)^{n-1}(n-1)!,f^{(n+1)}(\xi)=(-1)^n\frac{n!}{(1+\xi)^{n+1}},$$

得

$$\ln(1+x)=x-\frac{x^2}{2}+\frac{x^3}{3}-\frac{x^4}{4}+\cdots+(-1)^{n-1}\frac{x^n}{n}+(-1)^n\frac{x^{n+1}}{(n+1)(1+\xi)^{n+1}}$$

其中 ξ 在 0 与 x 之间,$-1<x<+\infty$.

(5) $f(x)=(1+x)^\alpha$,α 为任意实数.

由 $f'(x)=\alpha(1+x)^{\alpha-1}$,$f''(x)=\alpha(\alpha-1)(1+x)^{\alpha-2}$,$\cdots$,

$$f^{(n)}(x)=\alpha(\alpha-1)\cdots(\alpha-n+1)(1+x)^{\alpha-n},$$

$$f^{(n+1)}(x)=\alpha(\alpha-1)\cdots(\alpha-n+1)(\alpha-n)(1+x)^{\alpha-n-1},$$

有

$$f(0)=1,f'(0)=\alpha,f''(0)=\alpha(\alpha-1),\cdots,f^{(n)}(0)=\alpha(\alpha-1)\cdots(\alpha-n+1),$$

$$f^{(n+1)}(\xi)=\alpha(\alpha-1)\cdots(\alpha-n+1)(\alpha-n)(1+\xi)^{\alpha-n-1}.$$

于是

$$(1+x)^\alpha=1+\alpha x+\frac{\alpha(\alpha-1)}{2!}x^2+\cdots+\frac{\alpha(\alpha-1)(\alpha-2)\cdots(\alpha-n+1)}{n!}x^n+$$

$$\frac{\alpha(\alpha-1)\cdots(\alpha-n+1)(\alpha-n)(1+\xi)^{\alpha-n-1}}{(n+1)!}x^{n+1},$$

其中 ξ 在 0 与 x 之间,$-1<x<+\infty$.

3.3.5　泰勒公式的应用

1. 利用泰勒公式计算函数的近似值

利用泰勒多项式计算函数的近似值需要略去其余项,略去余项产生的误差称为截

断误差,截断误差是指 $|R_n(x)|$ 在 (a,b) 上的一个上界.

例 3.3.1 利用 $f(x)=\mathrm{e}^x$ 的三阶麦克劳林公式,计算 $\sqrt{\mathrm{e}}$ 的近似值.

解 $\mathrm{e}^x=1+x+\dfrac{x^2}{2!}+\dfrac{x^3}{3!}+\dfrac{\mathrm{e}^\xi}{4!}x^4,\xi$ 在 0 与 x 之间,取

$$x=\frac{1}{2},\mathrm{e}^{\frac{1}{2}}\approx1+\frac{1}{2}+\frac{1}{2!}\left(\frac{1}{2}\right)^2+\frac{1}{3!}\left(\frac{1}{2}\right)^3,$$

$$R_3\left(\frac{1}{2}\right)=\frac{\mathrm{e}^\xi}{4!}\left(\frac{1}{2}\right)^4,\quad 0<\xi<\frac{1}{2}.$$

以下估计截断误差的大小

$$\left|R_3\left(\frac{1}{2}\right)\right|=\frac{\mathrm{e}^\xi}{4!}\left(\frac{1}{2}\right)^4<\frac{\mathrm{e}^{\frac{1}{2}}}{4!}\left(\frac{1}{2}\right)^4<\frac{3^{\frac{1}{2}}}{4!}\left(\frac{1}{2}\right)^4<\frac{1\cdot7322}{4!}\cdot\frac{1}{2^4}<0.005=5\times10^{-3}.$$

因此在计算时取四位小数,四舍五入成三位小数有

$$\sqrt{\mathrm{e}}=\mathrm{e}^{\frac{1}{2}}\approx1+\frac{1}{2}+\frac{1}{2!}\cdot\frac{1}{2^2}+\frac{1}{3!}\cdot\frac{1}{2^3}$$

$$\approx1+0.5000+0.1250+0.0208=1.6458\approx1.646,$$

即用 1.646 近似表示 $\sqrt{\mathrm{e}}$ 时所产生的误差不超过 5×10^{-3}.

2. 求函数在区间上的近似多项式

例 3.3.2 在 $x_0=0$ 的附近用一个 x 的二次多项式 Ax^2+Bx+C 近似 $\sec x$,使其误差是 x^2 的高阶无穷小.

解 由题意即将 $f(x)=\sec x$ 展为二阶麦克劳林公式并写出佩亚诺型余项,使 $\sec x=Ax^2+Bx+C+o(x^2)$,其中 A,B,C 待定.

由于 $f(x)=\sec x,f'(x)=\sec x\tan x,f''(x)=\sec x\tan^2 x+\sec^3 x$,将 $f(0)=1$,$f'(0)=0,f''(0)=1$ 代入公式

$$f(x)=f(0)+f'(0)x+\frac{f''(0)}{2!}x^2+o(x^2),$$

得

$$\sec x=1+\frac{1}{2}x^2+o(x^2),$$

即 $A=\dfrac{1}{2},B=0,C=1$ 为所求.

3. 利用泰勒公式研究函数性态

例 3.3.3 若 $f(x)$ 在 $(0,1)$ 内二阶可导,且有最小值,$\min\limits_{x\in(0,1)}f(x)=0,f\left(\dfrac{1}{2}\right)=1$,

求证：$\exists \xi \in (0,1)$ 使 $f''(\xi) > 8$.

证　设 $f(x)$ 在 $x=a$ 处取得最小值，则 $f(a)=0$，其中 $a \in (0,1)$，由 $f(x)$ 在 $(0,1)$ 内二阶可导，知 $f'(a)$ 存在，根据费马定理 $f'(a)=0$. 将 $f(x)$ 在点 $x=a$ 处展为一阶泰勒公式

$$f(x) = f(a) + f'(a)(x-a) + \frac{f''(\xi)}{2!}(x-a)^2, \xi 在 a 与 x 之间.$$

在上式中，令 $x = \frac{1}{2}$，已知 $f\left(\frac{1}{2}\right) = 1$，所以存在 ξ 在 a 与 $\frac{1}{2}$ 之间，使得

$$1 = f\left(\frac{1}{2}\right) = \frac{f''(\xi)}{2!}\left(\frac{1}{2}-a\right)^2.$$

当 $0 < a < 1$ 时，$\left|\frac{1}{2}-a\right| < \frac{1}{2}$，所以

$$1 = \frac{f''(\xi)}{2}\left(\frac{1}{2}-a\right)^2 < \frac{f''(\xi)}{2} \cdot \frac{1}{4},$$

即 $f''(x) > 8, x \in (0,1)$.

利用泰勒公式讨论函数性态，证明不等式非常重要，有兴趣的读者可参阅其他教材.

4. 利用泰勒公式求极限

利用具有佩亚诺型余项的 n 阶泰勒公式求极限，有时候非常方便.

例 3.3.4　$\lim\limits_{x \to 0} \dfrac{\cos x - 1 + \dfrac{x^2}{2!} - \dfrac{x^4}{4!}}{x^6}$.

解　此为 $\dfrac{0}{0}$ 型未定式，若用洛必达法则也能求出结果，但比较麻烦，而用泰勒公式则十分方便，利用 $\cos x = 1 - \dfrac{x^2}{2!} + \dfrac{x^4}{4!} - \dfrac{x^6}{6!} + o(x^6)$ 的展开式

$$原式 = \lim_{x \to 0} \frac{1 - \dfrac{x^2}{2!} + \dfrac{x^4}{4!} - \dfrac{x^6}{6!} + o(x^6) - 1 + \dfrac{x^2}{2!} - \dfrac{x^4}{4!}}{x^6}$$

$$= \lim_{x \to 0}\left(-\frac{1}{6!} + \frac{o(x^6)}{x^6}\right)$$

$$= -\frac{1}{6!}.$$

例 3.3.5　已知 $\lim\limits_{x \to 0} \dfrac{\sin 6x + x f(x)}{x^3} = 0$，求 $\lim\limits_{x \to 0} \dfrac{6 + f(x)}{x^2}$.

解　因为 $x \to 0$ 时, $\lim\limits_{x \to 0} x^3 = 0$, 由题意 $\lim\limits_{x \to 0} [\sin 6x + x f(x)] = 0$, 但题中 $f(x)$ 为抽象函数, 其可导性不知, 不可用洛必达法则, 所以将 $\sin 6x$ 展为具有佩亚诺型余项的三阶泰勒公式

$$原式 = \lim_{x \to 0} \frac{6x - \dfrac{(6x)^3}{3!} + o(x^3) + x f(x)}{x^3}$$

$$= \lim_{x \to 0} \left(-\frac{6^3}{3!} + \frac{o(x^3)}{x^3} + \frac{6 + f(x)}{x^2} \right) = 0,$$

即 $\lim\limits_{x \to 0} \dfrac{6 + f(x)}{x^2} = 36.$

习题 3.3

1. 设 $f(x) = x^4 - 5x^3 + x^2 - 3x + 4$, 求 $f(x)$ 在点 $x_0 = 4$ 处的四阶泰勒公式.

2. 求函数 $f(x) = \ln \cos x$ 在 $x_0 = \dfrac{\pi}{4}$ 处带拉格朗日型余项的二阶泰勒公式.

3. 求下列函数的 n 阶麦克劳林公式, 并具有拉格朗日型余项.

(1) $f(x) = x e^x$;

(2) $f(x) = \sqrt{1 + x}$.

4. 求下列函数在指定点处的 n 阶泰勒公式, 并具有佩亚诺型余项.

(1) $f(x) = \dfrac{1}{x}$, $x_0 = -1$;

(2) $f(x) = e^{2x}$, $x_0 = 1$.

5. 利用 $\sin x$ 的泰勒展开求 $\sin 31°$ 的近似值, 使其截断误差不超过 10^{-6}.

6. 利用泰勒公式计算下列极限.

(1) $\lim\limits_{x \to 0} \dfrac{x - \sin x}{x^2 - \sin x}$;　　　　　　(2) $\lim\limits_{x \to 0} \dfrac{e^{-\frac{x^2}{2}} - \cos x}{x^4}$.

7. 设 $x > -1$, 证明: 在 $0 < \alpha < 1$ 时, $(1 + x)^\alpha \leqslant 1 + \alpha x$; 在 $x > 1$ 时, $(1 + x)^\alpha \geqslant 1 + \alpha x$.

8. 设 $f(x)$ 在 $[0, 1]$ 上二阶可导, $f(0) = f(1) = 0$, 且 $\max\limits_{0 \leqslant x \leqslant 1} f(x) = 2$, 求证: $\exists \xi \in (0, 1)$, 使得 $f''(\xi) < -16$.

3.4　函数的单调性与极值

在 1.1.3 中, 我们曾经给出函数在区间上单调增加(减少)的定义, 可是用定义判定函数的单调性有时是比较困难的, 本节将利用导数研究函数的单调性与极值,

然后介绍求闭区间上连续函数的最大值、最小值.

3.4.1　函数单调性的判定法

从几何直观上我们发现函数的单调性与函数导数的符号有密切的关系,当函数 $f(x)$ 在区间 (a,b) 内的图像是一条沿 x 轴正方向上升的曲线时,曲线上任意一点的切线的斜率为正,如图 3.10(a)所示;当函数 $f(x)$ 在区间 (a,b) 内的图像是一条沿 x 轴正方向下降的曲线时,曲线上任意一点的切线的斜率为负,如图 3.10(b)所示. 因此可以用函数的导数的符号判定函数的单调区间.

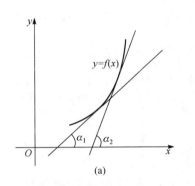 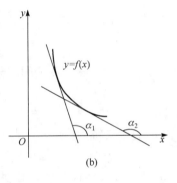

图 3.10

定理 3.8（函数单调性判定定理）　设函数 $f(x) \in C[a,b] \bigcap D(a,b)$,

(1) 若 $\forall x \in (a,b), f'(x) > 0$,则 $f(x)$ 在 $[a,b]$ 上单调增加;

(2) 若 $\forall x \in (a,b), f'(x) < 0$,则 $f(x)$ 在 $[a,b]$ 上单调减少.

证　任取 $x_1, x_2 \in [a,b]$,设 $x_1 < x_2$, $f(x)$ 在 $[x_1, x_2]$ 上满足拉格朗日中值定理的条件,于是

$$f(x_2) - f(x_1) = f'(\xi)(x_2 - x_1), \quad \xi \in (x_1, x_2).$$

若 $\forall x \in (a,b), f'(x) > 0$,则 $f'(\xi) > 0$,由 $x_2 - x_1 > 0$,可知 $f(x_2) > f(x_1)$,因此 $f(x)$ 在 $[a,b]$ 上单调增加;

若 $\forall x \in (a,b), f'(x) < 0$,则 $f'(\xi) < 0$,由 $x_2 - x_1 > 0$,可知 $f(x_2) < f(x_1)$,因此 $f(x)$ 在 $[a,b]$ 上单调减少.

若将这个判别法中的闭区间 $[a,b]$ 换成 (a,b) 或 $[a,b)$ 等,结论也是正确的.

例 3.4.1　讨论函数 $y = x^3$ 的单调性.

解　函数定义域为 $(-\infty, +\infty)$, $y' = 3x^2$,令 $y' = 0$,得 $x = 0$. 在 $(-\infty, 0), (0, +\infty)$ 上 y' 恒大于 0,所以 $y = x^3$ 在 $(-\infty, +\infty)$ 上单调增加,如图 3.11 所示,注意,在

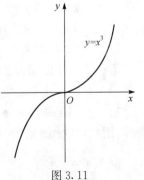

图 3.11

这里点$(0,0)$并不是单调区间的分界点,这说明在某区间上单调增加(减少)的函数,其导数不一定处处为正(为负).

例 3.4.2　讨论函数$y=\sqrt[3]{x^2}$的单调性.

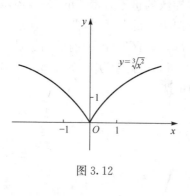

图 3.12

解　函数的定义域为$(-\infty,+\infty)$,$y'=\dfrac{2}{3}\dfrac{1}{\sqrt[3]{x}}$,在$x=0$处导数不存在.

$x\in(-\infty,0)$,$y'<0$,所以函数在$(-\infty,0)$上单调减少;

$x\in(0,+\infty)$,$y'>0$,所以函数在$(0,+\infty)$上单调增加.

这里点$(0,0)$是函数的连续点,也是单调区间的分界点,如图 3.12 所示.

例 3.4.3　设$f(x)=2x^3-9x^2+12x-3$,求$f(x)$的单调区间.

解　$f(x)$的定义域为$(-\infty,+\infty)$,
$$f'(x)=6x^2-18x+12=6(x-1)(x-2).$$

令$f'(x)=0$,得$x=1$,$x=2$,用这两个点划分定义域区间,列表讨论各子区间上$f'(x)$的符号,确定单调区间(表 3.1),可见在$(-\infty,1]\bigcup[2,+\infty)$上$f(x)$单调增加,在$[1,2]$上$f(x)$单调减少. 这里$x=1$,$x=2$所对应的曲线上的点为单调区间的分界点.

表 3.1　各子区间上$f'(x)$的符号及$f(x)$的单调区间

x	$(-\infty,1)$	1	$(1,2)$	2	$(2,+\infty)$
$f'(x)$	$+$	0	$-$	0	$+$
$f(x)$	↗		↘		↗

称使$f'(x)=0$的点x_0为函数$f(x)$的驻点. 例 3.4.3 中$x=1$,$x=2$都是函数的驻点. 从以上三个例子可以看出函数的驻点和不可导点常常是(又不全是,如例 3.4.1)单调区间的分界点.

综上,求函数单调区间的步骤如下

第一步　写出函数的定义域;

第二步　求$f'(x)$并令$f'(x)=0$,求出$f(x)$的所有驻点及不可导点;

第三步　用驻点和不可导点划分定义域区间,列表确定各子区间上$f'(x)$的符号,用判定定理求出单调区间.

例 3.4.4　求$f(x)=\dfrac{x^2-2x+2}{x-1}$的单调区间.

解　$f(x)$ 的定义域为 $(-\infty,1)\bigcup(1,+\infty)$,

$$f'(x)=\frac{(2x-2)(x-1)-(x^2-2x+2)\cdot 1}{(x-1)^2}=\frac{x(x-2)}{(x-1)^2}.$$

令 $f'(x)=0$ 得驻点 $x=0,x=2$. 在 $x=1$ 处 $f(x)$ 的导数不存在. 列表 3.2 如下.

表 3.2　$f(x)$ 的单调区间

x	$(-\infty,0)$	0	$(0,1)$	1	$(1,2)$	2	$(2,+\infty)$
$f'(x)$	+	0	−	不存在	−	0	+
$f(x)$	↗		↘		↘		↗

所以 $(-\infty,0]$ 和 $[2,+\infty)$ 是单增区间,$[0,1)$ 和 $(1,2]$ 是单减区间.

例 3.4.5　试证方程 $x^2=x\sin x+\cos x$ 恰有两个实根.

证　令 $f(x)=x^2-x\sin x-\cos x$,则 $f'(x)=2x-x\cos x=x(2-\cos x)$.

令 $f'(x)=0$,解得 $x=0$.

当 $x<0$ 时,$f'(x)<0$;

当 $x>0$ 时,$f'(x)>0$.

因此函数在 $(-\infty,0)$ 单减,在 $(0,+\infty)$ 单增.

又 $f(-\pi)=f(\pi)=\pi^2+1>0,f(0)=-1<0$,由零点定理存在 $\xi\in(-\pi,0)$ 和 $\eta\in(0,\pi)$,使 $f(\xi)=0,f(\eta)=0$. 又 $f(x)$ 在 $(-\infty,0)(0,+\infty)$ 上分段单调,故方程只有两个实根.

例 3.4.6　证明:当 $x\geqslant 0$ 时,$\ln(1+x)\geqslant\dfrac{\arctan x}{1+x}$.

证　问题可以转化为证明当 $x\geqslant 0$ 时,$(1+x)\ln(1+x)\geqslant\arctan x$,设

$$f(x)=(1+x)\ln(1+x)-\arctan x,$$

$$f'(x)=\ln(1+x)+1-\frac{1}{1+x^2}=\ln(1+x)+\frac{x^2}{1+x^2}.$$

当 $x>0$ 时,$f'(x)>0$,$f(x)$ 在 $[0,+\infty)$ 上单调增加. 又 $f(0)=0$,所以 $f(x)\geqslant f(0)=0$ 即

$$(1+x)\ln(1+x)\geqslant\arctan x,$$

故 $\ln(1+x)\geqslant\dfrac{\arctan x}{1+x}$.

例 3.4.7　证明:当 $0<x<\dfrac{\pi}{2}$ 时,$\sin x>\dfrac{2}{\pi}x$.

证　设函数 $f(x)=\dfrac{\sin x}{x}\left(0<x<\dfrac{\pi}{2}\right)$,

$$f'(x) = \frac{x\cos x - \sin x}{x^2} = \frac{\cos x(x - \tan x)}{x^2}.$$

当 $0 < x < \frac{\pi}{2}$ 时，$x < \tan x$，所以 $f'(x) < 0$. 由定理 3.8 可知，$f(x)$ 在 $\left(0, \frac{\pi}{2}\right)$ 上单减.

$$f(x) > f\left(\frac{\pi}{2}\right) = \frac{2}{\pi},$$

即 $\sin x > \frac{2}{\pi} x$.

3.4.2 函数的极值

为了深入研究函数的性态，下面介绍函数极值的概念.

定义 3.1　设函数 $f(x)$ 定义在区间 I 上，$x_0 \in I$，若存在 x_0 的某个邻域 $U(x_0, \delta) \subseteq I$，使对 $\forall x \in \mathring{U}(x_0, \delta)$ 都有

$$f(x) < f(x_0) \ (f(x) > f(x_0)),$$

则称 $f(x_0)$ 为函数 $f(x)$ 的一个**极大值（极小值）**，而 x_0 称为 $f(x)$ 的一个**极大（极小）值点**. 极大值与极小值统称为**极值**，极大值点与极小值点统称为**极值点**.

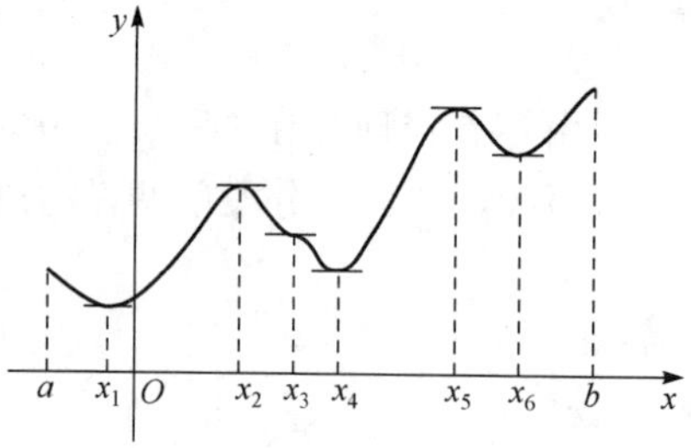

图 3.13

在图 3.13 中 x_1, x_4, x_6 是函数的极小值点，x_2, x_5 是函数的极大值点，x_3 不是 $f(x)$ 的极值点.

极值是局部概念，是函数在一个邻域内的最大或最小值，即局部最值，而不是整个区间内的最大或最小值，所以某个极小值有可能大于某个极大值. 如图 3.13 中 $f(x_6)$ 是极小值，$f(x_2)$ 是极大值，显然 $f(x_6) > f(x_2)$.

若函数在整个区间内的最大值（或最小值）在区间内部某一点取得，则该点必为函数的一个极大值（或极小值）点. 也就是说区间内的最值点必是极值点.

对给定的函数怎样求它的极值呢？从图 3.13 可以看出，若函数是可导的，则在极值点处曲线的切线是水平的. 因此由 3.1 节中的费马定理和定义 3.1，可得函数取得极值的必要条件.

定理 3.9（函数取得极值的必要条件）　设函数 $f(x)$ 在 x_0 点处可导，若 $f(x)$ 在 x_0 点取得极值，则必有 $f'(x_0) = 0$.

定理 3.9 的几何意义为：如果函数 $f(x)$ 在极值点 x_0 处可导，则曲线 $y = f(x)$ 在点 $(x_0, f(x_0))$ 有水平切线.

注 1　由定理 3.9 可知,可导函数的极值点必是驻点,但驻点不一定是极值拐点. 如 $y=x^3$,在 $x=0$ 处 $f'(0)=0$,所以 $x=0$ 是驻点,但 $x=0$ 不是极值点.

注 2　函数在它的导数不存在的点处也可能取得极值,如 $y=|x|$ 在 $x=0$ 处不可导,但函数在 $x=0$ 处取得极小值.

怎么判断函数在驻点或不可导点处究竟是否取得极值? 若取得极值是极大值还是极小值? 下面给出两个判断极值的充分条件.

定理 3.10（极值第一充分条件）　设函数 $f(x)$ 在点 x_0 连续,在 x_0 的某空心邻域 $\mathring{U}(x_0,\delta)$ 内可导

(1) 若 $\forall x \in (x_0-\delta,x_0)$,$f'(x)<0$;$\forall x \in (x_0,x_0+\delta)$,$f'(x)>0$,则 $f(x)$ 在 x_0 取得极小值 $f(x_0)$;

(2) 若 $\forall x \in (x_0-\delta,x_0)$,$f'(x)>0$;$\forall x \in (x_0,x_0+\delta)$,$f'(x)<0$,则 $f(x)$ 在 x_0 取得极大值 $f(x_0)$;

(3) 若 $\forall x \in \mathring{U}(x_0,\delta)$,$f'(x)$ 恒为正或恒为负,则 $f(x)$ 在 x_0 不取得极值.

证　(1) 当 $x \in (x_0-\delta,x_0)$ 时,$f'(x)<0$,则函数 $f(x)$ 在 $(x_0-\delta,x_0)$ 内单调减少,所以 $f(x)>f(x_0)$;当 $x \in (x_0,x_0+\delta)$ 时,$f'(x)>0$,则函数 $f(x)$ 在 $(x_0,x_0+\delta)$ 内单调增加,所以 $f(x)>f(x_0)$. 这就是说 $\forall x \in \mathring{U}(x_0,\delta)$ 均有 $f(x)>f(x_0)$,由极值的定义,$f(x)$ 在 x_0 取得极小值.

(2) 同理可证.

(3) 不妨设 $\forall x \in \mathring{U}(x_0,\delta)$,$f'(x)$ 恒为正,即 $f'(x)>0$,因此 $f(x)$ 在 $(x_0-\delta,x_0+\delta)$ 内单调增加,所以 $f(x)$ 在 x_0 不取得极值.

定理 3.10 的几何意义是很明显的,如图 3.14 所示.

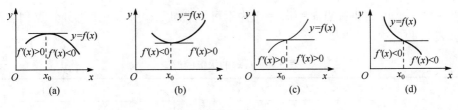

图 3.14

例 3.4.8　求函数 $y=(x-2)\sqrt[3]{x^2}$ 的极值.

解　先求函数的驻点和不可导点.

$$y' = \sqrt[3]{x^2} + \frac{2}{3} \cdot \frac{x-2}{\sqrt[3]{x}} = \frac{5x-4}{3\sqrt[3]{x}}.$$

令 $y'=0$ 得驻点 $x=\dfrac{4}{5}$,不可导点为 $x=0$,用 $x=\dfrac{4}{5}$,$x=0$ 分割函数的定义域区间,并讨论其左右两侧 $f'(x)$ 的符号以确定极值(表 3.3).

表 3.3　$f(x)$的极值的讨论

x	$(-\infty,0)$	0	$\left(0,\dfrac{4}{5}\right)$	$\dfrac{4}{5}$	$\left(\dfrac{4}{5},+\infty\right)$
$f'(x)$	$+$	不存在	$-$	0	
$f(x)$	↗	极大	↘	极小	↗

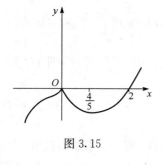

图 3.15

由表可知 $f(0)=0$ 为极大值,$f\left(\dfrac{4}{5}\right)=-\dfrac{6}{5}\sqrt[3]{\dfrac{16}{25}}$

为极小值,如图 3.15 所示.

例 3.4.9 求函数 $f(x)=3-|x^3-1|$ 的极值.

解　$f(x)=\begin{cases} 2+x^3, & -\infty<x\leqslant1, \\ 4-x^3, & 1<x<+\infty. \end{cases}$

$$f'_-(1)=\lim_{x\to1^-}\frac{f(x)-f(1)}{x-1}=\lim_{x\to1^-}\frac{2+x^3-3}{x-1}$$

$$=\lim_{x\to1^-}\frac{x^3-1}{x-1}=\lim_{x\to1^-}(x^2+x+1)=3,$$

$$f'_+(1)=\lim_{x\to1^+}\frac{f(x)-f(1)}{x-1}=\lim_{x\to1^+}\frac{4-x^3-3}{x-1}=\lim_{x\to1^+}\frac{1-x^3}{x-1}$$

$$=\lim_{x\to1^+}-(x^2+x+1)=-3.$$

所以 $f'(x)=\begin{cases} 3x^2, & -\infty<x<1, \\ 不存在, & x=1, \\ -3x^2, & 1<x<+\infty. \end{cases}$

令 $f'(x)=0$,得驻点 $x=0$. $x=1$ 为不可导点,以 $x=0,x=1$ 为分界点列表讨论(表 3.4).

表 3.4　$f(x)$的极值的讨论

x	$(-\infty,0)$	0	$(0,1)$	1	$(1,+\infty)$
$f'(x)$	$+$	0	$+$	不存在	$-$
$f(x)$	↗	无极值	↗	极大	↘

故函数在 $x=1$ 取得极大值 $f(1)=3$,如图 3.16 所示.

由于某些函数在驻点左右两侧导数的符号不易确定,而在驻点处 $f''(x)$ 存在,则可用极值的第二充分条件判定该点是否为极值点.

定理 3.11(极值的第二充分条件)　设 $f(x)$ 在 x_0 处存在二阶导数,且 $f'(x_0)=0$,

(1) 若 $f''(x_0)<0$,则 $f(x)$ 在 x_0 处取得极大值;

(2) 若 $f''(x_0)>0$,则 $f(x)$ 在 x_0 处取得极小值;

（3）若 $f''(x_0)=0$,则 $f(x)$ 在 x_0 处是否取得极值不能判定.

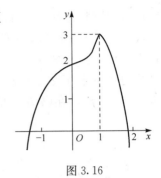

图 3.16

证　（1）因为 $f'(x_0)=0$,

$$f''(x_0)=\lim_{x\to x_0}\frac{f'(x)-f'(x_0)}{x-x_0}=\lim_{x\to x_0}\frac{f'(x)}{x-x_0}<0,$$

所以由保号性,存在着 x_0 的某空心邻域 $\mathring{U}(x_0,\delta)$,

$\forall x\in\mathring{U}(x_0,\delta)$ 有 $\dfrac{f'(x)}{x-x_0}<0$.

当 $x<x_0$ 时,由 $x-x_0<0$,可知 $f'(x)>0$;

当 $x>x_0$ 时,由 $x-x_0>0$,可知 $f'(x)<0$.

由定理 3.10, $f(x)$ 在 x_0 取得极大值.

（2）同理可证.

对于（3）我们将举例说明. 如 $f(x)=x^3,f'(x)=3x^2,f''(x)=6x$,在 $x=0$ 点处, $f'(0)=0,f''(0)=0$,但是 $f(x)=x^3$ 在 $(-\infty,+\infty)$ 单调增加,在 $x=0$ 不取得极值. 而 $f(x)=x^4,f'(x)=4x^3,f''(x)=12x^2$,在 $x=0$ 处, $f'(0)=0,f''(0)=0$,由函数极值的第一充分条件 $x<0$ 时, $f'(x)<0;x>0$ 时, $f'(x)>0$,所以 $f(x)=x^4$ 在 $x=0$ 取得极小值. 故当 $f''(x_0)=0$ 时, $f(x)$ 在 x_0 是否取得极值要作具体判别.

例 3.4.10　求函数 $f(x)=(x^2-1)^3+1$ 的极值.

解　$f'(x)=6x(x^2-1)^2$,令 $f'(x)=0$,得驻点 $x=0,x=\pm1,f''(x)=6(x^2-1)(5x^2-1)$.

因 $f''(0)=6>0$,所以由定理 3.11, $f(x)$ 在 $x=0$ 取得极小值 $f(0)=0$. 因 $f''(-1)=f''(1)=0$,所以不能用第二充分条件来判断. 但是可用第一充分条件作出判断.

由于在 $x=-1$ 的左右两侧, $f'(x)$ 恒小于 0,在 $x=1$ 的左右两侧 $f'(x)$ 恒大于 0,所以 $f(x)$ 在 $x=\pm1$ 处均不取得极值.

3.4.3　函数的最大值与最小值

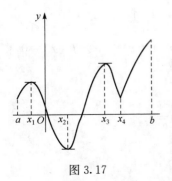

图 3.17

若函数 $f(x)$ 在闭区间 $[a,b]$ 上连续,则它在该区间上必取得它的最大值和最小值. 函数的最值与极值是有区别的. 极值是对一个点的邻域来讲的,它有局部意义,而最值是对整个定义域而言的,是全局性的. 最值有可能在区间内部取得,也有可能在区间端点取得,如果最大值（最小值）在区间内的某一点取得,那么这个最大值（最小值）必是函数的一个极大值（极小值）. 如图 3.17 所示,函数 $f(x)$ 的最小值

为 $f(x_2)$，最大值为 $f(b)$．图中，x_1,x_2,x_3 为 $f(x)$ 的驻点，x_4 为不可导点．显然函数 $f(x)$ 的最大最小值只可能在驻拐点．不可导点和端点处取得．因此若函数 $f(x)$ 在闭区间 $[a,b]$ 上连续，在开区间 (a,b) 内除有限个点外可导，且最多有有限个驻点，则可用下述方法求 $f(x)$ 在 $[a,b]$ 上的最大最小值．

（1）求 $f(x)$ 在 (a,b) 内的所有驻点和不可导点 $x_i(i=1,2,\cdots,n)$，则
$$f_{\max}=\max_{1\leqslant i\leqslant n}\{f(x_i),f(a),f(b)\},$$
$$f_{\min}=\min_{1\leqslant i\leqslant n}\{f(x_i),f(a),f(b)\};$$

（2）若在 (a,b) 内 $f'(x)>0$，则 $f_{\max}=f(b)$，$f_{\min}=f(a)$；若在 (a,b) 内 $f'(x)<0$，则 $f_{\max}=f(a)$，$f_{\min}=f(b)$；

（3）若 $f(x)\in C[a,b]\bigcap D(a,b)$，$f(x)$ 在 (a,b) 内有唯一驻点 x_0，当 $f(x_0)$ 是极大（极小）值时，则 $f(x_0)$ 就是 $f(x)$ 在 $[a,b]$ 上的最大（小）值；

（4）在实际问题中，若目标函数 $f(x)\in C[a,b]\bigcap D(a,b)$，且有唯一驻点 x_0，如果能根据问题的实际意义判定 $f(x)$ 在 (a,b) 内必有最大（小）值，那么 x_0 就是 $f(x)$ 的最大（小）值点．

例 3.4.11 求函数 $f(x)=x^{\frac{2}{3}}-(x^2-1)^{\frac{1}{3}}$ 在 $[-2,2]$ 上的最大、最小值．

解 $f'(x)=\dfrac{2}{3}\cdot\dfrac{1}{\sqrt[3]{x}}-\dfrac{1}{3}\cdot\dfrac{2x}{\sqrt[3]{(x^2-1)^2}}=\dfrac{2(x^2-1)^{\frac{2}{3}}-2x^{\frac{4}{3}}}{3\sqrt[3]{x}\cdot\sqrt[3]{(x^2-1)^2}}$，令 $f'(x)=0$，

解得驻点 $x=\pm\dfrac{1}{\sqrt{2}}$，在 $x=0,x=\pm1$ 处，函数不可导，$x=\pm2$ 为区间端点，

注意到 $f(x)$ 为偶函数，通过计算可得
$$f\left(\pm\dfrac{1}{\sqrt{2}}\right)=\sqrt[3]{4},f(0)=1,f(\pm1)=1,f(\pm2)=\sqrt[3]{4}-\sqrt[3]{3}.$$

比较上述各点的函数值得
$$f_{\max}(x)=f\left(\pm\dfrac{1}{\sqrt{2}}\right)=\sqrt[3]{4},\quad f_{\min}(x)=f(\pm2)=\sqrt[3]{4}-\sqrt[3]{3}.$$

例 3.4.12 当 $p>1,x\in[0,1]$ 时，求证：$\dfrac{1}{2^{p-1}}\leqslant x^p+(1-x)^p\leqslant1$．

证 设 $f(x)=x^p+(1-x)^p$，$f'(x)=px^{p-1}-p(1-x)^{p-1}$，令 $f'(x)=0$，得驻点 $x=\dfrac{1}{2}$，由 $p>1$ 可知没有不可导点，
$$f\left(\dfrac{1}{2}\right)=\dfrac{1}{2^{p-1}},\quad f(0)=f(1)=1,$$

所以 $f_{\min}=\dfrac{1}{2^{p-1}},f_{\max}=1$ 即 $\dfrac{1}{2^{p-1}}\leqslant x^p+(1-x)^p\leqslant1$．

例 3.4.13　求内接于半径为 R 的球的最大圆柱体的高.

解　如图 3.18 所示,设圆柱体的底圆半径为 r,高为 h,则圆柱体的体积 $V = \pi r^2 h$,由 $r = \sqrt{R^2 - \dfrac{h^2}{4}}$ 得目标函数 $V(h) = \pi\left(R^2 - \dfrac{h^2}{4}\right)h = \pi R^2 h - \dfrac{\pi}{4}h^3$,其中 $0 \leqslant h \leqslant 2R$.

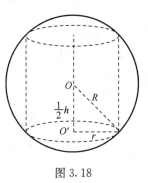

图 3.18

令 $V'(h) = \pi R^2 - \dfrac{3}{4}\pi h^2 = 0$ 解得唯一驻点 $h = \dfrac{2}{\sqrt{3}}R$,

又 $V''(h) = -\dfrac{3}{2}\pi h$,$V''\left(\dfrac{2}{\sqrt{3}}R\right) < 0$.

由极值的第二充分条件知 $h = \dfrac{2}{\sqrt{3}}R$ 为极大值点,又此实际问题必有最大值,所以 $h = \dfrac{2}{\sqrt{3}}R$ 也为最大值点. 故内接于半径为 R 的球的最大圆柱体的高为 $\dfrac{2}{\sqrt{3}}R$,此时 $V_{\max} = \dfrac{4}{9}\sqrt{3}\pi R^3$.

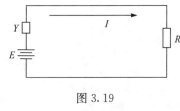

图 3.19

例 3.4.14　如图 3.19 为一串联电路,其中 E 为直流电源,内阻为 r,若要使电路中的负载电阻 R 获得最大功率,R 应取为多大?

解　已知功率 P 与电流 I 和负载电阻的关系为 $P = I^2 R$,在此电路中电流强度 $I = \dfrac{E}{R+r}$,故

$$P(R) = \left(\dfrac{E}{R+r}\right)^2 \cdot R, \quad R > 0,$$

$$P'(R) = \dfrac{E^2(R+r)^2 - E^2 R \cdot 2(R+r)}{(R+r)^4} = \dfrac{E^2(r-R)}{(R+r)^3}.$$

令 $P'(R) = 0$,得唯一驻点 $R = r$.

当 $R < r$ 时,$P'(R) > 0$;

当 $R > r$ 时,$P'(R) < 0$.

故 $R = r$ 为极大值点.

由问题的实际意义可知,当取负载电阻 $R = r$ 时,其所获得的功率最大,

$$P_{\max} = \dfrac{E^2}{4r}.$$

例 3.4.15（人是怎样咳嗽的）　人们在咳嗽时会收缩气管,目的在于压缩空气

以增加气流的速度. 这就产生了一个问题,为了使咳嗽时气流的速度最大,气管应当收缩多少呢? 事实上是否如此呢?

解　假设气管在咳嗽状态下的半径为 r,由于气管是弹性物质,气流在通过气管壁时会受到因摩擦而引起的阻力,根据实验的结果,平均气流速度(单位:cm/s)满足的方程为

$$v = c_0(r_0 - r)r^2 = c_0 r_0 r^2 - c_0 r^3,$$

其中 r_0 为气管壁在松弛状态下的半径(单位:cm),c_0 是一个和气管长度有关的正常数,要气流速度最大,应满足

$$\frac{\mathrm{d}v}{\mathrm{d}r} = 2c_0 r_0 r - 3c_0 r^2 = 0,$$

由此解得驻点 $r = \dfrac{2r_0}{3}$,又 $\dfrac{\mathrm{d}^2 v}{\mathrm{d}r^2} = 2c_0 r_0 - 6c_0 r$,$\dfrac{\mathrm{d}^2 v}{\mathrm{d}r^2}\Big|_{r=\frac{2r_0}{3}} = -2c_0 r_0 < 0.$

所以 $r = \dfrac{2r_0}{3}$ 为极大值点,由问题的实际意义该点也为最大值点. 即为了使气流速度最大,咳嗽时气管半径应收缩大约 $\dfrac{1}{3}$,经 X 射线检查证实,人们在咳嗽时气管半径大约要收缩 $\dfrac{1}{3}$.

习 题 3.4

1. 确定下列函数的单调区间.

(1) $y = x - \ln(1+x)$;

(2) $y = \mathrm{e}^x - x - 1$;

(3) $y = \arctan x - x$;

(4) $y = \dfrac{4(x+1)}{x^2} - 2$.

2. 证明下列不等式.

(1) 当 $x > 0$ 时,$1 + \dfrac{1}{2}x > \sqrt{1+x}$;

(2) 当 $0 < x < \dfrac{\pi}{2}$ 时,$\tan x > x + \dfrac{1}{3}x^3$;

(3) 当 $0 < x < \dfrac{\pi}{2}$ 时,$\sin x + \tan x > 2x$;

(4) 当 $x > 0$ 时,$1 + x\ln(x + \sqrt{1+x^2}) > \sqrt{1+x^2}$.

3. 证明:方程 $x + p\cos x = q$ 有且仅有一个实根,其中 p, q 为实数,$0 < p < 1$.

4. 设 $f(x)$ 在 $(-\infty, +\infty)$ 可导,且 $f(x) + f'(x) > 0$,试证:若方程 $f(x) = 0$ 有根,则根必唯一.

5. 设 $f(x)$ 在 $x=0$ 的邻域可导,且 $\lim\limits_{x\to 0}\dfrac{f'(x)}{x}=1$,试问,$x=0$ 是否为 $f(x)$ 的极值点,为什么?

6. 求下列函数的极值,并判断是极大值还是极小值:

(1) $f(x)=(x-5)\sqrt[3]{x^2}$;　　　　　　(2) $f(x)=x-\ln(1+x^2)$;

(3) $f(x)=|x(x^2-1)|$;　　　　　　(4) $f(x)=\left(1+x+\dfrac{x^2}{2!}+\cdots+\dfrac{x^n}{n!}\right)\mathrm{e}^{-x}$.

7. a 为何值时,$f(x)=a\sin x+\dfrac{1}{3}\sin 3x$ 在 $x=\dfrac{\pi}{3}$ 处取得极值? 它是极大值还是极小值? 并求出此极值.

8. 已知函数 $y=f(x)$ 对一切 x 满足方程 $xf''(x)+3x\left[f'(x)\right]^2=1-\mathrm{e}^{-x}$,若 $f(x)$ 在某一点 $x_0\ne 0$ 处有极值,问它是极大值还是极小值,并证明之.

9. 试根据 $f'(x),f''(x)$ 的性质,证明:$f(x)=x\ln x-x-\dfrac{x^2}{6}$ $(x>0)$ 仅有一个极大值与一个极小值.

10. 求证:当 $x\in\left[-5,5\right]$ 时,$1\leqslant \mathrm{e}^{|x-3|}\leqslant \mathrm{e}^8$.

11. 就 k 的不同取值情况确定方程 $x-\dfrac{\pi}{2}\sin x=k$ 在 $\left(0,\dfrac{\pi}{2}\right)$ 内根的个数,并证明你的结论.

12. 求下列函数的最大值和最小值.

(1) $y=x^4-4x^3+8$, $x\in\left[-1,1\right]$;　　　　(2) $y=x\mathrm{e}^{-x^2}$, $x\in\left[-1,1\right]$.

13. 求数列 $\{x_n\}=\{\sqrt[n]{n}\}$ 的最大值项.

14. 在半径为 R 的球体中作内接圆锥体,求最大内接圆锥体的高 h.

15. 铁路线上 AB 段的距离为 $100\mathrm{km}$,工厂 C 距 A 处为 $20\mathrm{km}$,AC 垂直于 AB(图 3.20). 为运输需要,要在 AB 线上选定一点 D 向工厂修筑一条公路,已知铁路每千米运费与公路每千米运费之比为 $3:5$,为了使货物从供应端 B 运到工厂 C 的运费最省,问 D 点应该选在何处?

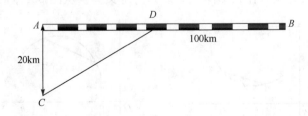

图 3.20

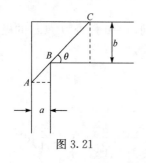

图 3.21

16. 宽为 a 的走廊与另一走廊垂直相连（图 3.21），如果要长为 $8a$ 的细杆能水平地绕过拐角,问另一走廊的宽度至少是多少?

17. 公园中有一高度为 am 的塑像,其底座为 bm,为了观赏时视角最大(即看得最清楚),应该站在离底座多远的地方?

3.5　函数的凸性与曲线的拐点

函数的单调性反应在图形上,就是曲线的上升或下降. 但是曲线在上升或下降的过程中,还有一个弯曲方向的问题. 如图 3.22 中的曲线弧,图(a)中的两条曲线弧所表示的函数都是单调增加的,而图(b)中的两条曲线所表示的函数都是单调减少的. 但从形状上看,图中位于下方的两条曲线是下凸的,而位于上方的两条曲线是上凸的.

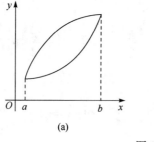
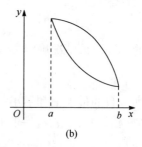

(a)　　　　　　　　　　　(b)

图 3.22

3.5.1　函数的凸性

在研究函数的图形及其性态时,考察它的凸向及凸向改变的分界点很有必要. 函数的下凸或上凸的性质统称为函数的**凸性**. 通常又称下凸函数为**凸函数**.

下凸与上凸究竟有什么不同? 应该如何定义呢? 从图 3.23(a)和(b)可以看

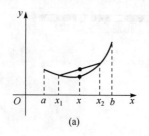
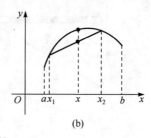

(a)　　　　　　　　　　　(b)

图 3.23

出当曲线弧下凸时,连接曲线上任意两点的弦总在曲线的上方,而当曲线弧上凸时,连接曲线上任意两点的弦总在曲线的下方. 由此几何直观,我们可以给出函数下凸与上凸的一个简单定义.

定义 3.2　设 $f(x) \in C[a,b]$,对 $\forall x_1, x_2 \in (a,b)$ $(x_1 \neq x_2)$,若有

(1) $f\left(\dfrac{x_1+x_2}{2}\right) < \dfrac{f(x_1)+f(x_2)}{2}$,则称 $f(x)$ 在 (a,b) 内为**下凸**;

(2) $f\left(\dfrac{x_1+x_2}{2}\right) > \dfrac{f(x_1)+f(x_2)}{2}$,则称 $f(x)$ 在 (a,b) 内为**上凸**.

定义 3.2 是对于任意的两点 x_1, x_2,比较曲线弧在中点的函数值 $f\left(\dfrac{x_1+x_2}{2}\right)$ 与曲线弧上相应的纵坐标 $f(x_1)$ 和 $f(x_2)$ 的算术平均值的大小来确定函数的凸性,如图 3.24 所示.

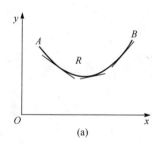 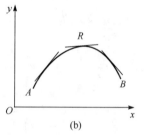

图 3.24

从几何上看,当曲线弧下凸时,其切线始终在曲线弧下方,而且切线的斜率沿 x 轴正方向单调增加,从而有 $f''(x) > 0$;当曲线弧上凸时,其切线始终在曲线弧的上方,而切线的斜率沿 x 轴正方向单调减少,从而有 $f''(x) < 0$;由此可得到函数凸性的判别法.

定理 3.12(凸性的判别)　若函数 $f(x) \in C[a,b]$,$f(x)$ 在 (a,b) 内二阶可导,当 $f''(x) > 0$ (<0) 时,则 $f(x)$ 在 (a,b) 内为下(上)凸.

证　如图 3.25 任取 $x_1, x_2 \in (a,b)$,设 $x_1 < x_2$,记 $x_0 = \dfrac{x_1+x_2}{2}$,则 $x_1 + x_2 - 2x_0 = 0$,由 $f(x)$ 二阶可导,可知 $f(x)$ 在 x_0 点处可展开为一阶泰勒公式.

图 3.25

$$f(x) = f(x_0) + f'(x_0)(x-x_0) + \frac{f''(\xi)}{2!}(x-x_0)^2, \quad \xi \text{ 在 } x_0 \text{ 与 } x \text{ 之间.}$$

分别令 $x = x_1, x = x_2$,则有

$$f(x_1) = f(x_0) + f'(x_0)(x_1 - x_0) + \frac{f''(\xi_1)}{2!}(x_1 - x_0)^2, \quad x_1 < \xi_1 < x_0;$$

$$f(x_2) = f(x_0) + f'(x_0)(x_2 - x_0) + \frac{f''(\xi_2)}{2!}(x_2 - x_0)^2, \quad x_0 < \xi_2 < x_2.$$

将上述两式左右两端分别相加得

$$f(x_1) + f(x_2) = 2f(x_0) + \frac{f''(\xi_1)}{2!}(x_1 - x_0)^2 + \frac{f''(\xi_2)}{2!}(x_2 - x_0)^2.$$

当 $\forall x \in (a,b)$, $f''(x) > 0$ 时, $f''(\xi_1)$, $f''(\xi_2)$ 均大于 0, 从而 $f(x_1) + f(x_2) > 2f(x_0)$, 即 $f\left(\dfrac{x_1 + x_2}{2}\right) < \dfrac{f(x_1) + f(x_2)}{2}$, 函数 $f(x)$ 在 (a,b) 上下凸.

类似可证, 若 $f''(x) < 0$, 则 $f(x)$ 在 (a,b) 内为上凸.

例 3.5.1　判定 $f(x) = x\arctan\dfrac{1}{x}$ 的凸性.

解　$f(x)$ 的定义域为 $(-\infty, 0) \bigcup (0, +\infty)$,

$$f'(x) = \arctan\frac{1}{x} + x \cdot \frac{\left(-\dfrac{1}{x^2}\right)}{1 + \dfrac{1}{x^2}} = \arctan\frac{1}{x} - \frac{x}{1 + x^2},$$

$$f''(x) = \frac{\left(-\dfrac{1}{x^2}\right)}{1 + \left(\dfrac{1}{x}\right)^2} - \frac{(1 + x^2) - x \cdot 2x}{(1 + x^2)^2} = -\frac{2}{(1 + x^2)^2} < 0.$$

因此 $f(x)$ 在 $(-\infty, 0)$ 与 $(0, +\infty)$ 上处处为上凸.

例 3.5.2　判定 $f(x) = x^3$ 的凸性.

解　$f(x)$ 的定义域为 $(-\infty, +\infty)$ $f'(x) = 3x^2$, $f''(x) = 6x$.

当 $x \in (-\infty, 0)$ 时, $f''(x) < 0$, $f(x)$ 上凸;

当 $x \in (0, +\infty)$ 时, $f''(x) > 0$, $f(x)$ 下凸.

由此可见 $f(x) = x^3$ 在点 $(0,0)$ 的左右两侧凸性相反, 一般称这样的点为曲线的拐点.

3.5.2　曲线的拐点

定义 3.3　设 $f(x)$ 在 x_0 及其邻域连续, 若 $f(x)$ 在 x_0 的左右两侧凸性相反, 则称点 $(x_0, f(x_0))$ 为曲线 $y = f(x)$ 的**拐点**(图 3.26).

由定义 3.3 可知, 拐点在连续曲线弧上, 拐点的坐标是用一对有序数组 $(x_0, f(x_0))$ 来描述的, 这一点不同于极值点.

定理 3.13(拐点的必要条件)　设 $f(x)$ 在 (a,b) 内二阶可导, $x_0 \in (a,b)$, 若

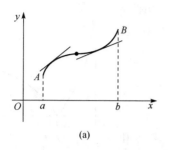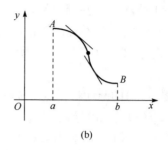

图 3.26

$(x_0, f(x_0))$ 是曲线 $y=f(x)$ 的一个拐点，则必有 $f''(x_0)=0$.

证　略（定理证明与费马定理证明类似）.

值得注意的是，$f''(x_0)=0$ 只是 $(x_0, f(x_0))$ 为 $f(x)$ 的拐点的必要条件，而不是充分条件. 例如，$f(x)=x^4$，$f'(x)=4x^3$，$f''(x)=12x^2$，$f''(0)=0$，但在 $x=0$ 的左右两侧均有 $f''(x)>0$，即 $f(x)$ 在点 $x=0$ 的邻域凸性不变，可见 $(0,0)$ 不是拐点.

定理 3.14（拐点的充分条件）　设 $f(x)$ 在 (a,b) 内二阶可导，$x_0 \in (a,b)$，$f''(x_0)=0$ 若 $f''(x)$ 在点 $(x_0-\delta, x_0)$ 和 $(x_0, x_0+\delta)$ 的两侧异号，则点 $(x_0, f(x_0))$ 为曲线 $y=f(x)$ 的拐点，否则 $(x_0, f(x_0))$ 不是 $y=f(x)$ 的拐点.

证　略.

需要指出的是，在函数的一阶导数或二阶导数不存在但函数连续的点，也可能取得拐点.

例 3.5.3　求函数 $f(x)=|\ln x|$ 的凸性与拐点.

解　$f(x)=\begin{cases} -\ln x, & 0<x<1, \\ 0, & x=1, \\ \ln x, & 1<x<+\infty; \end{cases}$

$f'(x)=\begin{cases} -\dfrac{1}{x}, & 0<x<1, \\ \text{不存在}, & x=1, \\ \dfrac{1}{x}, & 1<x<+\infty; \end{cases}$

$f''(x)=\begin{cases} \dfrac{1}{x^2}, & 0<x<1 \\ \text{不存在}, & x=1 \\ -\dfrac{1}{x^2}, & 1<x<+\infty, \end{cases}$

在 $x=1$ 处,函数的一阶导数、二阶导数均不存在,但 $f(x)$ 在 $x=1$ 连续,显然在 $x=1$ 的左侧函数是下凸的,而右侧函数是上凸的,所以 $(1,0)$ 是拐点(图 3.27).

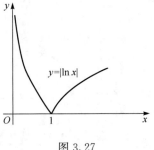

图 3.27

求函数 $f(x)$ 的凸性与拐点的步骤.

(1) 求 $f(x)$ 的二阶导数 $f''(x)$;

(2) 在 $f(x)$ 的定义区间内求出 $f''(x)$ 的零点和一阶导数或二阶导数不存在但 $f(x)$ 连续的点;

(3) 用以上两种点划分 $f(x)$ 的定义域,判断 $f''(x)$ 在这些点的左右邻域的符号,确定函数的凸性和拐点.

例 3.5.4 求 $f(x)=x-\sin x$ 的凸性与拐点.

解 $f'(x)=1-\cos x$, $f''(x)=\sin x$, 令 $f''(x)=0$, $x=n\pi (n=0,\pm 1,\pm 2,\cdots)$,

当 $x\in((2n-1)\pi,2n\pi)$ 时, $y''<0$, y 上凸;

当 $x\in(2n\pi,(2n+1)\pi)$ 时, $y''>0$, y 下凸;

当 $x\in((2n+1)\pi,(2n+2)\pi)$ 时, $y''<0$, y 上凸.

可见 $f(x)$ 在 $x=n\pi$ 的左右两侧异号, $(n\pi,n\pi)$ 为拐点.

例 3.5.5 求 $f(x)=1-x^{\frac{1}{3}}$ 的凸性与拐点.

解 $f(x)$ 的定义域为 $(-\infty,+\infty)$.

$$f'(x)=-\frac{1}{3}x^{-\frac{2}{3}}, x=0 \text{ 为 } f(x) \text{ 的不可导点}.$$

$$f''(x)=\left(-\frac{1}{3}\right)\left(-\frac{2}{3}\right)x^{-\frac{5}{3}}=\frac{2}{9}\cdot\frac{1}{\sqrt[3]{x^5}}, \text{ 用 } x=0.$$

划分定义域区间,列出表 3.5.

表 3.5　$f(x)$ 的凸性与拐点的讨论

x	$(-\infty,0)$	0	$(0,+\infty)$
$f''(x)$	$-$	不存在	$+$
$f(x)$	↗上凸	拐点$(0,1)$	↘下凸

由表可知, $f(x)$ 在不可导点 $x=0$ 的两侧 $f''(x)$ 异号,所以在 $(-\infty,0)$ 上 $f(x)$ 上凸,在 $(0,+\infty)$ 上 $f(x)$ 下凸, $(0,1)$ 为拐点(图 3.28).

例 3.5.6 一质点沿一直线运动,如果它相对于某个固定点的右侧距离为 S, 其中 S 在 $t=\frac{2}{3}$ 与 $t=2$ 分别取得极大值与极小值, $t=\frac{4}{3}$ 是曲线拐点的横坐标, $S=S(t)$ 的曲线如图 3.29 所示,试问

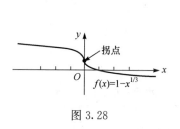

图 3.28

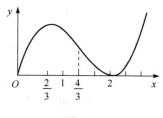

图 3.29

（1）质点在什么时间向左运动,什么时间向右运动?

（2）质点在什么时间加速度为正,什么时间加速度为负,质点何时开始加速运动?

解　设质点的运动方程为 $S=S(t)$,由图像可知

（1）当 $0<t<\dfrac{2}{3}$ 和 $t>2$ 时,$S(t)$ 单调增加,$S'(t)>0$,其速度大于 0,所以质点向右运动;当 $\dfrac{2}{3}<t<2$ 时,$S(t)$ 单调减少,$S'(t)<0$,其速度小于 0,所以质点向左运动.

（2）当 $0<t<\dfrac{4}{3}$ 时,$S(t)$ 上凸,其加速度 $S''(t)<0$,速度 $S'(t)$ 单调减少,当 $t>\dfrac{4}{3}$ 时,$S(t)$ 下凸,加速度 $S''(t)>0$,其速度 $S'(t)$ 单调增加,故 $t=\dfrac{4}{3}$ 时,质点开始作加速运动.

例 3.5.7　设 $f(x)$ 在点 x_0 处三阶可导,$f''(x_0)=0$,$f'''(x_0)\neq0$,求证:$(x_0,f(x_0))$ 为 $f(x)$ 的拐点.

证　由 $f'''(x_0)\neq0$,无妨设 $f'''(x_0)>0$,则由导数定义

$$f'''(x_0)=\lim_{x\to x_0}\frac{f''(x)-f''(x_0)}{x-x_0}>0,$$

其中 $f''(x_0)=0$.由保号性,$\exists x_0$ 的某空心邻域 $(x_0-\delta,x_0)\bigcup(x_0,x_0+\delta)$ 使 $\dfrac{f''(x)}{x-x_0}>0$,于是

当 $x\in(x_0-\delta,x_0)$ 时,因 $x-x_0<0$,所以有 $f''(x)<0$;

当 $x\in(x_0,x_0+\delta)$ 时,因 $x-x_0>0$,所以有 $f''(x)>0$.

由拐点的定义可知 $(x_0,f(x_0))$ 是 $f(x)$ 的拐点.

习 题 3.5

1. 判定下列曲线的凸性,并求拐点.

（1）$f(x)=x\arctan x$;

(2) $f(x)=x^2+\ln x$;

(3) $f(x)=x+\dfrac{1}{x}$ $(x>0)$;

(4) $f(x)=(x-1)\sqrt[3]{x^2}$.

2. 当 a,b 为何值时，点 $(1,3)$ 为曲线 $y=ax^3+bx^2$ 的拐点？

3. 求曲线 $y=3x^4-4x^3+1$ 的凸性与拐点？

4. 证明：曲线 $y=x\sin x$ 的拐点必在曲线 $y^2(4+x^2)=4x^2$ 之上.

5. 求曲线 $\begin{cases} x=t^2, \\ y=3t+t^3 \end{cases}$ 的拐点.

6. 利用函数凸性的定义，证明下列不等式.

(1) $\mathrm{e}^{\frac{x+y}{2}}<\dfrac{\mathrm{e}^x+\mathrm{e}^y}{2}$ $(x\neq y)$;

(2) $x\ln x+y\ln y\geqslant(x+y)\ln\dfrac{x+y}{2}$ $(x>0,y>0)$.

7. 试确定 $y=k\,(x^2-3)^2$ 中的 k 值，使曲线在拐点处的法线通过原点.

3.6　函数图形的描绘

前两节利用函数的一阶导数与二阶导数，讨论了函数的单调性与极值、最大最小值，以及函数的凸性与拐点，为了更准确地反映函数的变化趋势，作出函数的图形，还有必要研究曲线的渐近线.

3.6.1　曲线的渐近线

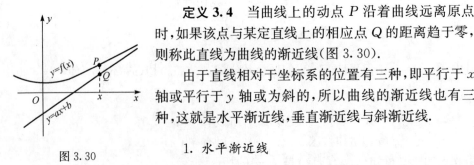

图 3.30

定义 3.4　当曲线上的动点 P 沿着曲线远离原点时，如果该点与某定直线上的相应点 Q 的距离趋于零，则称此直线为曲线的渐近线(图 3.30).

由于直线相对于坐标系的位置有三种，即平行于 x 轴或平行于 y 轴或为斜的，所以曲线的渐近线也有三种，这就是水平渐近线，垂直渐近线与斜渐近线.

1. 水平渐近线

如果 $y=f(x)$ 的定义域为无穷区间，且 $\lim\limits_{x\to\infty}f(x)=b$

(这里也可以是 $\lim\limits_{x\to-\infty}f(x)=b$, $\lim\limits_{x\to+\infty}f(x)=b$)，则称 $y=b$ 为曲线 $y=f(x)$ 的一条**水平渐近线**.

如图 3.31 所示，$\lim\limits_{x \to +\infty} e^{-x}=0$，$y=0$ 为 $f(x)=e^{-x}$ 的一条水平渐近线．$\lim\limits_{x \to \infty}\dfrac{1}{x-1}=0$，

$y=0$ 为 $f(x)=\dfrac{1}{x-1}$ 的水平渐近线．$\lim\limits_{x \to +\infty}\arctan x=\dfrac{\pi}{2}$，$\lim\limits_{x \to -\infty}\arctan x=-\dfrac{\pi}{2}$，$y=\pm\dfrac{\pi}{2}$

为 $f(x)=\arctan x$ 的两条水平渐近线．

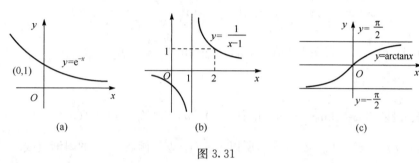

图 3.31

例 3.6.1　求 $y=\dfrac{c}{1+be^{-ax}}(a,b,c$ 均为大于 0

的常数)的渐近线．

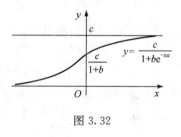

图 3.32

解　因为 $\lim\limits_{x \to +\infty}\dfrac{c}{1+be^{-ax}}=c$，$\lim\limits_{x \to -\infty}\dfrac{c}{1+be^{-ax}}=0$.
所以 $y=c$，$y=0$ 为函数的两条水平渐近线，本例
中的曲线称为逻辑斯蒂(Logistic)曲线，如图 3.32
所示，是实际应用中的一条重要曲线．

2. 垂直渐近线

如果 $\lim\limits_{x \to x_0}f(x)=\infty$（这里可以是 $\lim\limits_{x \to x_0^-}f(x)=\infty$，$\lim\limits_{x \to x_0^+}f(x)=\infty$)，则称 $x=x_0$
为曲线 $y=f(x)$ 的一条**垂直渐近线**．求 $y=f(x)$ 的垂直渐近线，相当于求函数
$y=f(x)$ 的无穷型间断点．

例如，$\lim\limits_{x \to 1}\dfrac{1}{x-1}=\infty$，$x=1$ 是 $f(x)=\dfrac{1}{x-1}$ 的无穷型间断点，所以 $x=1$ 为函数

$f(x)=\dfrac{1}{x-1}$ 的一条垂直渐近线，如图 3.31(b) 所示．

3. 斜渐近线

如果对于曲线 $y=f(x)$，存在着常数 $a,b(a \neq 0)$，使 $\lim\limits_{x \to \infty}[f(x)-(ax+b)]=0$，
则称直线 $y=ax+b$ 为曲线 $y=f(x)$ 的一条斜渐近线(图 3.30)．这里 $x \to -\infty$，
$x \to +\infty$ 均成立．

函数 $y=f(x)$ 有斜渐近线 $y=ax+b$ 的充要条件是 $a=\lim\limits_{x\to\infty}\dfrac{f(x)}{x}$，$b=\lim\limits_{x\to\infty}[f(x)-ax]$ 均存在，其中 $a\neq0$.

必要性. 设 $y=f(x)$ 有斜渐近线 $y=ax+b$，则 $\lim\limits_{x\to\infty}[f(x)-(ax+b)]=0$，于是

$$\lim_{x\to\infty}\frac{1}{x}[f(x)-(ax+b)]=\lim_{x\to\infty}\left(\frac{f(x)}{x}-a-\frac{b}{x}\right)=0.$$

由于 $\lim\limits_{x\to\infty}\dfrac{b}{x}=0$，右端极限存在，所以 $a=\lim\limits_{x\to\infty}\dfrac{f(x)}{x}$. 又 $\lim\limits_{x\to\infty}[(f(x)-ax)-b]=0$，所以 $b=\lim\limits_{x\to\infty}[f(x)-ax]$.

充分性. 当 $a=\lim\limits_{x\to\infty}\dfrac{f(x)}{x}$，$b=\lim\limits_{x\to\infty}(f(x)-ax)$ 时，显然 $\lim\limits_{x\to\infty}[f(x)-(ax+b)]=\lim\limits_{x\to\infty}[(f(x)-ax)-b]=b-b=0$，所以 $y=ax+b$ 是函数 $f(x)$ 的斜渐近线.

上述讨论表明，若 $a=\lim\limits_{x\to\infty}\dfrac{f(x)}{x}$，$b=\lim\limits_{x\to\infty}[f(x)-ax]$ 的两个极限中有一个不存在，则函数就没有斜渐近线，若其中 $a=0$ 则曲线只有水平渐近线 $y=b$.

综上，我们可得到求函数渐近线的步骤.

(1) 首先求 $f(x)$ 的无穷型间断点，若 x_0 是 $f(x)$ 的无穷型间断点，则 $x=x_0$ 为 $f(x)$ 的垂直渐近线.

(2) 用公式 $a=\lim\limits_{x\to\infty}\dfrac{f(x)}{x}$，$b=\lim\limits_{x\to\infty}[f(x)-ax]$ 求出 a,b，若 a,b 为定数，且 $a\neq0$，则 $y=ax+b$ 为斜渐近线；若 $a=0$，则 $y=b$ 为水平渐近线.

例 3.6.2　求 $f(x)=\dfrac{x^3}{x^2+2x-3}$ 的渐近线.

解　$f(x)=\dfrac{x^3}{x^2+2x-3}=\dfrac{x^3}{(x+3)(x-1)}$，$x=-3,x=1$ 为 $f(x)$ 的无穷型间断点，即 $\lim\limits_{x\to-3}f(x)=\infty$，$\lim\limits_{x\to1}f(x)=\infty$，所以 $x=-3,x=1$ 为 $f(x)$ 的两条垂直渐近线.

$$a=\lim_{x\to\infty}\frac{f(x)}{x}=\lim_{x\to\infty}\frac{x^3}{x(x^2+2x-3)}=1,$$

$$b=\lim_{x\to\infty}[f(x)-ax]=\lim_{x\to\infty}\left[\frac{x^3}{x^2+2x-3}-x\right]=\lim_{x\to\infty}\frac{x^3-x^3-2x^2+3x}{x^2+2x-3}=-2.$$

所以 $y=x-2$ 为 $f(x)$ 的斜渐近线.

例 3.6.3　求 $f(x)=\dfrac{x}{x^2-1}$ 的渐近线.

解　显然 $x=\pm1$ 为 $f(x)$ 的无穷型间断点，所以 $x=\pm1$ 为两条垂直渐近线.

$$a=\lim_{x\to\infty}\frac{f(x)}{x}=\lim_{x\to\infty}\frac{x}{x(x^2-1)}=0,$$

$$b=\lim_{x\to\infty}[f(x)-ax]=\lim_{x\to\infty}\frac{x}{x^2-1}=0.$$

所以 $y=0$ 为水平渐近线,没有斜渐近线.

例 3.6.4 求 $f(x)=x\ln\left(e+\dfrac{1}{x}\right)$ 的渐近线.

解 因为当 $x=-\dfrac{1}{e}$ 时, $\lim\limits_{x\to-\frac{1}{e}^{-}}f(x)=\lim\limits_{x\to-\frac{1}{e}^{-}}x\ln\left(e+\dfrac{1}{x}\right)=+\infty$,所以 $x=-\dfrac{1}{e}$

为一条垂直渐近线. 又 $\lim\limits_{x\to\infty}\dfrac{f(x)}{x}=\lim\limits_{x\to\infty}\ln\left(e+\dfrac{1}{x}\right)=1=a,$

$$\lim_{x\to\infty}[f(x)-ax]=\lim_{x\to\infty}\left[x\ln\left(e+\frac{1}{x}\right)-x\right]=\lim_{x\to\infty}x\left[\ln\left(e+\frac{1}{x}\right)-1\right]$$

$$=\lim_{x\to\infty}\frac{\ln\left(e+\dfrac{1}{x}\right)-1}{\dfrac{1}{x}}\xlongequal{\frac{0}{0}}\lim_{x\to\infty}\frac{\dfrac{1}{e+\dfrac{1}{x}}\cdot\left(-\dfrac{1}{x^2}\right)}{-\dfrac{1}{x^2}}=\frac{1}{e}=b.$$

所以 $y=x+\dfrac{1}{e}$ 为斜渐近线.

3.6.2　函数图形的描绘

有了微分学作工具,我们可以比较准确地描绘函数的图像,描绘函数图像的过程就是研究函数的过程,作函数图像,通常可按照以下步骤进行.

(1) 确定函数 $f(x)$ 的定义域、间断点、奇偶性与周期性;

(2) 求 $f'(x),f''(x)$,令 $f'(x)=0,f''(x)=0$ 分别求出其零点与导数不存在的点;

(3) 将第二步中求出的各点从小到大将函数的定义域分成若干个部分区间,列表讨论这些区间内 $f'(x)$ 与 $f''(x)$ 的符号,以确定函数的单调性与极值、凸性与拐点;

(4) 求函数的渐近线;

(5) 描点连线作图,必要时增添一些特殊点.

例 3.6.5 描绘函数 $f(x)=\dfrac{x^2-4}{x^2-1}$ 的图形.

解 $f(x)$ 为有理函数, $x=\pm1$ 为 $f(x)$ 的无穷型间断点, $x=\pm1$ 为两条垂直渐近线,函数的图像被分为三个部分,又 $f(-x)=f(x),f(x)$ 为偶函数,所以函数

的图像关于 y 轴对称.

$$f'(x)=\frac{2x(x^2-1)-(x^2-4)\cdot 2x}{x^2-1}=\frac{6x}{(x^2-1)^2}.$$

令 $f'(x)=0$,得 $x=0$,

$$f''(x)=\frac{6(x^2-1)^2-6x\cdot 2(x^2-1)\cdot 2x}{(x^2-1)^4}=\frac{-6(3x^2+1)}{(x^2-1)^3}.$$

显然 $f''(x)\neq 0$,用 $x=-1,x=1$ 划分函数的定义域区间,列表讨论(表 3.6).

表 3.6　$f(x)$ 的单调性与极值、凸性与拐点

x	$(-\infty,-1)$	-1	$(-1,0)$	0	$(0,1)$	1	$(1,+\infty)$
$f'(x)$	$-$		$-$	0	$+$		$+$
$f''(x)$	$-$		$+$	$+$	$+$		$-$
$f(x)$	↘上凸		↗下凸	极小值点$(0,4)$	↗下凸		↗上凸

极小值 $f(0)=4$,且 $x=\pm 2$ 时 $y=0$.

在 $x=\pm 1$ 左右两侧,虽然 $f''(x)$ 改变符号,但因函数在 $x=\pm 1$ 处无定义,故曲线没有拐点.因为 $\lim\limits_{x\to\infty}f(x)=1$,所以 $y=1$ 为函数的水平渐近线.又知 $x=\pm 1$ 为函数的垂直渐近线,根据渐近线的走势及表中 $f'(x)$,$f''(x)$ 的符号可描出曲线图形(图 3.33).

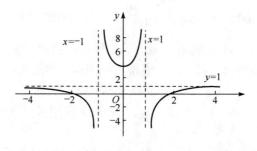

图 3.33

例 3.6.6　描绘函数 $f(x)=\sqrt{x}\ln x$ 的图像.

解　$f(x)$ 的定义域为 $(0,+\infty)$,

$$f'(x)=\frac{1}{2\sqrt{x}}\ln x+\frac{\sqrt{x}}{x}=\frac{1}{2\sqrt{x}}(\ln x+2).$$

令 $f'(x)=0,x=\mathrm{e}^{-2}$ 为唯一驻点,

$$f''(x)=-\frac{1}{4x\sqrt{x}}\ln x.$$

令 $f''(x)=0$, 解得 $x=1$.

又 $\lim\limits_{x\to 0^{+}} \sqrt{x}\ln x = \lim\limits_{x\to 0^{+}} \dfrac{\ln x}{\dfrac{1}{\sqrt{x}}} \xlongequal{\frac{\infty}{\infty}} \lim\limits_{x\to 0^{+}} \dfrac{\dfrac{1}{x}}{\dfrac{-1}{2x\sqrt{x}}} = \lim\limits_{x\to 0^{+}} 2\sqrt{x} = 0$, 所以没有垂直渐近线

$$a = \lim\limits_{x\to +\infty} \dfrac{\sqrt{x}\ln x}{x} = \lim\limits_{x\to +\infty} \dfrac{\ln x}{\sqrt{x}} = \lim\limits_{x\to +\infty} \dfrac{\dfrac{1}{x}}{\dfrac{1}{2\sqrt{x}}} = \lim\limits_{x\to +\infty} \dfrac{1}{\sqrt{x}} = 0,$$

$$b = \lim\limits_{x\to +\infty} \sqrt{x}\ln x = +\infty,$$

没有斜渐近线, 也没有水平渐近线. 用 $x=\dfrac{1}{e^{2}}$, $x=1$ 划分定义域区间, 列表如下 (表 3.7).

表 3.7　$f(x)$ 的单调性与极值、凸性与拐点

x	$\left(0,\dfrac{1}{e^{2}}\right)$	$\dfrac{1}{e^{2}}$	$\left(\dfrac{1}{e^{2}},1\right)$	1	$(1,+\infty)$
$f'(x)$	$-$	0	$+$		$+$
$f''(x)$	$+$		$+$	0	$-$
$f(x)$	↗下凸	极小值 $f\left(\dfrac{1}{e^{2}}\right)=-\dfrac{2}{e}$	↗下凸	拐点$(1,0)$	↗上凸

可见函数有极小值 $f\left(\dfrac{1}{e^{2}}\right)=-\dfrac{2}{e}$, 拐点$(1,0)$, 如图 3.34 所示.

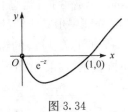

图 3.34

习 题 3.6

1. 求下列函数的渐近线.

(1) $y=\dfrac{x^{2}+1}{x^{2}-3x+2}$;

(2) $y=\dfrac{x}{2}+\arctan x$;

(3) $y=\dfrac{\mathrm{e}^x}{1+x}$;

(4) $y=\sqrt{x^2-2x}$.

2. 作出下列函数的图形.

(1) $y=\dfrac{x^2}{1+x}$;

(2) $y=\sqrt[3]{1-x^3}$;

(3) $y=\dfrac{1}{4}(x-2)^2(x+4)$;

(4) $y=\ln(1+x^2)$.

3.7　优化与微分模型举例

本节介绍简单的优化模型. 优化问题是人们在工程技术、经济管理和工农业生产中最常遇到的一类问题. 公司经理要根据生产成本和市场需要确定产品的价格，使所获得的利润最大；企业管理者要在保证生产连续性与均衡性的前提下，确定一个合理的库存量，以达到压缩库存物资，加速资金周转，提高经济效益的目的；消防部门在接到警报后，要根据灾情，以最小费用原则来决定派出消防队员的人数，使火灾损失费与救火费用之和为最小；电力、化工单位生产过程中的最优控制；机械设计制造中零件参数的优化；等等，这些问题都可以归结为微积分中的函数极值问题，也就是优化问题，其中大部分都可以用微分法求解.

3.7.1　经营优化问题

在经济数学中有成本函数 $C(x)$，收入函数 $R(x)$ 与利润函数 $L(x)$（其中 x 表示产品的产量）的概念. 企业总利润可以表示为

$$L(x)=R(x)-C(x),$$

$L(x)$ 称为经营优化问题的目标函数.

显然，当总收入小于总成本时，企业亏损，当总收入大于总成本时，企业赢利. 在图 3.35 中，我们用 R 线与 C 线分别表示某企业的总收入函数与总成本函数，则企业利润就是图形上相对于同一 x 值的 R 与 C 的纵坐标之差. 当图中的箭头向上时，表示赢利，当图中箭头向下时，表示亏损. 由图可见，$x=x_1$ 是企业保本经营的最低产量，$x=x_2$ 时，企业获得最大利润.

2.6 节（导数与微分模型举例）曾介绍过边际函数的概念.

一般地，经济学上称某函数的导数为其边际函数. 从图 3.35 可以看出，在取得最大利润的点 x_2 处，对应于两条曲线 C,R 上的点的切线互相平行，即 $R'(x_2)=C'(x_2)$，这并不是偶然的，因为利润函数

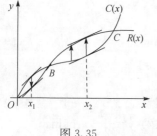

图 3.35

$$L(x) = R(x) - C(x).$$

若 $L(x)$ 可导，则在极值点处，有

$$L'(x) = R'(x) - C'(x) = 0,$$

即

$$R'(x) = C'(x).$$

总利润最大值在边际收入等于边际成本时取得，这是经济学上的一个重要命题.

例 3.7.1　某厂商的总收益函数与总成本函数分别为 $R = 30x - 3x^2$（单位：万元），$C = x^2 + 2x + 2$（单位：万元），其中 x（单位：台）为产品产量，厂商追求最大利润，而政府要征收与产量 x 成正比的税，试求

（1）征税收益最大值与此时的税率？

（2）厂商纳税前后的最大利润及每单位产品的价格？

模型假设

设政府征税的收益为 T，税率为 t，由题意 $T = tx$，企业纳税后的总成本函数为 $C_t = C + tx$，设税前利润为 $L_1(x)$，税后利润为 $L_2(x)$.

模型建立与求解

第一步　先求税前厂商获得的最大利润及每单位产品的价格，建立目标函数

$$L_1(x) = R(x) - C(x)$$
$$= 30x - 3x^2 - (x^2 + 2x + 2)$$
$$= -4x^2 + 28x - 2.$$

对 x 求导，并令 $L_1'(x) = -8x + 28 = 0$，解得驻点 $x = \dfrac{7}{2}$.

由于 $L_1''(x) = -8$，$L_1''\left(\dfrac{7}{2}\right) < 0$，故 $x = \dfrac{7}{2}$ 为极大值点，函数在该点取得极大值也为最大值. 即产量 $x = \dfrac{7}{2}$（台）时，厂商获得税前最大利润.

$$L_{\max} = L_1\left(\dfrac{7}{2}\right) = (-4) \times \left(\dfrac{7}{2}\right)^2 + 28 \times \dfrac{7}{2} - 2 = 47（万元）.$$

又 $R\left(\dfrac{7}{2}\right) = L_1\left(\dfrac{7}{2}\right) + C\left(\dfrac{7}{2}\right)$，其中 $C\left(\dfrac{7}{2}\right) = \left(\dfrac{7}{2}\right)^2 + 2 \cdot \dfrac{7}{2} + 2 = 21.25$（万元），$R\left(\dfrac{7}{2}\right) = 47 + 21.25 = 68.25$（万元），产品价格为 $68.25 \div \dfrac{7}{2} = 19.5$（万元）.

由于产品的产量应该为整数台，现 $x = \dfrac{7}{2} = 3.5$，$3 < 3.5 < 4$，所以分别取 $x = 3$ 与 $x = 4$ 进行比较易得 $L_1(3) = 46$，$C(3) = 17$，$R(3) = 63$，产品单价为 $\dfrac{63}{3} = 21$，而

$L_1(4)=46, C(4)=26, R(4)=72,$产品单价$\dfrac{72}{4}=18.$

经比较可知取产量 $x=3$ 比较合理,此时厂商可获最大利润 46 万元,产品单价为 21 万元.

第二步　求厂商税后获得的最大利润及每单位产品的价格,目标函数为

$$L_2(x)=R(x)-C_t(x)=30x-3x^2-(x^2+2x+2+tx)$$
$$=-4x^2+28x-tx-2.$$

令 $L_2'(x)=-8x+28-t=0,$解得 $x=\dfrac{7}{2}-\dfrac{t}{8}.$ 此时征税收益 $T=tx=\dfrac{7}{2}t-\dfrac{t^2}{8},$要使征税收益最大,令 $T'(t)=\dfrac{7}{2}-\dfrac{t}{4}=0,$得 $t=14.$ $T''(14)=-\dfrac{1}{4}<0,$所以当税率 $t=14$ 时,征税收益最大,又当 $t=14$ 时,$x=\dfrac{7}{4}.$

注意到 $L_2''\left(\dfrac{7}{4}\right)=-8<0,$所以 $x=\dfrac{7}{4}$ 时,函数取得极大值也为最大值.

$$L_2\max=L_2\left(\dfrac{7}{4}\right)=(-4)\times\left(\dfrac{7}{4}\right)^2+14\times\dfrac{7}{4}-2=10.25(万元).$$

最大征税收益为 $T_{\max}=tx\big|_{\substack{x=\frac{7}{4}\\t=14}}=24.5(万元),$ $C_t\left(\dfrac{7}{4}\right)=\left(\dfrac{7}{4}\right)^2+2\times\dfrac{7}{4}+2+14\times\dfrac{7}{4}=33.06(万元).$ 由于此时总收益为 $R\left(\dfrac{7}{4}\right)=L\left(\dfrac{7}{4}\right)+C_t\left(\dfrac{7}{4}\right)=10.25+33.06=43.31(万元),$故产品单价为 $43.31\div\dfrac{7}{4}=24.75(万元).$

与第一步类似,由于 $x=\dfrac{7}{4},$介于 1 与 2 之间,厂商可通过比较产量 $x=1$ 和 $x=2$时各项指标,作出生产 1 台抑或是 2 台产品的决策.

拓展思考

(1) 当税率 $t=14$ 时,税前税后厂商获得的最大利润差别很大,以求出的驻点比较,税前利润 $L_1\left(\dfrac{7}{2}\right)=47$ 万元,税后利润 $L_2\left(\dfrac{7}{4}\right)=10.25$ 万元,相差 30 多万元,所以为调动厂商的积极性,政府应适当降低税率,以期获得双赢.

(2) 税前税后产量销售单价差别大,税前产品单价每台 19.5 万元,税后每台单价 24.75 万元,所以不能仅从理论分析角度定价,而应跟踪市场销售情况,分析产品单价对企业经营的持续性与均衡性的影响合理定价,适时改变经营策略.

3.7.2　运输问题

例 3.7.2　设海岛 A 与陆地城市 B 到海岸线的距离分别为 a 与 b,它们之间

的水平距离为 d，需要建立它们之间的运输线，若海上轮船的速度为 v_1，陆地汽车的速度为 v_2，试问转运站 P 设在海岸线上何处才能使运输的时间最短？

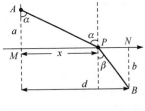

图 3.36

模型假设

（1）海岸线是直线 MN，如图 3.36 所示；

（2）A 与 B 到海岸线的距离为它们到直线 MN 的距离.

模型建立与求解

设 MP 为 x，则海上运输所需要时间为

$$t_1 = \frac{|AP|}{v_1} = \frac{\sqrt{a^2 + x^2}}{v},$$

陆地运输所需的时间为

$$t_2 = \frac{|PB|}{v_2} = \frac{\sqrt{b^2 + (d-x)^2}}{v_2},$$

因此，问题的目标函数为

$$t = t_1 + t_2 = \frac{\sqrt{a^2 + x^2}}{v_1} + \frac{\sqrt{b^2 + (d-x)^2}}{v_2}.$$

现在求 $t(x)$ 的最小值

$$\frac{\mathrm{d}t}{\mathrm{d}x} = \frac{x}{v_1 \sqrt{a^2 + x^2}} - \frac{d-x}{v_2 \sqrt{b^2 + (d-x)^2}},$$

由上述方程解驻点比较麻烦，因此先讨论方程 $\dfrac{\mathrm{d}t}{\mathrm{d}x} = 0$ 有没有实根.

可以证明 $\dfrac{\mathrm{d}t}{\mathrm{d}x} = 0$ 有唯一实根.

因为

$$\frac{\mathrm{d}^2 t}{\mathrm{d}x^2} = \frac{a^2}{v_1 (a^2 + x^2)^{\frac{3}{2}}} + \frac{b^2}{v_2 [b^2 + (d-x)^2]^{\frac{3}{2}}},$$

在 $[0, d]$ 上 $\dfrac{\mathrm{d}^2 t}{\mathrm{d}x^2} > 0$，所以 $\dfrac{\mathrm{d}t}{\mathrm{d}x}$ 单调增加，且

$$t'(0) = -\frac{d}{v_2 \sqrt{b^2 + d^2}} < 0, \quad t'(d) = \frac{d}{v_1 \sqrt{a^2 + d^2}} > 0,$$

由零点定理，必存在唯一的 $\xi \in (0, d)$ 使 $t'(\xi) = 0$. 根据问题的实际意义，ξ 就是 $f(x)$ 的最小值点.

由于直接从 $\dfrac{\mathrm{d}t}{\mathrm{d}x} = 0$ 求驻点 $x = \xi$ 比较麻烦，我们也可以引入两个辅助角 α, β，由

图 3.36 可知

$$\sin\alpha = \frac{x}{\sqrt{a^2 + x^2}}, \sin\beta = \frac{d-x}{\sqrt{b^2 - (d-x)^2}}.$$

令 $\dfrac{\mathrm{d}t}{\mathrm{d}x} = 0$ 得 $\dfrac{\sin\alpha}{v_1} - \dfrac{\sin\beta}{v_2} = 0$, 即 $\dfrac{\sin\alpha}{v_1} = \dfrac{\sin\beta}{v_2}$. 这说明, 当点 P 取在等式 $\dfrac{\sin\alpha}{v_1} = \dfrac{\sin\beta}{v_2}$ 成立的地方时, 从 A 到 B 的运输时间最短.

拓展思考

等式 $\dfrac{\sin\alpha}{v_1} = \dfrac{\sin\beta}{v_2}$ 也是光学中的折射定理, 根据光学中费马定理, 光线在两点之间传播必取时间最短的路线. 若光线在两种不同介质中的速度分别为 v_1 与 v_2, 则同样经过上述推导可知光源从一种介质中的点 A 传播到另一种介质中的点 B 所用的时间最短的路线由 $\dfrac{\sin\alpha}{v_1} = \dfrac{\sin\beta}{v_2}$ 确定. 其中 α 为光线的入射角, β 为光线的折射角.

由于在海上与陆地上的两种不同的运输速度相当于光线在两种不同传播媒介中的速度, 因而所得结论也与光的折射定理相同. 可见, 有很多属于不同学科领域的问题, 虽然它们的具体意义不同, 但在数量关系上可以用同一数学模型来描述.

3.7.3 库存问题

库存管理在企业管理中占有很重要的地位, 工厂定期购入原料, 存入仓库以备生产之用; 书店成批购入各种图书, 以备读者选择购买; 水库在雨季蓄水, 以备旱季灌溉和发电; 等等. 这里都有一个如何使库存量最优的问题. 存储量过大, 存储费用太高; 存储量过小, 又会导致一次性订购的费用增加, 或不能及时满足需求而遭受损失. 所以, 为了保证生产的连续性与均衡性, 需要确定一个合理的、经济的库存量, 并定期订货加以补充, 按需求发货, 以达到压缩库存物资, 加速资金周转的目的.

下面先简要地介绍与库存模型相关的概念, 然后讨论一种比较简单的库存模型和解法.

企业的基本功能是输入、转换和输出, 它们是一个完整的系统. 输入过程称为供应过程, 输出过程称为需求过程, 为保证生产正常运行, 供应的数量和速度必须不小于需求的数量和速度, 多余的货物就储存在各部门的仓库里. 企业的仓库按供应和需求对象的不同, 可大致分为两类, 即原材料库与半成品库与成品库.

原材料库:用于存放生产所需的各种原材料的仓库. 这些原材料大多是由物资供应部门定期向外采购而来. 这类仓库的库存费用 T 由采购费 C 和保管费 H

两部分组成,即

$$T = C + H.$$

半成品库和成品库:用于存放经过生产加工而成的半成品和成品的仓库. 这类仓库的最大存储量一般就是生产批量,而库存费用 T 由工装调整费 S 和保管费 H 两部分构成. 即

$$T = S + H.$$

随着生产批量的增大,计划期(年、季、月)内投产的批数减少,工装调整的次数减少,工装调整费下降,但库存增加,保管费用上升,因此,为降低库存费用,必须确定一个经济批量 Q^* 使库存费用最小.

综上所述,在讨论库存问题时,涉及三种费用,即采购费、工装调整费和保管费.

下面介绍不允许缺货情况下的一种库存模型.

例 3.7.3(瞬时送货的确定型库存问题)　假设某工厂生产需求速率稳定,库存下降到零时,再订购进货,一次采购量为 Q,进货有保障有规律. 在只考虑采购费及保管费(不考虑工装调整费)的前提下,试确定最经济的采购量 Q^*,使库存费用为最小,并求最小库存费.

模型假设

(1) 设采购费为 C,一次采购费为 C_0;

(2)保管费为 H,每单位物资的保管费为 C_H;

(3)总库存费为 T;

(4)计划期内总需求量为 R;

(5)一次采购量为 Q;

(6)平均库存量为 $\bar{Q}$;

模型建立与求解

$$\text{由于库存费用 } T = \text{采购费 } C + \text{保管费 } H,$$

其中 $C = \dfrac{R}{Q}C_0$($\dfrac{R}{Q}$ 为计划期内的采购次数),$H = \bar{Q}C_H$,所以 $T = \dfrac{R}{Q}C_0 + \bar{Q}C_H$.

当企业的需求恒定时,保管费的消费速度是均匀的,而平均库存量与一次采购量的关系是 $\bar{Q} = \dfrac{1}{2}Q$(有关平均库存量的计算需要用积分的知识,此处直接给出结论). 于是可将库存费用 T 表示为 Q 的一次函数

$$T = f(Q) = \frac{R}{Q}C_0 + \frac{1}{2}C_H Q,$$

问题归结为对一个一元函数求最小值,所以用微分法求最优解.

令 $f'(Q) = -\dfrac{RC_0}{Q^2} + \dfrac{1}{2}C_H = 0$，解得

$$Q^* = \sqrt{\dfrac{2RC_0}{C_H}},$$

此为唯一驻点，根据问题的实际意义，这就是所要求的经济采购量．此时库存的最小费用为 $T^* = \sqrt{2RC_0C_H}$．

3.7.4　森林救火问题

在森林失火时，消防站在接到警报后要派消防员前去救火．显然，派的队员越多，灭火的速度越快，火灾造成的损失越小，但反过来，救援的开支会增加．所以我们要综合考虑森林损失费、救援费与消防队员人数之间的关系，以最小费用原则来决定派出队员的数目．

例 3.7.4　森林失火，消防站接警后应派出多少队员救火，才能使火灾损失费和救火费之和为最小？

模型分析

（1）火灾损失费通常与森林被烧毁的面积成正比，而烧毁面积与开始失火到火被扑灭之间的间隔时间有关，灭火时间又取决于消防队员的数目，队员越多灭火越快．

记失火时刻 $t=0$，开始救火时刻为 $t=t_1$，火被扑灭时刻为 $t=t_2$．设在时刻 t 森林烧毁面积为 $B(t)$，则造成损失的森林烧毁面积为 $B(t_2)$．显然 $\dfrac{\mathrm{d}B}{\mathrm{d}t}$ 表示单位时间内烧毁的森林面积，也表示火势蔓延的速度．当 $t=0$ 和 $t=t_2$ 时，$\dfrac{\mathrm{d}B}{\mathrm{d}t}=0$，设在 $t=t_1$ 时，$\dfrac{\mathrm{d}B}{\mathrm{d}t}$ 取得最大值 h．

（2）救援费用包括两部分：一部分是灭火器材的消耗和消防队员的薪金等，这一部分费用与队员人数和灭火所用时间有关；另一部分是运送队员和器材等的一次性支出，只与队员人数有关．

模型建立与求解

（1）损失费与森林烧毁面积 $B(t_2)$ 成比例，比例系数 c_1 为烧毁面积的损失费．

（2）从失火到开始救火这段时间（$0 \leqslant t \leqslant t_1$）内，火势蔓延速度 $\dfrac{\mathrm{d}B}{\mathrm{d}t}$ 与时间 t 成正比，记比率系数 β 为火势蔓延速度．这个假设在风力不大的条件下大致合理．

（3）派出消防队员 x 名，开始救火以后（$t \geqslant t_1$），火势蔓延速度降为 $\beta - \lambda x$，其

中 λ 可以看成每个队员的平均速度,显然应该有 $\beta < \lambda x$.

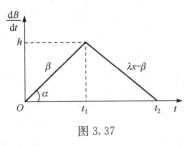

图 3.37

(4) 每个消防队员单位时间的费用为 c_2, 于是每个队员的救火费用为 $c_2(t_2 - t_1)$;每个队员的一次性支出(如交通费等)为 c_3.

$\dfrac{dB}{dt}$ 与 t 的关系如图 3.37 所示.

由图 3.37 及假设(2),(3),我们可以得到火被扑灭所需要的时间为 $t_2 - t_1 = \dfrac{h}{\lambda x - \beta}$,又森林烧毁的最大面积为 $B(t_2) = \dfrac{1}{2}ht_2$,于是 $B(t_2) = \dfrac{1}{2}h\left(\dfrac{h}{\lambda x - \beta} + t_1\right)$,如图 3.37 所示,$\tan\alpha = \dfrac{h}{t_1} = \beta$,$h = \beta t_1$ 代入上式得

$$B(t_2) = \frac{\beta t_1{}^2}{2} + \frac{\beta^2 t_1{}^2}{2(\lambda x - \beta)}.$$

再根据假设(1),(4),森林损失费为

$$c_1 B(t_2),$$

救援费为

$$c_2 x(t_2 - t_1) + c_3 x.$$

于是,救火总费用 C 与所派出消防队员的人数 x 之间的函数关系是

$$C(x) = \frac{c_1 \beta t_1{}^2}{2} + \frac{c_1 \beta^2 t_1{}^2}{2(\lambda x - \beta)} + \frac{c_2 \beta t_1 x}{\lambda x - \beta} + c_3 x,$$

此即为这个优化模型的目标函数.

这是一个一元函数的极值问题. 令 $\dfrac{dC}{dx} = 0$,可以得到应该派出的队员人数为

$$x = \frac{\beta}{\lambda} + \beta\sqrt{\frac{c_1 \lambda t_1{}^2 + 2 c_2 t_1}{2 c_3 \lambda^2}}.$$

习 题 3.7

1. 某人准备租用一辆载重量为 5t 的货车将一批货物从 A 地运往 B 地,货物的速度为 $x\,\text{km/h}$($40 < x < 65$),每升柴油可供货车行驶 $\dfrac{400}{x}\,\text{km}$,柴油价格为 5.36 元/升,司机劳务费为 30 元/小时,假设 A,B 两地路程为 45km,试求运输费用最低的货车行驶速度.

2. 某厂年计划生产 6500 件产品,设每个生产周期的工装调整费为 200 元,每年每件产品的储存费为 3.2 元,每天生产产品 50 件,市场需求 26 件/天,每年工作

300 天,试求最经济的生产批量 Q^* 和最小的库存费用 T^*.

3. 某航空母舰派其护卫舰去搜索一名被迫跳伞的飞行员,护卫舰找到飞行员后,航母向护卫舰通报了航母当前的位置、航速与航向,并指令护卫舰尽快返回,问护卫舰应当怎样航行,才能在最短的时间内与航母会合.(提示:建立平面直角坐标系,设航母在 $A(0,b)$ 处,护卫舰在 $B(0,-b)$ 处,两者间的距离为 $2b$. 设航母沿 x 轴正向夹角为 θ_1 的方向,以常速 v_1 行驶,护卫舰沿与 x 轴正向夹角为 θ_2 的方向以速度 v_2 行驶,它们的会合点为 $P(x,y)$,记 $\dfrac{v_2}{v_1}=a$,如图 3.38 所示)

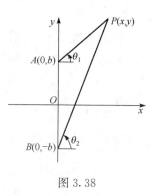

图 3.38

复习题 3

A

1. 设 $f(x)\in C[a,b]\bigcap D(a,b)$,取定 $x\in(a,b]$,在区间 $[a,x]$ 上用拉格朗日中值定理,则 $\exists\xi\in(a,x)$,使 $f'(\xi)=\dfrac{f(x)-f(a)}{x-a}$,试问这里 ξ 与 x 有什么关系? ξ 是 x 的函数吗?

2. 设 $f(x)\in C[a,b]\bigcap D(a,b)$,且 $f(x)$ 在 (a,b) 内严格单调增加,那么对任意的 $x\in(a,b)$,$f'(x)>0$,试问这一结论是否正确,为什么?

3. 设函数 $f(x)$ 在 $x=0$ 有二阶连续导数,且 $\lim\limits_{x\to0}\dfrac{f''(x)}{x}=-1$,则点 $(0,f(0))$ 是否为曲线 $f(x)$ 的拐点,为什么?

4. 求下列函数极限.

(1) $\lim\limits_{x\to0}\dfrac{x(e^x+1)-2(e^x-1)}{x(e^x-1)\ln(1+x)}$;

(2) $\lim\limits_{x\to\infty}\left(n\tan\dfrac{1}{n}\right)^{n^2}$;

(3) $\lim\limits_{x\to0}\dfrac{(1+x)^{\frac{1}{x}}-e}{1-\sqrt{1+x}}$.

5. 证明:当 $0<x<2$ 时,$4x\ln x-x^2-2x+4>0$.

6. 证明:当 $x>0$ 时,$\exists\xi\in(x,1+x)$,使 $\dfrac{1}{\xi}>\dfrac{1}{1+x}$.

7. 设 $f(x)=x^3,g(x)=x^2$,在区间$[1,2]$上求满足柯西中值定理的ξ的值.

8. 设 $f(x)\in C[0,1]\bigcap D(0,1)$,且 $f(0)=0,f(1)=\dfrac{\pi}{4}$,试证:$\exists\xi\in(0,1)$,使得 $f(\xi)=\dfrac{1}{1+\xi^2}$.

9. 证明:方程 $x^3-5x-2=0$ 只有一个正根.

10. 当 a,b 满足什么条件时,方程 $e^x=ax+b(a>0)$ 有两个实根.

11. 设 $f(0)=0$,且 $f'(x)$ 单调增加,证明:在$(0,+\infty)$内函数 $g(x)=\dfrac{f(x)}{x}$ 单调增加.

12. 求曲线 $x^2+xy+y^2=12$ 的最高点与最低点的坐标.

13. 在曲线 $y=x^2-x$ 上求一点 P,使 P 点到定点 $A(0,1)$ 的距离最近.

14. 已知点$(1,3)$为曲线 $y=x^3+ax^2+bx+14$ 的拐点,求 a,b 的值.

15. 求曲线 $y=(2x-1)e^{\frac{1}{x}}$ 的斜渐近线.

B

1. 求下列极限.

(1) $\lim\limits_{x\to 0}\dfrac{1}{x^{100}}e^{\frac{1}{x^2}}$;

(2) $\lim\limits_{x\to 0}\dfrac{(1+x)^{\frac{1}{x}}-e}{x}$.

2. 设 $f(x)$ 具有二阶连续导数,且 $f(a)=f(b)$,$f'(a)>0,f'(b)>0$,试证:$\exists\xi\in(a,b)$,使得 $f''(\xi)=0$.

3. 设 $0<a<b,f(x)$ 在$[a,b]$连续,在(a,b)内可导,且 $f'(x)>0$,$af(b)-bf(a)=0$,求证:至少存在一点 $\xi\in(a,b)$,使 $\dfrac{f(\xi)}{f'(\xi)}=\xi$.

4. 讨论方程 $\ln x=ax$ 有几个实根?(其中 $a>0$).

5. 一房地产公司有 50 套公寓要出租,当月租金定为 1000 元时,公寓会全部租出去,当月租金每增加 50 元时,就会多一套公寓租不出去.而租出去的公寓每月需要花 100 月的维修费,试问月租金定在多少时,可获得最大收入.

6. 一颗粒子在介质甲中的运行速度为 v_1,在介质乙中运行的速度为 v_2,为了在最短的时间内从点 P 移动到点 Q,试找出这个粒子的运动路径.

第4章 不定积分

在微分学中,我们讨论了如何求一个已知函数导数的问题,本章将讨论与它相反的问题,即已知一个函数的导数或微分,反过来求原来的函数,这就是积分学中的不定积分问题.本章先介绍原函数与不定积分的概念,再介绍几种基本的计算不定积分的方法.

4.1 不定积分的概念与性质

4.1.1 原函数与不定积分的概念

定义 4.1 设 $f(x)$ 是定义在区间 I(有限或无穷)上的已知函数,如果存在函数 $F(x)$,使得对 $\forall x \in I$,都有

$$F'(x) = f(x) \quad \text{或} \quad \mathrm{d}F(x) = f(x)\mathrm{d}x,$$

则称 $F(x)$ 为 $f(x)$ 在区间 I 上的一个**原函数**.

例如,$(\sin x)' = \cos x$,则 $\sin x$ 是 $\cos x$ 在 $(-\infty, +\infty)$ 上的一个原函数,又 $(\sin x + C)' = \cos x$(其中 C 为任意常数),所以 $\sin x + C$ 也是 $\cos x$ 在 $(-\infty, +\infty)$ 上的原函数.

又如,$(x^3)' = 3x^2$,所以 x^3 是 $3x^2$ 在 $(-\infty, +\infty)$ 上的一个原函数,又因为 $(x^3 + C)' = 3x^2$(其中 C 为任意常数),所以 $x^3 + C$ 也是 $3x^2$ 在 $(-\infty, +\infty)$ 上的原函数.

对于原函数概念有以下几点需要说明.

注1 如果一个函数 $f(x)$ 有一个原函数,那么 $f(x)$ 就有无穷多个原函数.这是因为:若 $F'(x) = f(x)$,则对任意常数 C,显然有 $[F(x) + C]' = f(x)$.

注2 如果 $F(x)$ 是 $f(x)$ 的一个原函数,那么 $f(x)$ 的其他原函数 $G(x)$ 可以表示为

$$G(x) = F(x) + C \quad (C \text{ 为任意常数}).$$

这是因为,$F'(x) = f(x)$,$G'(x) = f(x)$,于是,$[G(x) - F(x)]' = G'(x) - F'(x) = 0$,由拉格朗日中值定理的推论 3.1,$G(x) - F(x) = C$,所以 $G(x) = F(x) + C$,这就是说,当 $f(x)$ 有一个原函数 $F(x)$ 时,$F(x) + C$ 也是 $f(x)$ 的原函数.$f(x)$ 的全体原函数组成的集合称为 $f(x)$ 的原函数族.

注3 定义要求对 $\forall x \in I$,都有 $F'(x) = f(x)$,才能称 $F(x)$ 是 $f(x)$ 在 I 上的原函数.

例如,若设 $F(x)=\begin{cases}\cos x+C, & x\leqslant 0, \\ \dfrac{1}{2}x^2+C, & x>0,\end{cases}$ $f(x)=\begin{cases}-\sin x, & x\leqslant 0, \\ x, & x>0,\end{cases}$ $f(x),F(x)$

都在 $(-\infty,+\infty)$ 有定义,在 $(-\infty,0)$ 和 $(0,+\infty)$ 上都有 $F'(x)=f(x)$,但在 $x=0$ 处 $F(x)$ 不连续,$F(x)$ 在 $x=0$ 处不可导,所以在 $(-\infty,+\infty)$ 上 $F(x)$ 不是 $f(x)$ 的原函数.

那么一个函数需要具备什么条件才能保证它的原函数一定存在呢?

定理 4.1(原函数存在定理)   如果函数 $f(x)$ 在区间 I 上连续,则必定存在原函数.

也就是说,连续函数一定有原函数.此定理的证明要在 5.2 节中才能完成.

由于初等函数在其定义区间上是连续函数,因此初等函数在定义区间上都有原函数.例如,$f(x)=\dfrac{1}{x^2}$ 在 $(-\infty,0)$ 和 $(0,+\infty)$ 上连续,$\left(-\dfrac{1}{x}\right)'=\dfrac{1}{x^2}$,所以 $-\dfrac{1}{x}$ 是 $\dfrac{1}{x^2}$ 在 $(-\infty,0)$ 和 $(0,+\infty)$ 上的一个原函数,有时也简单的说 $-\dfrac{1}{x}$ 是 $\dfrac{1}{x^2}$ 在其连续区间上的一个原函数.

定义 4.2   若函数 $F(x)$ 是 $f(x)$ 的一个原函数,则 $f(x)$ 的原函数的一般表达式 $F(x)+C$ 称为 $f(x)$ 的不定积分,记作

$$\int f(x)\mathrm{d}x=F(x)+C,$$

其中 $\int$ 称为**积分号**,$f(x)$ 称为**被积函数**,$f(x)\mathrm{d}x$ 称为**被积表达式**,x 称为**积分变量**,$\mathrm{d}x$ 称为**积分微元**.

对于不定积分的定义,需要注意以下两点.

(1) 由于 $\mathrm{d}F(x)=F'(x)\mathrm{d}x=f(x)\mathrm{d}x$,所以 $\int f(x)\mathrm{d}x=\int \mathrm{d}F(x)=\int F'(x)\mathrm{d}x$,可见积分微元 $\mathrm{d}x$ 具有微分的意义;

(2) 求 $\int f(x)\mathrm{d}x$,求的是 $f(x)$ 的全体原函数,而不是哪个特定的原函数,所以不能忽略不定常数 C,在几何问题中 C 有几何意义,在物理问题中 C 有物理意义.

例 4.1.1   求 $\int 4x^3\mathrm{d}x$.

解   由于 $(x^4)'=4x^3$,所以 x^4 是 $4x^3$ 的一个原函数.因此

$$\int 4x^3\mathrm{d}x=x^4+C.$$

例 4.1.2   求 $\int \dfrac{1}{x}\mathrm{d}x$.

解　由于 $\ln|x| = \begin{cases} \ln(-x), & x < 0, \\ \ln x, & x > 0, \end{cases}$ 当 $x < 0$ 时, $(\ln|x|)' = [\ln(-x)]' = \dfrac{1}{x}$,

当 $x > 0$ 时, $(\ln|x|)' = (\ln x)' = \dfrac{1}{x}$,所以

$$\int \frac{1}{x} \mathrm{d}x = \ln|x| + C \quad (x \neq 0).$$

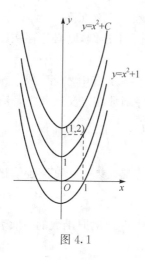

图 4.1

例 4.1.3　设曲线通过点 $(1,2)$,且其上任一点处的切线斜率等于这点横坐标的两倍,求此曲线的方程.

解　设所求曲线的方程为 $y = F(x)$,按题设,曲线上任一点 (x,y) 处的切线斜率为

$$\frac{\mathrm{d}y}{\mathrm{d}x} = 2x.$$

因为 $(x^2)' = 2x$,所以 $\int 2x \mathrm{d}x = x^2 + C$,即 $F(x) = x^2 + C$,又因为所求曲线过点 $(1,2)$,代入得 $2 = 1 + C$,则 $C = 1$.

故所求曲线方程为 $F(x) = x^2 + 1$,如图 4.1 所示.

4.1.2　不定积分的几何意义

如图 4.1 中的抛物线族 $y = x^2 + C$ 即为 $f(x) = 2x$ 的不定积分,而过点 $(1,2)$ 的那一条为 $y = x^2 + 1$,此时若作直线 $x = 1$ 去截这些抛物线,那么在交点处所有曲线的切线相互平行,其斜率均等于 2,即 $(x^2 + C')|_{x=1} = 2x|_{x=1} = 2$.

由此可得不定积分的几何意义.

在平面直角坐标系中,$f(x)$ 的任一个原函数 $F(x)$ 的图形,称为 $f(x)$ 的一条**积分曲线**,其方程为 $y = F(x)$,而 $\int f(x) \mathrm{d}x = F(x) + C$ 称为 $f(x)$ 的**积分曲线族**.

积分曲线族中的任何一条积分曲线都可以由 $y = F(x)$ 沿 y 轴平移 C 个单位而得到. 如果作一条直线 $x = x_0$ 与这些积分曲线相交,那么在交点处,这些曲线的切线互相平行,且 $(F(x) + C)'|_{x=x_0} = f(x_0)$,如图 4.2 所示.

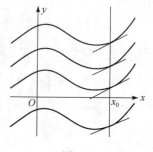

图 4.2

4.1.3 基本积分表

下面用不定积分的定义,根据一些基本初等函数的导数公式推出相应的一些积分公式,列出基本积分表.

例如,因为 $\left(\dfrac{x^{\mu+1}}{\mu+1}\right)'=x^{\mu}$,所以 $\dfrac{x^{\mu+1}}{\mu+1}$ 是 x^{μ} 的一个原函数,于是

$$\int x^{\mu}\mathrm{d}x=\frac{x^{\mu+1}}{\mu+1}+C \quad (\mu\neq-1).$$

类似地,可以得到其他积分公式.

(1) $\displaystyle\int k\mathrm{d}x=kx+C \quad (k\ \text{为常数})$;

(2) $\displaystyle\int x^{\mu}\mathrm{d}x=\frac{x^{\mu+1}}{\mu+1}+C \quad (\mu\neq-1)$;

(3) $\displaystyle\int\frac{1}{x}\mathrm{d}x=\ln|x|+C \quad (x\neq0)$;

(4) $\displaystyle\int\cos x\mathrm{d}x=\sin x+C$;

(5) $\displaystyle\int\sin x\mathrm{d}x=-\cos x+C$;

(6) $\displaystyle\int\frac{\mathrm{d}x}{\cos^2 x}=\int\sec^2 x\mathrm{d}x=\tan x+C$;

(7) $\displaystyle\int\frac{\mathrm{d}x}{\sin^2 x}=\int\csc^2 x\mathrm{d}x=-\cot x+C$;

(8) $\displaystyle\int\sec x\tan x\mathrm{d}x=\sec x+C$;

(9) $\displaystyle\int\csc x\cot x\mathrm{d}x=-\csc x+C$;

(10) $\displaystyle\int\mathrm{e}^x\mathrm{d}x=\mathrm{e}^x+C$;

(11) $\displaystyle\int a^x\mathrm{d}x=\frac{a^x}{\ln a}+C \quad (a>0,a\neq1)$;

(12) $\displaystyle\int\frac{\mathrm{d}x}{\sqrt{1-x^2}}=\arcsin x+C$;

(13) $\displaystyle\int\frac{\mathrm{d}x}{1+x^2}=\arctan x+C$.

以上基本积分公式是求不定积分的基础,必须熟记.

4.1.4 不定积分的性质

由不定积分的定义,可以得出不定积分的下列性质.

性质 4.1　　(1) $\left[\displaystyle\int f(x)\mathrm{d}x\right]' = f(x)$　　或　　$\mathrm{d}\displaystyle\int f(x)\mathrm{d}x = f(x)\mathrm{d}x$;

(2) $\displaystyle\int f'(x)\mathrm{d}x = f(x)+C$　　或　　$\displaystyle\int \mathrm{d}f(x) = f(x)+C$.

证　　设 $F(x)$ 是 $f(x)$ 的一个原函数，则

$$\left[\int f(x)\mathrm{d}x\right]' = [F(x)+C]' = F'(x) = f(x).$$

所以(1)成立.

由于 $f(x)$ 是 $f'(x)$ 的一个原函数，由不定积分的定义，(2)显然成立.

性质 4.2　　$\displaystyle\int kf(x)\mathrm{d}x = k\int f(x)\mathrm{d}x$　　$(k\neq 0, k$ 为常数$)$.

证　　因为 $\left[k\displaystyle\int f(x)\mathrm{d}x\right]' = k\left[\displaystyle\int f(x)\mathrm{d}x\right]' = kf(x)$，等式右端的导数等于左端的被积函数，所以正确.

性质 4.3　　函数代数和的不定积分等于各个函数的不定积分的代数和，即

$$\int [f(x)\pm g(x)]\mathrm{d}x = \int f(x)\mathrm{d}x \pm \int g(x)\mathrm{d}x.$$

证　　请读者自行证明.

下面利用基本积分表和不定积分的性质，求一些简单的不定积分.

例 4.1.4　　求 $\displaystyle\int (3x^2 - 7x + 8)\mathrm{d}x$.

解
$$\begin{aligned}
\int (3x^2 - 7x + 8)\mathrm{d}x &= \int 3x^2 \mathrm{d}x - \int 7x\mathrm{d}x + \int 8\mathrm{d}x \\
&= 3\int x^2 \mathrm{d}x - 7\int x\mathrm{d}x + \int 8\mathrm{d}x \\
&= 3\cdot \frac{x^3}{3} - 7\cdot \frac{x^2}{2} + 8x + C \\
&= x^3 - \frac{7}{2}x^2 + 8x + C.
\end{aligned}$$

例 4.1.5　　求 $\displaystyle\int \frac{\mathrm{d}x}{\sqrt{x}}$.

解
$$\int \frac{\mathrm{d}x}{\sqrt{x}} = \int x^{-\frac{1}{2}}\mathrm{d}x = \frac{x^{-\frac{1}{2}+1}}{-\frac{1}{2}+1} + C = 2\sqrt{x} + C.$$

例 4.1.6　　求 $\displaystyle\int \frac{(x-\sqrt{x})(2+\sqrt{x})}{\sqrt[3]{x}}\mathrm{d}x$.

解
$$\int \frac{(x-\sqrt{x})(2+\sqrt{x})}{\sqrt[3]{x}}\mathrm{d}x = \int \frac{2x + x\sqrt{x} - 2\sqrt{x} - x}{\sqrt[3]{x}}\mathrm{d}x$$

$$= \int \frac{x + x\sqrt{x} - 2\sqrt{x}}{\sqrt[3]{x}} dx$$

$$= \int x^{\frac{2}{3}} dx + \int x^{\frac{7}{6}} dx - 2\int x^{\frac{1}{6}} dx$$

$$= \frac{3}{5} x^{\frac{5}{3}} + \frac{6}{13} x^{\frac{13}{6}} - \frac{12}{7} x^{\frac{7}{6}} + C.$$

例 4.1.7 求 $\int \dfrac{2x^4}{1+x^2} dx$.

解 $\int \dfrac{2x^4}{1+x^2} dx = 2\int \dfrac{x^4-1+1}{1+x^2} dx = 2\int \dfrac{(x^2+1)(x^2-1)+1}{1+x^2} dx$

$$= 2\int \left(x^2 - 1 + \frac{1}{1+x^2}\right) dx = 2\int x^2 dx - 2\int dx + 2\int \frac{dx}{1+x^2}$$

$$= \frac{2}{3} x^3 - 2x + 2\arctan x + C.$$

例 4.1.8 求 $\int 2^x e^x dx$.

解 $\int 2^x e^x dx = \int (2e)^x dx = \dfrac{(2e)^x}{\ln(2e)} + C = \dfrac{2^x e^x}{1 + \ln 2} + C.$

例 4.1.9 求 $\int \dfrac{3 \cdot 5^x - 4 \cdot 2^x}{3^x} dx$.

解 $\int \dfrac{3 \cdot 5^x - 4 \cdot 2^x}{3^x} dx = 3\int \left(\dfrac{5}{3}\right)^x dx - 4\int \left(\dfrac{2}{3}\right)^x dx$

$$= \frac{3 \cdot \left(\dfrac{5}{3}\right)^x}{\ln \dfrac{5}{3}} - \frac{4 \cdot \left(\dfrac{2}{3}\right)^x}{\ln \dfrac{2}{3}} + C.$$

例 4.1.10 求 $\int \cos^2 \dfrac{x}{2} dx$.

解 $\int \cos^2 \dfrac{x}{2} dx = \int \dfrac{1+\cos x}{2} dx = \dfrac{1}{2} x + \dfrac{1}{2} \sin x + C.$

例 4.1.11 求 $\int 3\tan^2 x dx$.

解 先利用三角恒等式化成基本积分表中有的积分,然后再逐项求积分.

$$\int 3\tan^2 x dx = 3\int (\sec^2 x - 1) dx = 3\int \sec^2 x dx - 3\int dx$$

$$= 3\tan x - 3x + C.$$

例 4.1.12 求 $\int \dfrac{1+\cos^2 x}{2+2\cos 2x} dx$.

解　先利用三角函数的倍角关系化简被积函数,再逐项积分.

$$\int \frac{1+\cos^2 x}{2+2\cos 2x}\,\mathrm{d}x = \frac{1}{2}\int \frac{1+\cos^2 x}{2\cos^2 x}\,\mathrm{d}x = \frac{1}{4}\int \frac{1}{\cos^2 x}\,\mathrm{d}x + \frac{1}{4}\int \mathrm{d}x$$

$$= \frac{1}{4}\tan x + \frac{1}{4}x + C.$$

例 4.1.13　求 $\displaystyle\int \frac{1}{\sin^2 x\cos^2 x}\,\mathrm{d}x$.

解　$\displaystyle\int \frac{1}{\sin^2 x\cos^2 x}\,\mathrm{d}x = \int \frac{\sin^2 x + \cos^2 x}{\sin^2 x\cos^2 x}\,\mathrm{d}x = \int \frac{1}{\cos^2 x}\,\mathrm{d}x + \int \frac{1}{\sin^2 x}\,\mathrm{d}x$

$$= \tan x - \cot x + C.$$

前面谈到积分是微分的逆运算,但这里应该注意这个互逆的过程必须是对同一个变量作用,即 $\left(\displaystyle\int f(t)\,\mathrm{d}t\right)' = f(t)$.

若 $f'(t) = \varphi(t)$,则 $f(t) = \displaystyle\int f'(t)\,\mathrm{d}t = \int \varphi(t)\,\mathrm{d}t$.

例 4.1.14　设 $f'(\sin^2 x) = \cos^2 x$,且 $f(0) = 0$,求 $f(x)$.

解　令 $\sin^2 x = u$,由于 $\cos^2 x = 1 - \sin^2 x$,所以 $f'(u) = 1 - u$.

于是 $f(u) = \displaystyle\int f'(u)\,\mathrm{d}u = \int(1-u)\,\mathrm{d}u = u - \frac{u^2}{2} + C$,又将 $f(0) = 0$ 代入,得

$C = 0$. 所以 $f(u) = u - \dfrac{u^2}{2}$,即 $f(x) = x - \dfrac{x^2}{2}$.

由上面的例子可以看出,在很多情况下,被积函数在基本积分表中不一定找得到相应的公式,这时往往需要对被积函数进行各种恒等变形,如分解因式,多项式的增项减项,作三角变换等,最后将其变形成基本积分表中的类型积分.

习 题 4.1

1. 试述原函数与不定积分的定义,它们之间有什么联系?

2. 怎样理解微分与不定积分互为逆运算?

3. 填空,并计算相应的不定积分.

(1) ( )$' = 5$,$\displaystyle\int 5\,\mathrm{d}x$ _____;

(2) ( )$' = 4^x$,$\displaystyle\int 4^x\,\mathrm{d}x$ _____;

(3) ( )$' = \sec x\tan x$,$\displaystyle\int \sec x\tan x\,\mathrm{d}x =$ _____;

(4) ( )$' = 6x^3$,$\displaystyle\int 6x^3\,\mathrm{d}x$ _____;

(5) $\mathrm{d}(\quad) = \sin x \mathrm{d}x$，$\int \sin x \mathrm{d}x$ _____.

4. 计算下列不定积分.

(1) $\int (6x^4 - 3x + 2)\mathrm{d}x$；

(2) $\int x^2 \sqrt[4]{x}\,\mathrm{d}x$；

(3) $\int \dfrac{2\mathrm{d}x}{\sqrt{x}}$；

(4) $\int \dfrac{\mathrm{d}h}{\sqrt{2gh}}$；

(5) $\int \sqrt{x\sqrt{x}}\,\mathrm{d}x$；

(6) $\int (x^2 - 1)^2 \mathrm{d}x$；

(7) $\int (\sqrt{x} + 1)(\sqrt{x^3} - 1)\mathrm{d}x$；

(8) $\int \dfrac{1 + x^2}{\sqrt{x}}\,\mathrm{d}x$；

(9) $\int \dfrac{x^2}{5(1 + x^2)}\,\mathrm{d}x$；

(10) $\int \dfrac{3x^4 + 3x^2 + 1}{x^2 + 1}\,\mathrm{d}x$；

(11) $\int (9^x + 3\mathrm{e}^x)\mathrm{d}x$；

(12) $\int \mathrm{e}^x \left(2 + \dfrac{\mathrm{e}^{-x}}{\sqrt{x}}\right)\mathrm{d}x$；

(13) $\int \dfrac{3 \cdot 2^x + 5 \cdot 3^x}{2^x}\,\mathrm{d}x$；

(14) $\int \left(\dfrac{4}{1 + x^2} + \dfrac{3}{\sqrt{1 - x^2}}\right)\mathrm{d}x$；

(15) $\int \sec x(\sec x - 2\tan x)\mathrm{d}x$；

(16) $\int 3\cos^2 \dfrac{x}{2}\,\mathrm{d}x$；

(17) $\int 2\cot^2 x\,\mathrm{d}x$；

(18) $\int \dfrac{\mathrm{d}x}{1 + \cos 2x}$；

(19) $\int \dfrac{\cos 2x}{\sin x + \cos x}\,\mathrm{d}x$；

(20) $\int \dfrac{\cos 2x}{\sin^2 x \cos^2 x}\,\mathrm{d}x$.

5. 已知某函数 $F(x)$ 的导函数 $f(x) = \dfrac{2}{\sqrt{1 - x^2}}$，且 $F(1) = 2\pi$，求函数 $F(x)$.

6. 一曲线通过点 $(\mathrm{e}^2, 3)$，且在任一点处的切线的斜率等于该点横坐标的倒数，求该曲线的方程.

7. 设 $f(x) = \begin{cases} 1, & x \leqslant 0, \\ \mathrm{e}^x, & x > 0, \end{cases}$ 求 $F(x) = \int f(x)\mathrm{d}x$，且使 $F(0) = 0$.

4.2　换元积分法

利用基本积分表和不定积分的运算性质能够计算的不定积分是非常有限的，所以有必要寻求更多的积分方法. 本节将学习一种基本的积分法——换元积分法. 它与微分学中复合函数的微分法则相对应. 换元积分法通常分为两类，即第一类换元积分和第二类换元积分.

4.2.1　第一类换元法(凑微分法)

引例　求 $\int\cos2x\mathrm{d}x$.

由基本积分公式知道

$$\int\cos x\mathrm{d}x = \sin x + C,$$

但是 $\int\cos2x\mathrm{d}x \neq \sin2x + C$,这是因为

$$(\sin2x)' = \cos2x \cdot (2x)' = 2\cos2x \neq \cos2x,$$

所以 $\sin2x$ 不是 $\cos2x$ 的原函数. 于是看到在基本积分表中,当 $\int f(\ \ )\mathrm{d}(\ \ )$ 中的两个圆括弧的内容不一致时,不能直接用不定积分公式. 因此,为了对 $\cos2x$ 进行积分,我们利用变量替换,令 $u = 2x$, $\mathrm{d}u = (2x)'\mathrm{d}x = 2\mathrm{d}x$, $\mathrm{d}x = \dfrac{1}{2}\mathrm{d}u$,可得

$$\int\cos2x\mathrm{d}x = \int\cos u\Big(\frac{1}{2}\mathrm{d}u\Big) = \frac{1}{2}\int\cos u\mathrm{d}u = \frac{1}{2}\sin u + C.$$

再将变量还原,则 $\int\cos2x\mathrm{d}x = \dfrac{1}{2}\sin2x + C.$

定理 4.2　设 $F'(u) = f(u)$,又 $u = \varphi(x)$ 有连续导数,则

$$\int f[\varphi(x)]\varphi'(x)\mathrm{d}x = \Big[\int f(u)\mathrm{d}u\Big]_{u=\varphi(x)} = F[\varphi(x)] + C.$$

证　对上式右端关于 x 求导,

$$\frac{\mathrm{d}}{\mathrm{d}x}(F[\varphi(x)] + C) = F'(u)\varphi'(x) = f(u)\varphi'(x) = f[\varphi(x)]\varphi'(x)$$

所以 $\int f[\varphi(x)]\varphi'(x)\mathrm{d}x = \int f[\varphi(x)]\mathrm{d}\varphi(x) = \int f(u)\mathrm{d}u = F(u) + C = F[\varphi(x)] + C.$

第一类换元法也称为**凑微分法**. 它的基本思路是当 $\int g(x)\mathrm{d}x$ 在基本积分表中没有公式时,可以考虑变形被积表达式,使 $g(x)\mathrm{d}x = f[\varphi(x)]\varphi'(x)\mathrm{d}x$ 的形式,令 $u = \varphi(x)$,然后利用基本积分表对新变量 u 积分.

例 4.2.1　求 $\int\sin(\omega x + \varphi)\mathrm{d}x$(其中 ω,φ 为常数,且 $\omega \neq 0$).

解　令 $u = \omega x + \varphi$, $\mathrm{d}u = (\omega x + \varphi)'\mathrm{d}x = \omega\mathrm{d}x$,于是 $\mathrm{d}x = \dfrac{1}{\omega}\mathrm{d}u$,

$$\int\sin(\omega x + \varphi)\mathrm{d}x = \int\sin u \cdot \frac{\mathrm{d}u}{\omega} = \frac{1}{\omega}\int\sin u\mathrm{d}u = -\frac{1}{\omega}\cos u + C$$

$$= -\frac{1}{\omega}\cos(\omega x + \varphi) + C.$$

当对这种方法熟悉以后,就不再引入中间变量 u,而是将其中的 $\omega x + \varphi$ 看成一个整体而直接积分,即

$$\int \sin(\omega x + \varphi) \mathrm{d}x = \frac{1}{\omega} \int \sin(\omega x + \varphi) \mathrm{d}(\omega x + \varphi) = -\frac{1}{\omega} \cos(\omega x + \varphi) + C.$$

例 4.2.2 求 $\int 3x \mathrm{e}^{x^2} \mathrm{d}x$.

解 被积函数是幂函数与指数函数的乘积,而基本积分表中只有 $\int \mathrm{e}^t \mathrm{d}t = \mathrm{e}^t + C$,因此只有将 e^{x^2} 中的 x^2 看成一个整体,不难看出 $x\mathrm{d}x = \mathrm{d}\dfrac{x^2}{2}$,

$$\int 3x \mathrm{e}^{x^2} \mathrm{d}x = 3\int x \mathrm{e}^{x^2} \mathrm{d}x = 3\int \mathrm{e}^{x^2} \mathrm{d}\frac{x^2}{2} = \frac{3}{2} \mathrm{e}^{x^2} + C.$$

例 4.2.3 求 $\int \dfrac{\mathrm{d}x}{(3x-8)^3}$.

解 因为基本积分表中有 $\int x^\mu \mathrm{d}x = \dfrac{x^{\mu+1}}{\mu+1} + C(\mu \neq -1)$,而 $\mathrm{d}(3x-8) = 3\mathrm{d}x$,$\mathrm{d}x = \dfrac{1}{3}\mathrm{d}(3x-8)$.

故

$$\int \frac{\mathrm{d}x}{(3x-8)^3} = \frac{1}{3}\int \frac{\mathrm{d}(3x-8)}{(3x-8)^3} = \frac{1}{3} \cdot \frac{(3x-8)^{-3+1}}{-3+1} + C$$

$$= -\frac{1}{6} \cdot \frac{1}{(3x-8)^2} + C.$$

例 4.2.4 求 $\int \dfrac{\mathrm{d}x}{x(1+3\ln x)}$.

解 首先要注意到基本积分表中有 $\int \dfrac{\mathrm{d}x}{x} = \ln|x| + C$,又由于 $\mathrm{d}\ln x = \dfrac{1}{x}\mathrm{d}x$,所以

$$原式 = \int \frac{\mathrm{d}\ln x}{1+3\ln x} = \frac{1}{3}\int \frac{\mathrm{d}(1+3\ln x)}{1+3\ln x} = \frac{1}{3}\ln|1+3\ln x| + C.$$

例 4.2.5 求 $\int \dfrac{\mathrm{e}^{2\sqrt{x}}}{\sqrt{x}} \mathrm{d}x$.

解 由于 $\mathrm{d}\sqrt{x} = \dfrac{1}{2\sqrt{x}}\mathrm{d}x$,因此 $\dfrac{\mathrm{d}x}{\sqrt{x}} = \mathrm{d}(2\sqrt{x})$,故

$$原式 = \int \mathrm{e}^{2\sqrt{x}} \mathrm{d}(2\sqrt{x}) = \mathrm{e}^{2\sqrt{x}} + C.$$

例 4.2.6 求 $\int \dfrac{\mathrm{d}x}{\sqrt{x-x^2}}$.

解　$\displaystyle\int \frac{\mathrm{d}x}{\sqrt{x-x^2}} = \int \frac{\mathrm{d}x}{\sqrt{x}\cdot\sqrt{1-x}} = \int \frac{\mathrm{d}(2\sqrt{x})}{\sqrt{1-x}} = 2\int \frac{\mathrm{d}\sqrt{x}}{\sqrt{1-(\sqrt{x})^2}}$,由基本积

分公式$\displaystyle\int \frac{\mathrm{d}x}{\sqrt{1-x^2}} = \arcsin x + C$,原式 $= 2\arcsin\sqrt{x} + C$.

例 4.2.7　求$\displaystyle\int 2x\sqrt{1+x^2}\,\mathrm{d}x$.

解　不难看出被积函数中 $2x\,\mathrm{d}x = \mathrm{d}x^2$,而 $\mathrm{d}x^2 = \mathrm{d}(1+x^2)$,故

$$原式 = \int \sqrt{1+x^2}\,\mathrm{d}x^2 = \int \sqrt{1+x^2}\,\mathrm{d}(1+x^2),$$

将 $1+x^2$ 看成一个整体,利用$\displaystyle\int x^u\,\mathrm{d}x\left(\text{其中 } u = \frac{1}{2}\right)$的公式得

$$原式 = \frac{(1+x^2)^{\frac{1}{2}+1}}{\frac{1}{2}+1} + C = \frac{2}{3}(1+x^2)^{\frac{3}{2}} + C.$$

例 4.2.8　求$\displaystyle\int 5x^2\sqrt[3]{2+x^3}\,\mathrm{d}x$.

解　$\displaystyle 原式 = 5\int (2+x^3)^{\frac{1}{3}}\,\mathrm{d}\frac{x^3}{3} = \frac{5}{3}\int (2+x^3)^{\frac{1}{3}}\,\mathrm{d}(2+x^3)$

$$= \frac{5}{3}\cdot\frac{(2+x^3)^{\frac{1}{3}+1}}{\frac{1}{3}+1} + C = \frac{5}{4}(2+x^3)^{\frac{4}{3}} + C.$$

例 4.2.9　求$\displaystyle\int \mathrm{e}^{\arctan x}\,\frac{\mathrm{d}x}{1+x^2}$.

解　因为$\displaystyle\frac{\mathrm{d}x}{1+x^2} = \mathrm{d}\arctan x$,所以

$$原式 = \int \mathrm{e}^{\arctan x}\,\mathrm{d}\arctan x = \mathrm{e}^{\arctan x} + C.$$

从以上例子看到用第一类换元法计算不定积分,需要反复练习,掌握一些常见的凑微分技巧,加深理解,才能举一反三. 下面将经常遇到的凑微分方法归纳如下供读者参考.

(1) $\displaystyle\int f(ax+b)\,\mathrm{d}x = \frac{1}{a}\int f(ax+b)\,\mathrm{d}(ax+b)\ (a\neq 0)$;

(2) $\displaystyle\int xf(x^2)\,\mathrm{d}x = \frac{1}{2}\int f(x^2)\,\mathrm{d}x^2$;

(3) $\displaystyle\int x^{n-1}f(x^n)\,\mathrm{d}x = \frac{1}{n}\int f(x^n)\,\mathrm{d}(x^n)$;

(4) $\displaystyle\int \frac{f(\sqrt{x})}{\sqrt{x}}\mathrm{d}x = 2\int f(\sqrt{x})\mathrm{d}\sqrt{x}$;

(5) $\displaystyle\int \frac{1}{x}f(\ln x)\mathrm{d}x = \int f(\ln x)\mathrm{d}\ln x$;

(6) $\displaystyle\int \frac{1}{x^2}f\Big(\frac{1}{x}\Big)\mathrm{d}x = -\int f\Big(\frac{1}{x}\Big)\mathrm{d}\Big(\frac{1}{x}\Big)$;

(7) $\displaystyle\int \mathrm{e}^x f(\mathrm{e}^x)\mathrm{d}x = \int f(\mathrm{e}^x)\mathrm{d}\mathrm{e}^x$;

(8) $\displaystyle\int a^x f(a^x)\mathrm{d}x = \frac{1}{\ln a}\int f(a^x)\mathrm{d}(a^x)$;

(9) $\displaystyle\int \cos x f(\sin x)\mathrm{d}x = \int f(\sin x)\mathrm{d}\sin x$;

(10) $\displaystyle\int \sin x f(\cos x)\mathrm{d}x = -\int f(\cos x)\mathrm{d}\cos x$;

(11) $\displaystyle\int \frac{f(\tan x)}{\cos^2 x}\mathrm{d}x = \int f(\tan x)\mathrm{d}\tan x$;

(12) $\displaystyle\int \frac{f(\cot x)}{\sin^2 x}\mathrm{d}x = -\int f(\cot x)\mathrm{d}\cot x$;

(13) $\displaystyle\int \frac{1}{\sqrt{1-x^2}}f(\arcsin x)\mathrm{d}x = \int f(\arcsin x)\mathrm{d}\arcsin x$;

(14) $\displaystyle\int \frac{1}{1+x^2}f(\arctan x)\mathrm{d}x = \int f(\arctan x)\mathrm{d}\arctan x$;

下面继续用凑微分法推出 7 个常用的不定积分公式.

例 4.2.10 求 $\displaystyle\int \tan x\mathrm{d}x$.

解 $\displaystyle\int \tan x\mathrm{d}x = \int \frac{\sin x}{\cos x}\mathrm{d}x$. 将被积函数中的 $\cos x$ 看成一个整体,根据基本微

分运算知 $\sin x\mathrm{d}x = \mathrm{d}(-\cos x) = -\mathrm{d}\cos x$. 则原式 $= -\displaystyle\int \frac{\mathrm{d}\cos x}{\cos x} = -\ln|\cos x| + C$.

类似地,$\displaystyle\int \cot x\mathrm{d}x = \ln|\sin x| + C$.

例 4.2.11 求 $\displaystyle\int \frac{\mathrm{d}x}{a^2+x^2}(a\neq 0)$.

解 积分形似基本积分表中的 $\displaystyle\int \frac{\mathrm{d}x}{1+x^2} = \arctan x + C$,所以凑微分得

$$\int \frac{\mathrm{d}x}{a^2+x^2} = \int \frac{1}{a^2}\cdot\frac{1}{1+\Big(\dfrac{x}{a}\Big)^2}\mathrm{d}x = \frac{1}{a^2}\int \frac{1}{1+\Big(\dfrac{x}{a}\Big)^2}\cdot a\cdot\mathrm{d}\frac{x}{a}$$

$$= \frac{1}{a}\arctan\frac{x}{a}+C.$$

例 4.2.12　求 $\displaystyle\int\frac{\mathrm{d}x}{\sqrt{a^2-x^2}}(a>0).$

解　比较 $\displaystyle\int\frac{\mathrm{d}x}{\sqrt{1-x^2}}=\arcsin x+C,$ 有

$$原式=\int\frac{1}{a}\cdot\frac{\mathrm{d}x}{\sqrt{1-\left(\frac{x}{a}\right)^2}}=\int\frac{\mathrm{d}\frac{x}{a}}{\sqrt{1-\left(\frac{x}{a}\right)^2}}=\arcsin\frac{x}{a}+C.$$

例 4.2.13　求 $\displaystyle\int\frac{\mathrm{d}x}{x^2-a^2}.$

解　注意区分此例与例 4.2.12 中被积函数的变化.
因为

$$\frac{1}{x^2-a^2}=\frac{1}{2a}\left(\frac{1}{x-a}-\frac{1}{x+a}\right),$$

所以

$$原式=\frac{1}{2a}\int\left(\frac{1}{x-a}-\frac{1}{x+a}\right)\mathrm{d}x=\frac{1}{2a}\left(\int\frac{1}{x-a}\mathrm{d}x-\int\frac{1}{x+a}\mathrm{d}x\right)$$

$$=\frac{1}{2a}\left[\int\frac{1}{x-a}\mathrm{d}(x-a)-\int\frac{1}{x+a}\mathrm{d}(x+a)\right]$$

$$=\frac{1}{2a}(\ln|x-a|-\ln|x+a|)+C$$

$$=\frac{1}{2a}\ln\left|\frac{x-a}{x+a}\right|+C.$$

类似地, $\displaystyle\int\frac{\mathrm{d}x}{a^2-x^2}=\frac{1}{2a}\ln\left|\frac{a+x}{a-x}\right|+C.$

例 4.2.14　求 $\displaystyle\int\csc x\mathrm{d}x.$

解　$\displaystyle\int\csc x\mathrm{d}x=\int\frac{\mathrm{d}x}{\sin x}=\int\frac{\mathrm{d}x}{2\sin\frac{x}{2}\cos\frac{x}{2}}$

$$=\int\frac{\mathrm{d}\frac{x}{2}}{\tan\frac{x}{2}\cos^2\frac{x}{2}}=\int\frac{\sec^2\frac{x}{2}\mathrm{d}\frac{x}{2}}{\tan\frac{x}{2}}=\int\frac{\mathrm{d}\left(\tan\frac{x}{2}\right)}{\tan\frac{x}{2}}$$

$$= \ln \left| \tan \frac{x}{2} \right| + C.$$

此外

$$\tan \frac{x}{2} = \frac{\sin \frac{x}{2}}{\cos \frac{x}{2}} = \frac{2\sin^2 \frac{x}{2}}{\sin x} = \frac{1 - \cos x}{\sin x} = \csc x - \cot x,$$

所以上述不定积分也可表示为

$$\int \csc x \mathrm{d}x = \ln | \csc x - \cot x | + C.$$

例 4.2.15 求 $\int \sec x \mathrm{d}x.$

解 利用上例结果,可以得到

$$\int \sec x \mathrm{d}x = \ln | \sec x + \tan x | + C.$$

以下将介绍另外两种解法,读者可从中对比.

解法 1 原式 $= \int \frac{1}{\cos x} \mathrm{d}x = \int \frac{\cos x}{\cos^2 x} \mathrm{d}x = \int \frac{\mathrm{d}\sin x}{1 - \sin^2 x}$

$$= \frac{1}{2} \ln \left| \frac{1 + \sin x}{1 - \sin x} \right| + C \text{ (这里利用例 4.2.13 的结果).}$$

解法 2 原式 $= \int \frac{\sec x(\sec x + \tan x)}{\sec x + \tan x} \mathrm{d}x = \int \frac{\sec x \tan x + \sec^2 x}{\sec x + \tan x} \mathrm{d}x$

$$= \int \frac{\mathrm{d}(\sec x + \tan x)}{\sec x + \tan x} = \ln | \sec x + \tan x | + C.$$

由例 4.2.15 可以看出,对于同一个不定积分,用不同的方法来计算,所得到的结果在形式上可能有差异,但实际都没有错,它们之间最多只相差一个常数. 那么要检验不定积分的结果是否正确,只要将其结果求导数,看是否等于被积函数即可.

由例 4.2.10～例 4.2.15 我们又得到了 7 个基本的积分公式.

(14) $\int \tan x \mathrm{d}x = -\ln | \cos x | + C;$

(15) $\int \cot x \mathrm{d}x = \ln | \sin x | + C;$

(16) $\int \frac{\mathrm{d}x}{a^2 + x^2} = \frac{1}{a} \arctan \frac{x}{a} + C \ (a \neq 0);$

(17) $\int \frac{\mathrm{d}x}{x^2 - a^2} = \frac{1}{2a} \ln \left| \frac{x - a}{x + a} \right| + C;$

(18) $\int \frac{\mathrm{d}x}{\sqrt{a^2 - x^2}} = \arcsin \frac{x}{a} + C \ (a > 0);$

(19) $\int \sec x \mathrm{d}x = \ln | \sec x + \tan x | + C$；

(20) $\int \csc x \mathrm{d}x = \ln | \csc x - \cot x | + C$；

下面再介绍几个用第一类换元法求一些特殊的三角函数积分的例子.

例 4.2.16　求 $\int \cos 3x \cos 2x \mathrm{d}x$.

解　当被积函数出现两项三角函数乘积时,可以考虑先利用积化和差公式化简被积函数,再进一步计算.

$$
\begin{aligned}
原式 &= \frac{1}{2}\int (\cos x + \cos 5x)\mathrm{d}x \\
&= \frac{1}{2}\int \cos x \mathrm{d}x + \frac{1}{10}\int \cos 5x \mathrm{d}(5x) \\
&= \frac{1}{2}\sin x + \frac{1}{10}\sin 5x + C.
\end{aligned}
$$

例 4.2.17　求 $\int \sin^3 x \mathrm{d}x$.

解
$$
\begin{aligned}
\int \sin^3 x \mathrm{d}x &= \int \sin^2 x \sin x \mathrm{d}x = -\int (1 - \cos^2 x)\mathrm{d}\cos x \\
&= -\left[\int (1 - u^2)\mathrm{d}u\right]_{u=\cos x} = -u + \frac{1}{3}u^3 + C \\
&= -\cos x + \frac{1}{3}\cos^3 x + C.
\end{aligned}
$$

例 4.2.18　求 $\int \sin^2 x \cos^3 x \mathrm{d}x$.

解
$$
\begin{aligned}
\int \sin^2 x \cos^3 x \mathrm{d}x &= \int \sin^2 x \cos^2 x \cos x \mathrm{d}x \\
&= \int \sin^2 x (1 - \sin^2 x)\mathrm{d}\sin x \\
&= \int (\sin^2 x - \sin^4 x)\mathrm{d}\sin x \\
&= \frac{1}{3}\sin^3 x - \frac{1}{5}\sin^5 x + C.
\end{aligned}
$$

例 4.2.19　求 $\int \cos^2 x \mathrm{d}x$.

解
$$
\begin{aligned}
\int \cos^2 x \mathrm{d}x &= \int \frac{1 + \cos 2x}{2}\mathrm{d}x = \frac{1}{2}\left(\int \mathrm{d}x + \int \cos 2x \mathrm{d}x\right) \\
&= \frac{x}{2} + \frac{1}{4}\int \cos 2x \mathrm{d}(2x) = \frac{x}{2} + \frac{\sin 2x}{4} + C.
\end{aligned}
$$

例 4. 2. 20 求 $\int \sec^6 x \mathrm{d}x$.

解

$$\int \sec^6 x \mathrm{d}x = \int (\sec^2 x)^2 \sec^2 x \mathrm{d}x$$

$$= \int (1 + \tan^2 x)^2 \mathrm{d}\tan x$$

$$= \int (1 + 2\tan^2 x + \tan^4 x) \mathrm{d}\tan x$$

$$= \tan x + \frac{2}{3} \tan^3 x + \frac{1}{5} \tan^5 x + C.$$

三角函数的积分是非常灵活的,有些不能用换元法求出,如 $\int \sec^3 x \mathrm{d}x, \int \dfrac{\mathrm{d}x}{3 + 5\sin x}$ 等,这些后面介绍.

4. 2. 2 第二类换元法

上面介绍的第一类换元法是通过用变量代换将积分表中没有的积分化成基本积分公式的形式来积出,即

$$\int f[\varphi(x)]\varphi'(x)\mathrm{d}x = \left[\int f(u)\mathrm{d}u\right]_{u=\varphi(x)} = F[\varphi(x)] + C.$$

但是有一些积分却不能用这种方法求出,即其被积表达式不能凑成 $f[\varphi(x)]$ $\varphi'(x)\mathrm{d}x$ 的形式,此时不妨换一种思维,直接令积分变量 $x = \varphi(t)$,则

$$\int f(x)\mathrm{d}x = \int f[\varphi(t)]\mathrm{d}[\varphi(t)] = \int f[\varphi(t)]\varphi'(t)\mathrm{d}t.$$

将积分化为基本积分公式中的形式,对新的积分变量 t 积分,最后将 t 还原为 $x = \varphi(t)$ 的反函数 $t = \varphi^{-1}(x)$ 即可. 这就是**第二类换元法**.

定理 4. 3 设

(1) $x = \varphi(t)$ 有连续导数,且 $\varphi'(t) \neq 0$;

(2) $F(t)$ 是 $f[\varphi(t)]\varphi'(t)$ 的原函数. 则

$$\int f(x)\mathrm{d}x = F[\varphi^{-1}(x) + C],$$

其中 $t = \varphi^{-1}(x)$ 是 $x = \varphi(t)$ 的反函数.

证 由不定积分定义,只要证明 $\{F[\varphi^{-1}(x)]\}'_x = f(x)$ 即可. 由(1)知 $x = \varphi(t)$ 的反函数 $t = \varphi^{-1}(x)$ 存在且可导,$\dfrac{\mathrm{d}t}{\mathrm{d}x} = [\varphi^{-1}(x)]'_x = \dfrac{1}{\varphi'(t)}$,因此

$$\{F[\varphi^{-1}(x)]\}'_x = F'(t)\frac{\mathrm{d}t}{\mathrm{d}x} = f[\varphi(t)]\varphi'(t)\frac{1}{\varphi'(t)} = f(x),$$

即结论成立.

第二类换元法常用的代换有三种,即**三角代换**、**根式代换**和**倒代换**. 对于一些技巧性很强的特殊代换,这里就不过多介绍.

例 4. 2. 21　　求 $\displaystyle\int \sqrt{a^2-x^2}\,\mathrm{d}x$，其中 $a>0$.

解　设 $x=a\sin t\left(-\dfrac{\pi}{2}\leqslant t\leqslant\dfrac{\pi}{2}\right)$，则 $\mathrm{d}x=a\cos t\mathrm{d}t$.

由于 $a^2-x^2\geqslant0$，所以 $-a\leqslant x\leqslant a$，$-\dfrac{\pi}{2}\leqslant t\leqslant\dfrac{\pi}{2}\Big($ 为保证 $x'_t=a\cos t\neq0$，限制

$-\dfrac{\pi}{2}\leqslant t\leqslant\dfrac{\pi}{2}\Big)$，于是 $\sqrt{a^2-x^2}=\sqrt{a^2-a^2\sin^2 t}=|a\cos t|=a\cos t$，故

$$
\begin{aligned}
\int \sqrt{a^2-x^2}\,\mathrm{d}x &=\int \sqrt{a^2-a^2\sin^2 t}\cdot a\cos t\mathrm{d}t\\
&=\int a\cos t\cdot a\cos t\mathrm{d}t=a^2\int\cos^2 t\mathrm{d}t\\
&=\frac{a^2}{2}\int(1+\cos2t)\mathrm{d}t=\frac{a^2}{2}\left(t+\frac{1}{2}\sin2t\right)+C\\
&=\frac{a^2}{2}t+\frac{a^2}{2}\sin t\cos t+C.
\end{aligned}
$$

最后需要将变量 t 还原为 x 的函数. 由 $x=a\sin t$ 作出如图 4.3 所示的直角三角形，

$$
原式=\frac{a^2}{2}\arcsin\frac{x}{a}+\frac{x}{2}\sqrt{a^2-x^2}+C.
$$

例 4. 2. 22　　求 $\displaystyle\int \frac{\mathrm{d}x}{\sqrt{a^2+x^2}}$（其中 $a>0$）.

解　利用三角公式 $\tan^2 t+1=\sec^2 t$，设 $x=a\tan t\left(-\dfrac{\pi}{2}<t<\dfrac{\pi}{2}\right)$，则

$$
\mathrm{d}x=a\sec^2 t\mathrm{d}t,\qquad \sqrt{a^2+x^2}=a\sec t,
$$

从而有

$$
\int \frac{\mathrm{d}x}{\sqrt{a^2+x^2}}=\int \frac{a\sec^2 t\mathrm{d}t}{a\sec t}=\int\sec t\mathrm{d}t=\ln|\sec t+\tan t|+C_1.
$$

为了将最终结果表示为 x 的函数，由 $x=a\tan t$ 作出如图 4.4 所示的直角三角

形，由图示可知 $\tan t=\dfrac{x}{a}$，$\sec t=\dfrac{\sqrt{x^2+a^2}}{a}$，所以

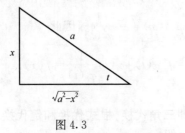

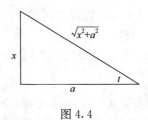

图 4.3　　　　　　　　　　　　　图 4.4

$$\int \frac{\mathrm{d}x}{\sqrt{a^2+x^2}} = \ln \left| \frac{x}{a} + \frac{\sqrt{x^2+a^2}}{a} \right| + C_1 = \ln |x+\sqrt{x^2+a^2}| + C,$$

其中 $C=C_1-\ln a$.

例 4.2.23　求 $\displaystyle\int \frac{\mathrm{d}x}{\sqrt{x^2-a^2}}$(其中 $a>0$).

解　利用三角公式 $\sec^2 t-1=\tan^2 t$,消去被积函数中的根号.

设 $x=a\sec t \left(0<t<\dfrac{\pi}{2}\right)$,则 $\mathrm{d}x=a\sec t\tan t\mathrm{d}t$, $\sqrt{x^2-a^2}=a\tan t$ 从而有

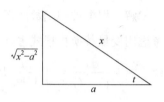

$$\int \frac{\mathrm{d}x}{\sqrt{x^2-a^2}} = \int \frac{a\sec t\tan t\mathrm{d}t}{a\tan t} = \int \sec t\mathrm{d}t$$

$$= \ln |\sec t+\tan t| + C_1.$$

由 $x=a\sec t$ 作出如图 4.5 所示的直角三角形,由图示可知

图 4.5

$$\sec t = \frac{x}{a}, \quad \tan t = \frac{\sqrt{x^2-a^2}}{a},$$

所以

$$\int \frac{\mathrm{d}x}{\sqrt{x^2-a^2}} = \ln \left| \frac{x}{a} + \frac{\sqrt{x^2-a^2}}{a} \right| + C_1 = \ln |x+\sqrt{x^2-a^2}| + C,$$

其中 $C=C_1-\ln a$.

从上面三个例子可以看出,当被积函数含有 $\sqrt{a^2-x^2}$, $\sqrt{x^2+a^2}$, $\sqrt{x^2-a^2}$ 时,可分别令 $x=a\sin t$(或 $x=a\cos t$), $x=a\tan t$(或 $x=a\cot t$), $x=a\sec t$(或 $x=a\csc t$). 这类代换称为三角代换,主要的作用是消去被积函数中的二次根式. 不过,有时也用于被积函数中不含根式的积分.

例 4.2.24　求 $\displaystyle\int \frac{\mathrm{d}x}{\sqrt{4x^2+9}}$.

解　原式 $\displaystyle\int \frac{\mathrm{d}x}{\sqrt{(2x)^2+3^2}} = \frac{1}{2} \int \frac{\mathrm{d}(2x)}{\sqrt{(2x)^2+3^2}}$,

利用例 4.2.22 的结论,可得

$$\int \frac{\mathrm{d}x}{\sqrt{4x^2+9}} = \frac{1}{2}\ln(2x+\sqrt{4x^2+9}) + C.$$

例 4.2.25　求 $\displaystyle\int \frac{\mathrm{d}x}{x^2\sqrt{1+x^2}}$ $(x>0)$.

解　由于被积函数中含有形如 $\sqrt{x^2+a^2}$ 的式子,所以作三角代换 $x=a\tan t$, $\mathrm{d}x=\sec^2 t\mathrm{d}t$, $\sqrt{1+x^2}=\sec t$,于是

$$原式 = \int \frac{\sec^2 t \mathrm{d}t}{\tan^2 t \cdot \sec t} = \int \frac{\cos t}{\sin^2 t} \mathrm{d}t = \int \frac{\mathrm{d}\sin t}{\sin^2 t} = -\frac{1}{\sin t} + C.$$

由图 4.3 所示可知，$\sin t = \dfrac{x}{\sqrt{1+x^2}}$，则

$$\int \frac{\mathrm{d}x}{x^2 \sqrt{1+x^2}} = -\frac{\sqrt{1+x^2}}{x} + C.$$

例 4.2.26 求 $\displaystyle\int \frac{\mathrm{d}x}{1+\sqrt{x}}$.

解 根据被积函数的形式可知用凑微分法很难求解，分母中有无理根式，先应考虑用变量替换将根式去除．设 $\sqrt{x} = t$，于是 $x = t^2$，$\mathrm{d}x = 2t\mathrm{d}t$ 则

$$\int \frac{\mathrm{d}x}{1+\sqrt{x}} = \int \frac{2t}{1+t} \mathrm{d}t = 2\int \left(1 - \frac{1}{1+t}\right) \mathrm{d}t = 2(t - \ln|1+t|) + C$$

$$= 2\big[\sqrt{x} - \ln|1+\sqrt{x}|\,\big] + C.$$

例 4.2.27 求 $\displaystyle\int \frac{\sqrt{x-1}}{x} \mathrm{d}x$.

解 要想消除被积函数中的根式，本题用三角代换并不是理想的方法，可以根据上例的基本思路，整体作根式代换．

令 $t = \sqrt{x-1}$，则 $x = t^2 + 1$，$\mathrm{d}x = 2t\mathrm{d}t$.

$$\int \frac{\sqrt{x-1}}{x} \mathrm{d}x = \int \frac{t}{t^2+1} \cdot 2t\mathrm{d}t = 2\int \frac{t^2}{t^2+1} \mathrm{d}t$$

$$= 2\int \left(1 - \frac{1}{t^2+1}\right) \mathrm{d}t$$

$$= 2t - 2\arctan t + C$$

$$= 2\sqrt{x-1} - 2\arctan\sqrt{x-1} + C.$$

例 4.2.28 求 $\displaystyle\int \frac{\mathrm{d}x}{\sqrt{x}(1+\sqrt[3]{x})}$.

解 当被积函数中含有两个或两个以上的根式，根式内函数形式相同，而根指数又不相同时，要想消去所有根式，通常取这两个根指数的分母的最小公倍数作为新变量的幂指数．

设 $x = t^6$，则 $\mathrm{d}x = 6t^5 \mathrm{d}t$.

$$\int \frac{\mathrm{d}x}{\sqrt{x}(1+\sqrt[3]{x})} = \int \frac{6t^5 \mathrm{d}t}{t^3(1+t^2)} = 6\int \frac{t^2}{(1+t^2)} \mathrm{d}t$$

$$= 6(t - \arctan t) + C$$

$$= 6(\sqrt[6]{x} - \arctan \sqrt[6]{x}) + C.$$

在例 4.2.25 中运用了三角代换求解不定积分,事实上也可以用倒代换求解.
如令 $x = \dfrac{1}{t}$,则 $dx = -\dfrac{1}{t^2}dt$,于是

$$\int \frac{dx}{x^2\sqrt{1+x^2}} = \int \frac{-t}{\sqrt{1+x^2}}dt = -\frac{1}{2}\int \frac{d(1+t^2)}{\sqrt{1+x^2}}$$

$$= -\sqrt{1+t^2} + C = -\sqrt{1+\frac{1}{x^2}} + C = -\frac{\sqrt{1+x^2}}{x} + C.$$

由第二类换元法,我们又得到三个常用的积分公式(其中常数 $a>0$),这就是

(22) $\displaystyle\int \sqrt{a^2-x^2}\,dx = \frac{a^2}{2}\arcsin\frac{x}{a} + \frac{x}{2}\sqrt{a^2-x^2} + C;$

(23) $\displaystyle\int \frac{dx}{\sqrt{x^2+a^2}} = \ln\left|x+\sqrt{x^2+a^2}\right| + C;$

(24) $\displaystyle\int \frac{dx}{\sqrt{x^2-a^2}} = \ln\left|x+\sqrt{x^2-a^2}\right| + C.$

习 题 4.2

1. 在下列等号右端的空白处填入适当的系数,使等式成立.

(1) $dx = \underline{\qquad} d(6x+2);$
(2) $xdx = \underline{\qquad} d(1-3x^2);$

(3) $e^{3x}dx = \underline{\qquad} d(e^{3x});$
(4) $e^{-\frac{x}{2}}dx = \underline{\qquad} d(2+e^{-\frac{x}{2}});$

(5) $\dfrac{dx}{\sqrt{x}} = \underline{\qquad} d(1-\sqrt{3x});$
(6) $\sin\dfrac{3x}{2}dx = \underline{\qquad} d\left(\cos\dfrac{3x}{2}\right);$

(7) $\dfrac{dx}{1+16x^2} = \underline{\qquad} d(\arctan 4x);$
(8) $\dfrac{dx}{x\ln x} = \underline{\qquad} d(2-3\ln\ln x).$

2. 若 $f(x)$ 为连续函数,且 $\displaystyle\int f(x)dx = F(x) + C$,则

(1) $\displaystyle\int f(2+x^3)x^2dx = \underline{\qquad};$
(2) $\displaystyle\int e^{-x}f(e^{-x})dx = \underline{\qquad};$

(3) $\displaystyle\int \frac{1}{x}f(\ln 2x)dx = \underline{\qquad};$
(4) $\displaystyle\int f(\cos^2 x)\sin x\cos x\,dx = \underline{\qquad}.$

3. 求下列不定积分.

(1) $\displaystyle\int e^{6s}ds;$
(2) $\displaystyle\int (3-2x)^5dx;$

(3) $\displaystyle\int \frac{dx}{1-3x};$
(4) $\displaystyle\int \frac{dx}{\sqrt[3]{2-3x}};$

(5) $\displaystyle\int x\mathrm{e}^{-x^2}\mathrm{d}x$;　　　　　(6) $\displaystyle\int 6x^2(x^3+2)^{18}\mathrm{d}x$;

(7) $\displaystyle\int \frac{\tan\sqrt{x}}{\sqrt{x}}\mathrm{d}x$;　　　　　(8) $\displaystyle\int \frac{\mathrm{e}^{\sqrt{x}}}{3\sqrt{x}}\mathrm{d}x$;

(9) $\displaystyle\int \frac{\mathrm{e}^x\mathrm{d}x}{\sqrt{1-\mathrm{e}^{2x}}}$;　　　　　(10) $\displaystyle\int \frac{\sin x\mathrm{d}x}{1+\cos^2 x}$;

(11) $\displaystyle\int \frac{\mathrm{d}x}{\mathrm{e}^x+\mathrm{e}^{-x}}$;　　　　　(12) $\displaystyle\int \frac{\sin x\cos x}{\sqrt{1+\sin^2 x}}\mathrm{d}x$;

(13) $\displaystyle\int \frac{\mathrm{d}x}{x\ln x\ln\ln x}$;　　　　　(14) $\displaystyle\int \frac{\mathrm{d}x}{2\arcsin x\sqrt{1-x^2}}$;

(15) $\displaystyle\int \frac{10^{2\arccos x}}{\sqrt{1-x^2}}\mathrm{d}x$;　　　　　(16) $\displaystyle\int \frac{\arctan\sqrt{x}}{\sqrt{x}(1+x)}\mathrm{d}x$;

(17) $\displaystyle\int \frac{x^2}{4+x^6}\mathrm{d}x$;　　　　　(18) $\displaystyle\int \frac{\mathrm{d}x}{\sin x\cos x}$;

(19) $\displaystyle\int \cos^3 x\mathrm{d}x$;　　　　　(20) $\displaystyle\int \cos 3x\cos 5x\mathrm{d}x$;

(21) $\displaystyle\int \sin 4x\sin 8x\mathrm{d}x$;　　　　　(22) $\displaystyle\int \sin^2(\omega t+\varphi)\mathrm{d}t$;

(23) $\displaystyle\int \frac{2x-3}{x^2-3x+8}\mathrm{d}x$;　　　　　(24) $\displaystyle\int \frac{1}{1-4x^2}\mathrm{d}x$;

(25) $\displaystyle\int \frac{\mathrm{d}x}{(x+1)(x+2)}$;　　　　　(26) $\displaystyle\int \frac{\mathrm{d}x}{x\sqrt{x^2-1}}\ (x>1)$;

(27) $\displaystyle\int \frac{x^2}{\sqrt{a^2-x^2}}\mathrm{d}x$;　　　　　(28) $\displaystyle\int \frac{1}{\sqrt{(1-x^2)^3}}\mathrm{d}x$;

(29) $\displaystyle\int \frac{\sqrt{x^2-4}}{x}\mathrm{d}x$;　　　　　(30) $\displaystyle\int \frac{1}{1+\sqrt{1+x}}\mathrm{d}x$;

(31) $\displaystyle\int \frac{\mathrm{d}x}{1+\sqrt{2x}}$;　　　　　(32) $\displaystyle\int \frac{\sqrt{x}}{\sqrt{x}-\sqrt[3]{x}}\mathrm{d}x$;

(33) $\displaystyle\int \frac{(1+\ln x)\mathrm{d}x}{(x\ln x)^2}$;　　　　　(34) $\displaystyle\int \frac{\mathrm{d}x}{\sqrt{5-2x+x^2}}$.

4. 设 $f(x^2-1)=\ln\dfrac{x^2}{x^2-2}$,且 $f[\varphi(x)]=\ln x$,求 $\displaystyle\int \varphi(x)\mathrm{d}x$.

4.3　分部积分法

4.2 节介绍的换元积分法,是在复合函数求导法则的基础上得到的,是不定积分计算中的一种重要方法. 但是,有些看起来很简单的积分,如$\int x\cos x\mathrm{d}x,\int\ln x\mathrm{d}x$,
却不能用换元积分法求出. 因此还要介绍另一种基本的不定积分方法,这就是分部
积分法. 分部积分法对应微分学中两个函数乘积的微分公式.

定理 4.4　设函数 $u(x)$ 及 $v(x)$ 都具有连续导数,则$\int u\mathrm{d}v = uv - \int v\mathrm{d}u.$

证　由两个函数乘积的微分公式

$$\mathrm{d}(uv) = v\mathrm{d}u + u\mathrm{d}v,$$

移项得

$$u\mathrm{d}v = \mathrm{d}(uv) - v\mathrm{d}u. \tag{4.1}$$

由于 $u(x),v(x)$ 具有连续导数,可知式(4.1)中三项均连续,所以它们的原函
数都存在. 对上述等式两端积分,得

$$\int u\mathrm{d}v = uv - \int v\mathrm{d}u, \text{或} \int uv'\mathrm{d}x = uv - \int vu'\mathrm{d}x. \tag{4.2}$$

式(4.2)称为**分部积分公式**. 用此公式求不定积分的方法称为**分部积分法**.

分部积分法主要用于两个函数乘积的积分,当$\int u\mathrm{d}v$ 的积分有困难时,利用公

式将其转化为$\int v\mathrm{d}u$ 的积分,转化后的积分很容易计算.

应用分部积分法的关键在于 u,v 的选择,一旦选择了其中一类函数为 u,那么
剩下部分为 $\mathrm{d}v$,对 $\mathrm{d}v$ 积分就可以求出 v,代入式(4.2)即得.

例 4.3.1　求$\int x\cos x\mathrm{d}x.$

解　被积函数是幂函数与三角函数的乘积,怎样选取 u 呢?

如果设 $u = x$,则 $\mathrm{d}u = \mathrm{d}x,\mathrm{d}v = \cos x\mathrm{d}x$ 两端积分,那么 $v = \sin x$,代入
式(4.2),则

$$\int x\cos x\mathrm{d}x = x\sin x - \int \sin x\mathrm{d}x,$$

显然转化后的积分$\int \sin x\mathrm{d}x$ 容易积出,所以

$$\int x\cos x\mathrm{d}x = x\sin x + \cos x + C.$$

如果开始假设 $u = \cos x$,则 $\mathrm{d}u = -\sin x\mathrm{d}x,\mathrm{d}v = x\mathrm{d}x$,两端积分,那么 $v = \dfrac{x^2}{2}$,

代入式(4.2),则

$$\int x\cos x\mathrm{d}x = \frac{x^2}{2}\cos x + \int \frac{x^2}{2}\sin x\mathrm{d}x.$$

转化后的积分比原积分更难以求出.

由此可见,选取 u 和 v 的重要性,一旦选取不当,可能无法积分.

例 4.3.2　求 $\int x\mathrm{e}^{2x}\mathrm{d}x$.

解　此被积函数为幂函数与指数函数的乘积,设 $u=x$,则 $\mathrm{d}u=\mathrm{d}x,\mathrm{d}v=\mathrm{e}^{2x}\mathrm{d}x=\mathrm{d}\left(\dfrac{1}{2}\mathrm{e}^{2x}\right),v=\dfrac{1}{2}\mathrm{e}^{2x}$,利用分部积分公式有

$$\int x\mathrm{e}^{2x}\mathrm{d}x=\int x\mathrm{d}\left(\frac{1}{2}\mathrm{e}^{2x}\right)=\frac{1}{2}x\mathrm{e}^{2x}-\frac{1}{2}\int\mathrm{e}^{2x}\mathrm{d}x=\frac{1}{2}x\mathrm{e}^{2x}-\frac{1}{4}\mathrm{e}^{2x}+C.$$

例 4.3.3　求 $\int x^2\sin x\mathrm{d}x$.

解　设 $u=x^2$,则 $\mathrm{d}u=2x\mathrm{d}x,\mathrm{d}v=\sin x\mathrm{d}x=\mathrm{d}(-\cos x)$,即 $v=-\cos x$,利用分部积分公式

$$\int x^2\sin x\mathrm{d}x=\int x^2\mathrm{d}(-\cos x)=-x^2\cos x+\int 2x\cos x\mathrm{d}x,$$

在使用了一次分部积分法后,转化后的积分 $\int 2x\cos x\mathrm{d}x$ 仍然不能通过基本积分表或者换元积分法求出,但是被积函数中 x 的幂已经较原积分中 x 的幂降低了一次,因此对该积分再用一次分部积分法,由例 4.3.1 知

$$\int 2x\cos x\mathrm{d}x=2x\sin x+2\cos x+C,$$

故

$$\int x^2\sin x\mathrm{d}x=-x^2\cos x+2x\sin x+2\cos x+C.$$

类似地,读者不妨练习求 $\int x^2\mathrm{e}^x\mathrm{d}x$,或者 $\int x^2\mathrm{e}^{2x}\mathrm{d}x$ 等.

总结上面三个例子可以知道,如果被积函数是幂函数与正（余）弦函数的乘积或幂函数与指数函数的乘积,形如

$$\int x^k\sin bx\mathrm{d}x,\int x^k\cos bx\mathrm{d}x,\int x^k\mathrm{e}^{ax}\mathrm{d}x\ (k\ \text{为自然数}).$$

则设幂函数为 u,剩下部分作为 $\mathrm{d}v$,这样用一次分部积分法就可以使幂函数的幂次降低一次,连续使用有限次可最终求出积分. 值得注意的是,在第二次甚至第三次使用分部积分法时,一定要选同一类函数为 u,剩下部分为 $\mathrm{d}v$,否则积不出.

例 4.3.4　求 $\int\ln x\mathrm{d}x$.

解　此被积函数可以看成是 $\ln x$ 与 1 的乘积,直接选 $u=\ln x,\mathrm{d}v=\mathrm{d}x$,则 $v=x$ 代入式(4.2)得

$$\int\ln x\mathrm{d}x=x\ln x-\int x\cdot\frac{1}{x}\mathrm{d}x=x\ln x-x+C.$$

例 4. 3. 5 求 $\int \arcsin x \mathrm{d}x$.

解 令 $u = \arcsin x, \mathrm{d}u = \dfrac{\mathrm{d}x}{\sqrt{1-x^2}}, \mathrm{d}v = \mathrm{d}x, v = x$ 则

$$\int \arcsin x \mathrm{d}x = x \arcsin x - \int x \mathrm{d}\arcsin x$$

$$= x \arcsin x - \int \frac{x}{\sqrt{1-x^2}} \mathrm{d}x$$

$$= x \arcsin x + \frac{1}{2} \int \frac{\mathrm{d}(1-x^2)}{\sqrt{1-x^2}}$$

$$= x \arcsin x + \sqrt{1-x^2} + C.$$

当被积函数为对数函数,反三角函数,或为对数函数,反三角函数与幂函数的乘积时,用分部积分法积分.

例 4. 3. 6 求 $\int x \ln x \mathrm{d}x$.

解 设 $u = \ln x, \mathrm{d}v = x \mathrm{d}x = \mathrm{d}\left(\dfrac{1}{2}x^2\right)$,即 $v = \dfrac{1}{2}x^2$,则

$$\int x \ln x \mathrm{d}x = \int \ln x \mathrm{d}\left(\frac{1}{2}x^2\right)$$

$$= \frac{1}{2}x^2 \ln x - \int \frac{1}{2}x^2 \mathrm{d}(\ln x)$$

$$= \frac{1}{2}x^2 \ln x - \frac{1}{2} \int x \mathrm{d}x$$

$$= \frac{1}{2}x^2 \ln x - \frac{x^2}{4} + C.$$

例 4. 3. 7 求 $\int x \arctan x \mathrm{d}x$.

解 类似地选反三角函数为 u,则

$$\int x \arctan x \mathrm{d}x = \int \arctan x \mathrm{d}\left(\frac{1}{2}x^2\right)$$

$$= \frac{x^2}{2} \arctan x - \frac{1}{2} \int \frac{x^2}{1+x^2} \mathrm{d}x$$

$$= \frac{x^2}{2} \arctan x - \frac{1}{2} \int \frac{1+x^2-1}{1+x^2} \mathrm{d}x$$

$$= \frac{x^2}{2} \arctan x - \frac{1}{2} \int \left(1 - \frac{1}{1+x^2}\right) \mathrm{d}x$$

$$= \frac{(x^2+1)}{2}\arctan x - \frac{1}{2}x + C.$$

通过以上四例,可以看出,如果不定积分形如

$$\int x^k \ln^m x \mathrm{d}x, \int x^k \arcsin x \mathrm{d}x, \int x^k \arctan x \mathrm{d}x, \quad m,k \text{ 为自然数},$$

则用分部积分法计算,通常选取对数函数或反三角函数作为 u,剩下部分为 $\mathrm{d}v$.

使用分部积分法积分时有一种情形很有意思,那就是重复使用分部积分法后,转化出的积分与原积分形式完全相同,这样通过移项解方程即可求出原不定积分.

例 4.3.8　求 $\int \mathrm{e}^x \sin x \mathrm{d}x$.

解　$\int \mathrm{e}^x \sin x \mathrm{d}x = \int \sin x \mathrm{d}\mathrm{e}^x = \mathrm{e}^x \sin x - \int \mathrm{e}^x \cos x \mathrm{d}x$,转化出的新的积分跟原积分是同一类型,因此再使用一次分部积分法,选择 u 的函数类型需要与上一次使用时选择的类型保持一致.

$$
\begin{aligned}
\int \mathrm{e}^x \sin x \mathrm{d}x &= \mathrm{e}^x \sin x - \int \mathrm{e}^x \cos x \mathrm{d}x \\
&= \mathrm{e}^x \sin x - \int \cos x \mathrm{d}\mathrm{e}^x \\
&= \mathrm{e}^x \sin x - \left[\mathrm{e}^x \cos x - \int \mathrm{e}^x \mathrm{d}\cos x \right] \\
&= \mathrm{e}^x \sin x - \mathrm{e}^x \cos x - \int \mathrm{e}^x \sin x \mathrm{d}x.
\end{aligned}
$$

以上恒等式中两端都出现了所要求的积分,将该积分移项合并,得

$$\int \mathrm{e}^x \sin x \mathrm{d}x = \frac{1}{2}\mathrm{e}^x(\sin x - \cos x) + C.$$

请读者自行练习 $\int \mathrm{e}^{2x} \cos^3 x \mathrm{d}x$.

例 4.3.9　求 $\int \sec^3 x \mathrm{d}x$.

解　由于 $\sec^2 x \mathrm{d}x = \mathrm{d}\tan x$,所以

$$
\begin{aligned}
\int \sec^3 x \mathrm{d}x &= \int \sec x \mathrm{d}\tan x = \sec x \cdot \tan x - \int \tan^2 x \sec x \mathrm{d}x \\
&= \sec x \cdot \tan x - \int \sec^3 x \mathrm{d}x + \int \sec x \mathrm{d}x \\
&= \sec x \cdot \tan x + \ln|\sec x + \tan x| - \int \sec^3 x \mathrm{d}x,
\end{aligned}
$$

故

$$\int \sec^3 x \mathrm{d}x = \frac{1}{2}(\sec x \cdot \tan x + \ln|\sec x + \tan x|) + C.$$

利用分部积分法还可推出一些函数的不定积分递推公式.

例 4.3.10　设 $I_n = \int \dfrac{\mathrm{d}x}{(a^2+x^2)^n}$,其中 $a>0, n$ 为正整数,求 I_n.

解　$I_1 = \dfrac{1}{a}\arctan\dfrac{x}{a}+C$,当 $n \geqslant 2$ 时,令 $u = \dfrac{1}{(a^2+x^2)^n}$,则

$$\mathrm{d}u = -n(a^2+x^2)^{-n-1}\cdot 2x\mathrm{d}x, \quad \mathrm{d}v = \mathrm{d}x, \quad v = x,$$

所以

$$\begin{aligned}
I_n &= \frac{x}{(a^2+x^2)^n} + 2n\int\frac{x^2}{(a^2+x^2)^{n+1}}\mathrm{d}x \\
&= \frac{x}{(a^2+x^2)^n} + 2n\int\frac{a^2+x^2-a^2}{(a^2+x^2)^{n+1}}\mathrm{d}x \\
&= \frac{x}{(a^2+x^2)^n} + 2n\int\frac{1}{(a^2+x^2)^n}\mathrm{d}x - 2na^2\int\frac{\mathrm{d}x}{(a^2+x^2)^{n+1}},
\end{aligned}$$

有 $I_n = \dfrac{x}{(a^2+x^2)^n} + 2nI_n - 2na^2I_{n+1}$,即 $2na^2I_{n+1} = \dfrac{x}{(a^2+x^2)^n} + (2n-1)I_n$,

$$I_{n+1} = \frac{1}{2na^2}\left[\frac{x}{(a^2+x^2)^n} + (2n-1)I_n\right].$$

换 $n+1$ 为 n,则

$$I_n = \frac{1}{2(n-1)a^2}\left[\frac{x}{(a^2+x^2)^{n-1}} + (2n-3)I_{n-1}\right], \quad \text{其中 } n = 2,3,4,\cdots.$$

例 4.3.11　设 $I_n = \int\sec^n x\,\mathrm{d}x$,求 I_n.

解　$\begin{aligned}[t]
I_n &= \int\sec^{n-2}x\,\mathrm{d}\tan x \\
&= \sec^{n-2}x\cdot\tan x - (n-2)\int\tan^2 x\cdot\sec^{n-2}x\,\mathrm{d}x \\
&= \sec^{n-2}x\cdot\tan x - (n-2)\int(\sec^2 x-1)\sec^{n-2}x\,\mathrm{d}x \\
&= \sec^{n-2}x\cdot\tan x - (n-2)\int\sec^n x\,\mathrm{d}x + (n-2)\int\sec^{n-2}x\,\mathrm{d}x,
\end{aligned}$

所以

$$(n-1)\int\sec^n x\,\mathrm{d}x = \sec^{n-2}x\cdot\tan x + (n-2)\int\sec^{n-2}x\,\mathrm{d}x,$$

$$\int\sec^n x\,\mathrm{d}x = \frac{1}{n-1}\sec^{n-2}x\cdot\tan x + \frac{n-2}{n-1}\int\sec^{n-2}x\,\mathrm{d}x,$$

故

$$I_n = \frac{1}{n-1}\sec^{n-2}x\cdot\tan x + \frac{n-2}{n-1}I_{n-2}.$$

此外还有一些抽象函数的导数的不定积分也要用分部积分法积出.

例 4.3.12　设 $f(x)$ 的一个原函数为 $\dfrac{\ln x}{x}$, 求 $\int x f'(x)\mathrm{d}x$.

解　由题意 $f(x)=\left(\dfrac{\ln x}{x}\right)'=\dfrac{1-\ln x}{x^2}$, 所以

$$\int x f'(x)\mathrm{d}x = \int x\mathrm{d}f(x) = x f(x) - \int f(x)\mathrm{d}x$$

$$= \frac{1-\ln x}{x} - \frac{\ln x}{x} + C$$

$$= \frac{1}{x} - \frac{2\ln x}{x} + C.$$

在一些积分问题中, 往往需要将分部积分法和换元积分法结合起来使用.

例 4.3.13　求 $\int \cos\sqrt{x}\,\mathrm{d}x$.

解　将换元法与分部积分法综合使用, 令 $\sqrt{x}=t$, 则 $x=t^2$, $\mathrm{d}x=2t\mathrm{d}t$, 于是有

$$\int \cos\sqrt{x}\,\mathrm{d}x = \int \cos t \cdot 2t\mathrm{d}t = 2\int t\mathrm{d}\sin t$$

$$= 2t\sin t - 2\int \sin t\mathrm{d}t$$

$$= 2t\sin t + 2\cos t + C,$$

最后将变量还原, 得

$$\int \cos\sqrt{x}\,\mathrm{d}x = 2\sqrt{x}\sin\sqrt{x} + 2\cos\sqrt{x} + C.$$

习 题 4.3

1. 分部积分法通常在什么情况下使用?

2. 用分部积分法计算 $\int \dfrac{e^x}{x}(1+x\ln x)\mathrm{d}x$, 有什么发现?

3. 求下列不定积分.

(1) $\int x e^{-2x}\mathrm{d}x$;

(2) $\int \arccos x\,\mathrm{d}x$;

(3) $\int x\sin x\mathrm{d}x$;

(4) $\int x^2\ln x\mathrm{d}x$;

(5) $\int x\cos\dfrac{x}{3}\mathrm{d}x$;

(6) $\int x\tan^2 x\mathrm{d}x$;

(7) $\int \dfrac{x}{\cos^2 x}\mathrm{d}x$;

(8) $\int x\arcsin x\mathrm{d}x$;

$(9) \displaystyle\int \mathrm{e}^x \cos x \mathrm{d}x;$

$(10) \displaystyle\int x \cos^2 \dfrac{x}{2} \mathrm{d}x;$

$(11) \displaystyle\int x \ln(x-3) \mathrm{d}x;$

$(12) \displaystyle\int \mathrm{e}^x \sin^2 x \mathrm{d}x;$

$(13) \displaystyle\int x^2 \cos x \mathrm{d}x;$

$(14) \displaystyle\int \mathrm{e}^{\sqrt[3]{x}} \mathrm{d}x;$

$(15) \displaystyle\int \arctan \sqrt{x} \mathrm{d}x;$

$(16) \displaystyle\int \cos(\ln x) \mathrm{d}x;$

$(17) \displaystyle\int \dfrac{x \arcsin x}{\sqrt{1-x^2}} \mathrm{d}x;$

$(18) \displaystyle\int \dfrac{x \arctan x}{\sqrt{1+x^2}} \mathrm{d}x;$

$(19) \displaystyle\int \sin\ln x \mathrm{d}x;$

(20) 设 $I_n = \displaystyle\int \ln^n x \mathrm{d}x$, n 为正整数, 求 I_n.

4.4　有理函数的积分

有理函数是指由两个多项式的商所表示的函数.
$$\frac{P(x)}{Q(x)} = \frac{a_n x^n + a_{n-1} x^{n-1} + \cdots + a_1 x + a_0}{b_m x^m + b_{m-1} x^{m-1} + \cdots + b_1 x + b_0},$$
其中 m, n 为正整数, $a_n, b_m \neq 0$. 另外, 假设 $P(x), Q(x)$ 没有公因子, 当 $n < m$ 时, 称为**真分式**; 反之, 当 $n \geqslant m$ 时, 称为**假分式**. 对于假分式, 可以利用多项式除法, 将其化为一个多项式与一个真分式之和的形式, 如
$$\frac{x^4 + x^2 + 2x + 1}{x^2 + 1} = x^2 + \frac{2x + 1}{x^2 + 1},$$
$$\frac{x^4 + x^3 - x - 3}{x^3 + x + 5} = x + 1 - \frac{x^2 + 7x + 8}{x^3 + x + 5}.$$

4.4.1　有理真分式分解为简单分式之和

设 $\dfrac{P(x)}{Q(x)}$ 是真分式, 根据代数基本定理, 实系数多项式 $Q(x)$ 的零点的个数与 $Q(x)$ 的次数相同, 零点可以是实数, 也可以是复数, 如果有复零点, 则复零点必共轭成对出现. 因此, $Q(x)$ 在实数范围内, 总可分解为一次因式与二次因式的乘积, 为了书写简单, 不妨设
$$Q(x) = b_0 (x-a)^\alpha (x^2 + px + q)^\lambda,$$
其中, α, λ 为正整数, 且 $p^2 - 4q < 0$. 这时必有唯一的分解式
$$\frac{P(x)}{Q(x)} = \frac{A_1}{(x-a)^\alpha} + \frac{A_2}{(x-a)^{\alpha-1}} + \cdots + \frac{A_\alpha}{(x-a)}$$
$$+ \frac{M_1 x + N_1}{(x^2 + px + q)^\lambda} + \frac{M_2 x + N_2}{(x^2 + px + q)^{\lambda-1}} + \cdots + \frac{M_\lambda x + N_\lambda}{x^2 + px + q},$$

其中 $A_i(i=1,2,\cdots,\alpha),M_k,N_k(k=1,2,\cdots,\lambda)$ 都是常数，它们的值待定. 右端每一个分式都称为简单分式.

例如

$$\frac{x^3+1}{x^4-3x^3+3x^2-x}=\frac{x^3+1}{x(x-1)^3}=\frac{A}{x}+\frac{B}{x-1}+\frac{C}{(x-1)^2}+\frac{D}{(x-1)^3},$$

$$\frac{x^3+3x+1}{(x+2)^2(x^2+x+1)^2}=\frac{A}{x+2}+\frac{B}{(x+2)^2}+\frac{Cx+D}{x^2+x+1}+\frac{Ex+F}{(x^2+x+1)^2},$$

其中的 A,B,C,D,E,F 是待定系数. 确定待定系数的方法通常有两种.

(1) 比较法:即将分解式两端消去分母，得到一个关于 x 的恒等式，比较恒等式两端同次幂的系数，得线性方程组，解方程组，求出待定系数.

(2) 赋值法:即将两端消去分母后，给 x 以适当的值代入恒等式，从而可得一组线性方程组，解此方程组，求出待定系数.

例 4.4.1 　将 $\dfrac{x+3}{x^2-5x+6}$ 化为最简分式之和.

解法 1(待定系数法)　由于分母 $x^2-5x+6=(x-2)(x-3)$,故可设

$$\frac{x+3}{x^2-5x+6}=\frac{A}{x-2}+\frac{B}{x-3},$$

其中 A,B 为待定系数. 利用比较系数法确定，将等式右端通分，得

$$\frac{x+3}{x^2-5x+6}=\frac{A(x-3)+B(x-2)}{(x-2)(x-3)},$$

两个相等分式的分母相同，分子必相等，即

$$x+3=A(x-3)+B(x-2),$$

则

$$x+3=(A+B)x-(3A+2B).$$

比较两端同次幂的系数，即有

$$\begin{cases}A+B=1,\\-3A-2B=3.\end{cases}$$

解得 $A=-5,B=6$. 所以

$$\frac{x+3}{x^2-5x+6}=\frac{-5}{x-2}+\frac{6}{x-3}.$$

解法 2(赋值法)　由于 $\dfrac{x+3}{x^2-5x+6}=\dfrac{A}{x-2}+\dfrac{B}{x-3}=\dfrac{A(x-3)+B(x-2)}{(x-2)(x-3)}$,所以

$$x+3=A(x-3)+B(x-2),$$

令 $x=3$,得 $B=6$,令 $x=2$,得 $A=-5$. 所以

$$\frac{x+3}{x^2-5x+6}=\frac{-5}{x-2}+\frac{6}{x-3}.$$

例 4.4.2 将 $\dfrac{x-3}{(x-1)(x^2-1)}$ 化为最简分式之和.

解 分母的两个因式 $x-1$ 与 x^2-1 有公因式,故需再分解成 $(x-1)^2(x+1)$. 设

$$\frac{x-3}{(x-1)(x^2-1)}=\frac{x-3}{(x-1)^2(x+1)}=\frac{A}{x-1}+\frac{B}{(x-1)^2}+\frac{C}{x+1},$$

等式右端通分后,两端分式的分子相等,有

$$x-3=(A+C)x^2+(B-2C)x+B+C-A,$$

则

$$\begin{cases} A+C=0, \\ B-2C=1, \\ B+C-A=-3, \end{cases}$$

解得

$$\begin{cases} A=1, \\ B=-1, \\ C=-1. \end{cases}$$

于是

$$\frac{x-3}{(x-1)(x^2-1)}=\frac{1}{x-1}-\frac{1}{(x-1)^2}-\frac{1}{x+1}.$$

4.4.2 有理函数的积分

由上面有理真分式的分解可见,真分式的积分可以化为下面四类简单分式的积分. 为简单起见,根据前面的知识,我们直接给出公式.

(1) $\displaystyle\int \frac{A}{x-a}dx = A\ln|x-a|+C$;

(2) $\displaystyle\int \frac{A}{(x-a)^n}dx = \frac{A}{1-n}(x-a)^{1-n}+C(n>1)$;

(3) $\displaystyle\int \frac{Ax+B}{x^2+px+q}dx = \frac{A}{2}\ln|x^2+px+q|+\frac{2B-Ap}{\sqrt{4q-p^2}}\arctan\frac{2x+p}{\sqrt{4q-p^2}}+C$,

其中 $p^2-4q<0$;

(4) $\displaystyle\int \frac{Ax+B}{(x^2+px+q)^n}dx = \frac{A}{2}\frac{1}{1-n}(u^2+a^2)^{1-n}+\left(B-\frac{Ap}{2}\right)I_n(n>1)$,其中

$u=x+\dfrac{p}{2}, a^2=q-\dfrac{p^2}{4}, I_n=\displaystyle\int \frac{du}{(u^2+a^2)^n}$.

例 4.4.3 求 $\displaystyle\int \frac{x-2}{x^2+2x+3}dx$.

解　被积函数分母在实数范围内不能分解因式时,常常采用配方法,

$$\int \frac{x-2}{x^2+2x+3}\mathrm{d}x = \int \frac{x+1-3}{(x+1)^2+2}\mathrm{d}(x+1)$$

$$= \left(\int \frac{u-3}{u^2+2}\mathrm{d}u\right)_{u=x+1}$$

$$= \int \frac{u}{u^2+2}\mathrm{d}u - 3\int \frac{\mathrm{d}u}{u^2+2}$$

$$= \frac{1}{2}\ln|u^2+2| - \frac{3}{\sqrt{2}}\arctan\frac{u}{\sqrt{2}} + C$$

$$= \frac{1}{2}\ln(x^2+2x+3) - \frac{3}{\sqrt{2}}\arctan\frac{x+1}{\sqrt{2}} + C.$$

在实际计算中,当分母 $Q(x)$ 中的 x 的次幂较高时,将 $Q(x)$ 分解因式有困难,待定的常数个数较多,计算量会很大,所以对某些有理函数的积分,可考虑采用一些特殊的方法.

例 4.4.4　求 $\int \dfrac{x}{(x-1)^7}\mathrm{d}x.$

解　令 $x-1=u, x=u+1, \mathrm{d}x=\mathrm{d}u,$

$$\int \frac{x}{(x-1)^7}\mathrm{d}x = \int \frac{u+1}{u^7}\mathrm{d}u = \int (u^{-6}+u^{-7})\mathrm{d}u$$

$$= -\frac{1}{5}u^{-5} - \frac{1}{6}u^{-6} + C$$

$$= -\frac{1}{5}(x-1)^{-5} - \frac{1}{6}(x-1)^{-6} + C.$$

例 4.4.5　求 $\int \dfrac{\mathrm{d}x}{x^6(x^2+1)}.$

解　令 $\dfrac{1}{x}=t, \mathrm{d}x=-\dfrac{\mathrm{d}t}{t^2},$

$$\int \frac{\mathrm{d}x}{x^6(x^2+1)} = -\int \frac{t^6}{t^2+1}\mathrm{d}t = -\int \left(t^4-t^2+1-\frac{1}{t^2+1}\right)\mathrm{d}t$$

$$= -\frac{1}{5}t^5 + \frac{t^3}{3} - t + \arctan t + C$$

$$= -\frac{1}{5x^5} + \frac{1}{3x^3} - \frac{1}{x} + \arctan \frac{1}{x} + C.$$

4.4.3　三角函数有理式积分

由基本三角函数及常数经过有限次四则运算而构成的函数称为三角有理

函数,三角有理函数的积分一般记为 $\int R(\sin x, \cos x) \mathrm{d}x$. 对三角有理函数的积分,有所谓"万能代换"的方法. 即令 $u = \tan \dfrac{x}{2}(-\pi < x < \pi)$,$x = 2\arctan u$,

$\mathrm{d}x = \dfrac{2}{1+u^2} \mathrm{d}u$. 由三角函数知道,$\sin x$ 与 $\cos x$ 都可以用 $\tan \dfrac{x}{2}$ 的有理式表示,即

$$\sin x = 2\sin \frac{x}{2}\cos \frac{x}{2} = \frac{2\tan \dfrac{x}{2}}{\sec^2 \dfrac{x}{2}} = \frac{2\tan \dfrac{x}{2}}{1+\tan^2 \dfrac{x}{2}},$$

$$\cos x = \cos^2 \frac{x}{2} - \sin^2 \frac{x}{2} = \frac{1-\tan^2 \dfrac{x}{2}}{\sec^2 \dfrac{x}{2}} = \frac{1-\tan^2 \dfrac{x}{2}}{1+\tan^2 \dfrac{x}{2}}.$$

故

$$\sin x = \frac{2u}{1+u^2}, \cos x = \frac{1-u^2}{1+u^2}.$$

于是

$$\int R(\sin x, \cos x)\mathrm{d}x = \int R\left(\frac{2u}{1+u^2}, \frac{1-u^2}{1+u^2}\right)\frac{2}{1+u^2}\mathrm{d}u.$$

从理论上讲,"万能代换"可以将任何一个三角函数有理式的积分化为有理函数的积分,而有理函数的积分都可以积出,所以三角函数有理式也都可以积出,只不过,有时用"万能代换"的过程比较烦琐,因此,要根据被积函数的具体情况,选择适当的方法.

例 4.4.6 求 $\int \dfrac{1}{1+\cos x}\mathrm{d}x$.

解法 1 用"万能代换"$u = \tan \dfrac{x}{2}$,

$$\int \frac{1}{1+\cos x}\mathrm{d}x = \int \frac{1}{1+\dfrac{1-u^2}{1+u^2}} \cdot \frac{2}{1+u^2}\mathrm{d}u = \int \mathrm{d}u$$

$$= u + C = \tan \frac{x}{2} + C.$$

解法 2 $\displaystyle\int \frac{1}{1+\cos x}\mathrm{d}x = \int \frac{1-\cos x}{1-\cos^2 x}\mathrm{d}x = \int \frac{\mathrm{d}x}{1-\cos^2 x} - \int \frac{\cos x\mathrm{d}x}{1-\cos^2 x}$

$$= \int \frac{1}{\sin^2 x}\mathrm{d}x - \int \frac{\mathrm{d}\sin x}{\sin^2 x} = -\cot x + \frac{1}{\sin x} + C$$

$$= \frac{1 - \cos x}{\sin x} + C = \tan \frac{x}{2} + C.$$

解法 3　$\displaystyle\int \frac{1}{1+\cos x} \mathrm{d}x = \int \frac{\mathrm{d}x}{2\cos^2 \dfrac{x}{2}} = \int \frac{\mathrm{d}\left(\dfrac{x}{2}\right)}{\cos^2 \dfrac{x}{2}} = \tan \frac{x}{2} + C.$

　　同一个积分如果有多种方法都可以计算，应注意选择较简单的方法，对于本题，显然解法三较简单.

　　最后，需要指出，在区间 I 上连续的函数必有原函数，由于初等函数在其定义区间上都是连续的，因而初等函数在其定义区间上必有原函数，也就是说不定积分存在. 但是初等函数的原函数不一定都是初等函数，如

$$\int \mathrm{e}^{-x^2} \mathrm{d}x, \int \frac{\sin x}{x} \mathrm{d}x, \int \frac{1}{\ln x} \mathrm{d}x, \int \sin x^2 \, \mathrm{d}x, \int \cos x^2 \, \mathrm{d}x, \int \frac{\mathrm{d}x}{\sqrt{1+x^4}}$$

等等，这些不定积分虽然存在，但是它们的原函数都不能用初等函数表示，我们称它们在不定积分意义下不可积.

习 题 4.4

　　1. 求下列不定积分.

（1）$\displaystyle\int \frac{x^3}{x+3} \mathrm{d}x$；

（2）$\displaystyle\int \frac{x}{(x+1)(2x+1)} \mathrm{d}x$；

（3）$\displaystyle\int \frac{1}{x^2+2x+5} \mathrm{d}x$；

（4）$\displaystyle\int \frac{\mathrm{d}x}{(x+1)(x^2+1)}$；

（5）$\displaystyle\int \frac{2\mathrm{d}x}{(x+1)(x+2)(x+3)}$；

（6）$\displaystyle\int \sqrt{\frac{1-x}{1+x}} \mathrm{d}x$.

　　2. 求下列不定积分.

（1）$\displaystyle\int \frac{\mathrm{d}x}{2+\sin x}$；

（2）$\displaystyle\int \frac{1+\sin x}{1-\cos x} \mathrm{d}x$.

4.5　不定积分的模型举例

　　由于不定积分是微分的逆运算，即知道了函数的导函数，反过来求原函数，因此凡是涉及已知某个量的导函数求原函数的问题都可以采用不定积分的数学模型加以解决. 下面分别对不定积分在几何、物理、经济学和生物学中的应用举一些实例.

4.5.1　在几何中的应用

　　例 4.5.1　设 $f(x)$ 的导函数 $f'(x)$ 为如图 4.6 所示的二次抛物线，且 $f(x)$ 的

极小值为 2,极大值为 6,试求 $f(x)$.

解 由题意可设 $f'(x)=ax(x-2)(a<0)$,则

$$f(x) = \int ax(x-2)\mathrm{d}x = a\left(\frac{x^3}{3}-x^2\right)+C.$$

则 $f'(x)=ax^2-2ax$,$f''(x)=2ax-2a$.

因为 $f'(0)=0$,$f'(2)=0$,且 $f''(0)>0$,
$f''(2)<0$,故极小值为 $f(0)=2$,极大值为
$f(2)=6$,又 $f(0)=C$,$f(2)=6$,故 $C=2$,$a=-3$.
于是

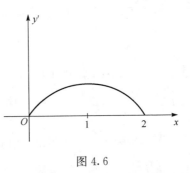

图 4.6

$$f(x)=-3\left(\frac{x^3}{3}-x^2\right)+2=-x^3+3x^2+2.$$

例 4.5.2 设 $F(x)$ 是 $f(x)$ 的一个原函数,$F(1)=\frac{\sqrt{2}}{4}\pi$,当 $x>0$ 时,

$f(x)F(x)=\dfrac{\arctan\sqrt{x}}{\sqrt{x}(1+x)}$,试求 $f(x)$.

解 由题意知 $F'(x)F(x)=\dfrac{\arctan\sqrt{x}}{\sqrt{x}(1+x)}$,则

$$\int F(x)\mathrm{d}F(x) = \int \frac{\arctan\sqrt{x}}{\sqrt{x}(1+x)}\mathrm{d}x = 2\int \frac{\arctan\sqrt{x}}{1+x}\mathrm{d}\sqrt{x}$$

$$= 2\int \arctan\sqrt{x}\,\mathrm{d}\arctan\sqrt{x} = (\arctan\sqrt{x})^2+C,$$

即 $\dfrac{1}{2}F^2(x)=(\arctan\sqrt{x})^2+C$,由 $F(1)=\dfrac{\sqrt{2}}{4}\pi$,解得 $C=0$. 所以 $F(x)=\sqrt{2}\arctan$

$\sqrt{x}$,则

$$f(x)=F'(x)=(\sqrt{2}\arctan\sqrt{x})'=\frac{\sqrt{2}}{2}\cdot\frac{1}{(1+x)\sqrt{x}}.$$

以上两个例子,主要用到不定积分和原函数的概念,读者在学习过程中要认真
领会.

4.5.2 在物理中的应用

例 4.5.3 某北方城市常年积雪,滑冰场完全靠自然结冰,结冰的速度由 $\dfrac{\mathrm{d}y}{\mathrm{d}t}=k\sqrt{t}$

($k>0$ 为常数)确定,其中 y 是从结冰起到时刻 t 时冰的厚度,求结冰厚度 y 关于时
间 t 的函数.

解　设结冰厚度 y 关于时间 t 的函数为 $y=y(t)$，则

$$y=\int kt^{\frac{1}{2}}\mathrm{d}t=\frac{2}{3}kt^{\frac{3}{2}}+C,$$

其中常数 C 由结冰的时间确定. 如果 $t=0$ 时开始结冰的厚度为 0，即 $y(0)=0$，代入上式得 $C=0$，即 $y=\frac{2}{3}kt^{\frac{3}{2}}$ 为结冰厚度关于时间的函数.

例 4.5.4　一电路中电流关于时间的变化率为 $\dfrac{\mathrm{d}i}{\mathrm{d}t}=4t-0.06t^2$，若 $t=0$ 时，$i=2\mathrm{A}$，求电流 i 关于时间 t 的函数.

解　由 $\dfrac{\mathrm{d}i}{\mathrm{d}t}=4t-0.06t^2$，求不定积分得

$$i(t)=\int(4t-0.06t^2)\mathrm{d}t=2t^2-0.02t^3+C.$$

将 $i(0)=2$ 代入上式，得 $C=2$. 则

$$i(t)=2t^2-0.02t^3+2.$$

4.5.3　在经济学中的应用

例 4.5.5　已知某公司的边际成本函数 $C'(x)=3x\sqrt{x^2+1}$，边际效益函数为 $R'(x)=\dfrac{7}{2}x(x^2+1)^{\frac{3}{4}}$，设固定成本是 10000（万元），试求此公司的成本函数和收益函数.

解　因为边际成本函数为 $C'(x)=3x\sqrt{x^2+1}$，所以成本函数为

$$
\begin{aligned}
C(x)&=\int C'(x)\mathrm{d}x=\int 3x\sqrt{x^2+1}\mathrm{d}x\\
&=\frac{3}{2}\int(x^2+1)^{\frac{1}{2}}\mathrm{d}(x^2+1)\\
&=\frac{3}{2}\cdot\frac{1}{\frac{1}{2}+1}(x^2+1)^{\frac{1}{2}+1}+c\\
&=(x^2+1)^{\frac{3}{2}}+c.
\end{aligned}
$$

又因固定成本为初始条件下产量为零时的成本，即 $C(0)=10000$（万元），代入上式得 $c=9999$（万元）. 故所求成本函数为 $C(x)=(x^2+1)^{\frac{3}{2}}+9999$（万元）.

类似地，收益与产品产量的关系为

$$
\begin{aligned}
R(x)&=\int R'(x)\mathrm{d}x=\int\frac{7}{2}x(x^2+1)^{\frac{3}{4}}\mathrm{d}x\\
&=\frac{7}{2}\cdot\frac{1}{2}\int(x^2+1)^{\frac{3}{4}}\mathrm{d}(x^2+1)
\end{aligned}
$$

$$= (x^2+1)^{\frac{7}{4}} + c.$$

又当 $x=0$ 时，$R(0)=0$，可得 $c=-1$，故所求收益函数为

$$R(x) = (x^2+1)^{\frac{7}{4}} - 1.$$

4.5.4　植物生长初步模型

1. 问题的提出

像人和动物生长依靠植物一样，植物生长主要依靠碳和氮元素. 植物需要的碳主要由大气提供，通过光合作用由叶吸收；而氮由土壤提供，通过植物的根部吸收. 植物吸收这些元素，在植物体内输送、结合导致植物生长. 这一过程的机理尚未完全研究清楚，有许多复杂的生物学模型试图解释这个过程. 激素肯定在植物生长的过程中起着重要的作用，这种作用有待于进一步弄清楚，现在这方面的研究正方兴未艾.

通过对植物生长过程的观察，可以发现以下五个基本的事实.

（1）碳由叶部吸收，氮由根部吸收；

（2）植物生长对碳氮元素的需求大致有一个固定的比例；

（3）碳可由叶部输送到根部，氮也可由根部输送至叶部；

（4）在植物生长的每一时刻补充的碳元素的多少与其叶部尺寸有关，补充的氮与其根部尺寸有关；

（5）植物生长过程中，叶部尺寸和根部尺寸维持着某种均衡的关系.

依据上述基本事实，避开其他更加复杂的因素，考虑能否建立一个描述单株植物在光合作用和从土壤吸收养料情形下的生长规律的实用的数学模型.

2. 植物生长过程中能量转换

植物组织生长所需要的能量是由促使从大气中获得碳和从土壤中获得氮相结合的光合作用提供的. 即将建立的模型主要考虑这两种元素，不考虑其他的化学物质.

叶接受光照同时吸收二氧化碳通过光合作用形成糖. 根吸收氮并通过代谢转化为蛋白质，蛋白质构成新的细胞和组织的成分，糖是能量的来源.

糖的能量有以下四方面的用途.

工作能——根部吸收氮和在植物内部输送碳和氮需要的能量；

转化能——将氮转化为蛋白质和将葡萄糖转化为其他糖类和脂肪所需的能量；

结合能——将大量分子结合成为组织需要的能量；

维持能——用来维持很容易分解的蛋白质结构稳定的能量.

在植物的每个细胞中,碳和氮所占的比例大体上是固定的,新产生细胞中碳和氮也保持相同的比例,我们不妨将植物想象成由保存在一些"仓库"中的碳和氮构成的,碳和氮可以在植物的其他部分和仓库之间运动. 诚然,这样的仓库实际上并不存在,但对人们直观想象植物的生长过程是有好处的.

通常植物被分成根、茎、叶三部分,但我们将其简化为两部分,生长在地下的根部和生长在地上的叶部.

由于植物生长过程比较复杂,我们分三个阶段分别建立三个独立的模型,但由于所学知识的限制,这里我们只讨论初步模型.

3. 植物生长初步模型

若不区分植物的根部和叶部,也不分碳和氮,笼统地将生长过程视作植物吸收养料而长大,就可以得到一个简单的数学模型.

由于不分根和叶也不分碳和氮,设想植物吸收的养料和植物的体积成正比是有一定道理的. 设植物的质量为 W,体积为 V,则 $\dfrac{dW}{dt}$ 与 V 成正比,即

$$\frac{dW}{dt} = kV,$$

其中 k 为比例系数. 若设 ρ 为植物的密度,则

$$\frac{dW}{dt} = k\frac{W}{\rho}. \tag{4.3}$$

式(4.3)称为植物生长方程,将其改写为 $\dfrac{dW}{W} = \dfrac{k}{\rho}dt$,对 t 积分有 $\ln W = \dfrac{k}{\rho}t + C_1$,$W = e^{\frac{k}{\rho}t + C_1} = Ce^{\frac{k}{\rho}t}$,若 $W|_{t=0} = W_0$,则 $C = W_0$,故

$$W = W_0 e^{\frac{kt}{\rho}},$$

其中 W_0 为初始时植物的质量. 这里常数 k 不仅与可供给的养料有关,而且与养料转化成的能量中的结合能、维持能和工作能的比例有关.

这个生长方程的解是一个指数函数,随时间的增长可无限地增大,这是不符合实际的,事实上随着植物长大,需要的维持能增加了,结合能随之减少,植物生长减缓,所以要修改这个模型. 于是为了反映这一现象,可将 k 取为变量,随着植物的长大而变小. 例如,取 $k = a - bW, a, b$ 为正常数,生长方程化为

$$\frac{dW}{dt} = (a - bW)\frac{W}{\rho},$$

令 $k = \dfrac{a}{\rho}, W_m = \dfrac{k\rho}{b}$,上式可写成

$$\frac{dW}{dt} = kW\frac{W_m - W}{W_m},$$

即 $\dfrac{\mathrm{d}W}{(W_{\mathrm{m}}-W)W}=\dfrac{k}{W_{\mathrm{m}}}\mathrm{d}t$,两端积分有 $\displaystyle\int\dfrac{\mathrm{d}W}{(W_{\mathrm{m}}-W)W}=\int\dfrac{k}{W_{\mathrm{m}}}\mathrm{d}t$,

$$\frac{1}{W_{\mathrm{m}}}\int\Big(\frac{1}{(W_{\mathrm{m}}-W)}+\frac{1}{W}\Big)\mathrm{d}W=\int\frac{k}{W_{\mathrm{m}}}\mathrm{d}t,$$

$$\ln\frac{W}{W_{\mathrm{m}}-W}=kt+C_2,$$

即 $\dfrac{W}{W_{\mathrm{m}}-W}=c\mathrm{e}^{kt}$,将 $t=0$ 时,$W=W_0$,代入得 $C=\dfrac{W_0}{W_{\mathrm{m}}-W_0}$,所以

$$\frac{W}{W_{\mathrm{m}}-W}=\frac{W_0}{W_{\mathrm{m}}-W_0}\mathrm{e}^{kt},$$

解方程得

$$W(t)=\frac{W_{\mathrm{m}}}{1-\Big(1-\dfrac{W_{\mathrm{m}}}{W_0}\Big)\mathrm{e}^{-kt}}.$$

　　显然,$W(t)$ 是 t 的单调增加函数,且当 $t\to\infty$ 时,$W(t)\to W_{\mathrm{m}}$,即 W_{m} 的实际意义是植物的极大质量.

　　事实上,本问题要全部得到解决还需要建立碳氮需求比例模型,寻求植物生长与碳氮的函数关系 $f(C,N)$ 以及质量守恒方程,最后是对模型的求解与验证,有兴趣的同学可参考复旦大学出版社(2004 年)出版的由谭永基和蔡志杰等编写的《数学模型》.

复习题 4
A

1. 求下列不定积分.

(1) $\displaystyle\int\frac{x}{(1-x)^3}\mathrm{d}x$;

(2) $\displaystyle\int\frac{\mathrm{d}x}{\mathrm{e}^x+\mathrm{e}^{-x}}$;

(3) $\displaystyle\int\frac{\mathrm{e}^x(1+\mathrm{e}^x)}{\sqrt{1-\mathrm{e}^{2x}}}\mathrm{d}x$;

(4) $\displaystyle\int\frac{x^2}{1-x^6}\mathrm{d}x$;

(5) $\displaystyle\int\frac{1+\cos x}{x+\sin x}\mathrm{d}x$;

(6) $\displaystyle\int\frac{1+\ln x}{(x\ln x)^2}\mathrm{d}x$;

(7) $\displaystyle\int\frac{\sin x\cos x}{1+\sin^4}\mathrm{d}x$;

(8) $\displaystyle\int\frac{\ln\ln x}{x}\mathrm{d}x$;

(9) $\displaystyle\int x\sin^2 x\mathrm{d}x$;

(10) $\displaystyle\int\sqrt{\frac{3+x}{3-x}}\mathrm{d}x$;

(11) $\displaystyle\int \frac{\mathrm{d}x}{\sqrt{1+\mathrm{e}^x}}$;

(12) $\displaystyle\int \arctan \sqrt{x}\,\mathrm{d}x$;

(13) $\displaystyle\int \frac{\sqrt[3]{x}}{x(\sqrt{x}+\sqrt[3]{x})}\,\mathrm{d}x$;

(14) $\displaystyle\int \frac{x\arccos x}{\sqrt{1-x^2}}\,\mathrm{d}x$;

(15) $\displaystyle\int \sqrt{1-x^2}\arcsin x\,\mathrm{d}x$;

(16) $\displaystyle\int \frac{\mathrm{d}x}{1+\tan x}$;

(17) $\displaystyle\int x\ln \frac{1+x}{1-x}\,\mathrm{d}x$;

(18) $\displaystyle\int xf''(x)\,\mathrm{d}x$.

2. 设 $f'(\sin x)=\cos x$, 求 $f(x)$.

3. 设 $f(x)$ 的一个原函数为 $\ln(x+\sqrt{1+x^2})$, 求 $\displaystyle\int xf'(x)\,\mathrm{d}x$.

B

1. 一物体由静止开始做直线运动, 经 t 秒后的速度为 $3t^2(\mathrm{m/s})$, 问: 经 3s 后物体离开出发点的距离是多少?

2. 设平面上有一运动着的质点, 它在 x 轴方向和 y 轴方向的分速度分别为 $v_x=5\sin t$, $v_y=2\cos t$, 又 $x|_{t=0}=5$, $y|_{t=0}=0$, 求质点的运动方程.

3. 某产品的边际收益函数与边际成本函数分别为 $R'(Q)=18$(万元/吨), $C'(Q)=3Q^2-18Q+33$(万元/吨), 其中 Q 为产量(单位: 吨), $0\leqslant Q\leqslant 10$, 且固定成本为 10 万元, 求当产量 Q 为多少时, 利润最大.

第 5 章 定积分及其应用

定积分概念是微积分学的一个基本概念,是人类认识客观世界的典型数学模型之一. 本章将通过对曲边梯形的面积和变速直线运动的路程问题的研究,引出定积分的概念,继而研究其性质、计算方法,导出微积分基本公式,即牛顿-莱布尼茨公式,最后介绍定积分模型在几何和物理等方面的应用.

5.1 定积分的概念与性质

5.1.1 引例

1. 曲边梯形的面积

在初等数学中,一些常见几何图形的面积我们都可以用公式进行计算,如矩形、三角形、圆、扇形等. 但是对于由一般曲线所围成图形的面积,就没有公式可以计算了,所以需要寻求新的解决方法. 为此,我们先来研究曲边梯形面积的计算,因为任何平面图形面积的计算都可以归结为曲边梯形面积的计算.

设曲线 $y=f(x)$ 是定义在区间 $[a,b]$ 上的非负连续函数. 由曲线 $y=f(x)$,直线 $x=a$, $x=b$ 以及 x 轴所围成的平面图形(图 5.1)称为曲边梯形,求曲边梯形的面积 A.

由图 5.1 可以看出,曲边梯形的面积取决于区间 $[a,b]$ 以及定义在该区间上的函数 $y=f(x)$ 这两个因素.

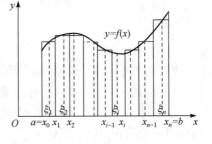

图 5.1

首先在 $[a,b]$ 上任意插入 $n-1$ 个分点,使 $a=x_0<x_1<x_2<\cdots x_{n-1}<x_n=b$,将 $[a,b]$ 分成 n 个小区间,再过各分点作平行于 y 轴的线段,将整个曲边梯形分成 n 个小曲边梯形. 在每个小区间 $[x_{i-1},x_i]$ 上任取一点 ξ_i,以 $f(\xi_i)$ 为高,$[x_{i-1},x_i]$ 为底作一个小矩形,用这个小矩形的面积 $f(\xi_i)(x_i-x_{i-1})$ 近似代替第 i 个小曲边梯形的面积. 然后就用所有这些小矩形面积之和作为整个曲边梯形面积的近似值. 显然 $[a,b]$ 划分越细,近似程度越好. 如果把区间 $[a,b]$ 无限细分下去,即让最大的小区间的长度都趋于零,那么所有小矩形面积之和的极限就是整个大的曲边梯形的面积.

以上分析过程可归纳为下述四个步骤.

(1) 分割 将 $[a,b]$ 任意划分为 n 个小区间,即插入 $n-1$ 个分点,使

$$a = x_0 < x_1 < x_2 < \cdots x_{n-1} < x_n = b,$$

记第 i 个小区间的长度为 $\Delta x_i = x_i - x_{i-1}(i=1,2,\cdots,n)$；

(2) 近似　在每个小区间 $[x_{i-1},x_i]$ 上任取一点 $\xi_i, x_{i-1} \leqslant \xi_i \leqslant x_i$，以 $[x_{i-1},x_i]$ 为底，$f(\xi_i)$ 为高的小矩形面积近似地代替第 i 个小曲边梯形的面积 ΔA_i，则

$$\Delta A_i \approx f(\xi_i)\Delta x_i.$$

(3) 求和　将所有小矩形面积之和作为整个曲边梯形面积的近似值，即

$$A \approx \sum_{i=1}^{n} f(\xi_i)\Delta x_i.$$

(4) 取极限　记 $\lambda = \max\limits_{1 \leqslant i \leqslant n}\{\Delta x_i\}$，如果无论 $[a,b]$ 怎样分，点 ξ_i 怎样取，都有

$$\lim_{\lambda \to 0} \sum_{i=1}^{n} f(\xi_i)\Delta x_i = A,$$

则称此极限值 A 就是曲边梯形面积的准确值.

2. 变速直线运动的路程

设质点 M 做变速直线运动，速度 $v = v(t)$ 是时间 t 的连续函数，$t \in [T_1, T_2]$，且 $v(t) \geqslant 0$，试计算在时间间隔 $[T_1, T_2]$ 内质点 M 所经过的路程 s (图 5.2).

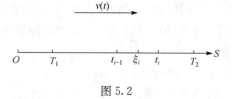

图 5.2

我们仍然可以采用与上面类似的方法，分四个步骤求路程.

(1) 分割　将 $[T_1, T_2]$ 任意分成 n 个小区间，分点为

$$T_1 = t_0 < t_1 < t_2 < \cdots t_{n-1} < t_n = T_2,$$

记第 i 个小区间的长度为 $\Delta t_i = t_i - t_{i-1}(i=1,2,\cdots,n)$；

(2) 近似　在每个小段时间区间 $[t_{i-1}, t_i]$ 上任取一时刻 ξ_i，将 ξ_i 时刻的速度 $v(\xi_i)$ 看成 $[t_{i-1}, t_i]$ 上每一时刻的速度，从而得到部分路程 Δs_i 的近似值

$$\Delta s_i \approx v(\xi_i)\Delta t_i;$$

(3) 求和　将所有小段部分路程之和近似代替整段路程，即

$$s \approx \sum_{i=1}^{n} v(\xi_i)\Delta t_i;$$

(4) 取极限　记 $\lambda = \max\limits_{1 \leqslant i \leqslant n}\{\Delta t_i\}$，如果无论 $[T_1, T_2]$ 怎样分，点 ξ_i 怎样取，都有

$$\lim_{\lambda \to 0} \sum_{i=1}^{n} v(\xi_i)\Delta t_i = s.$$

则称此极限值 s 为质点从 T_1 时刻到 T_2 时刻所经过的路程.

从以上两个例子可以看出,虽然问题不同,但解决问题的方法和步骤都相同,且都可以归结为一种具有相同数学结构的特定和式的极限形式,即

$$\lim_{\lambda \to 0} \sum_{i=1}^{n} f(\xi_i) \Delta x_i,$$

这就是定积分的数学模型. 事实上,在其他众多学科领域,还有许多重要的量的计算也可以归结为这种特定和式的极限. 抛开这些量的具体含义,仅保留其数学的形式,我们可以抽象出定积分的概念.

5.1.2　定积分的定义

定义 5.1　设函数 $f(x)$ 在区间 $[a,b]$ 上有界,将 $[a,b]$ 任意划分为 n 个小区间,分点为

$$a = x_0 < x_1 < x_2 < \cdots x_{n-1} < x_n = b.$$

在每个小区间 $[x_{i-1}, x_i]$ 上任取一点 ξ_i,记 $\Delta x_i = x_i - x_{i-1}, \lambda = \max\limits_{1 \leqslant i \leqslant n} \{\Delta x_i\}$,作和式 $\sum\limits_{i=1}^{n} f(\xi_i) \Delta x_i$,如果无论区间 $[a,b]$ 怎样分以及 $[x_{i-1}, x_i]$ 上的点 ξ_i 怎样取, $\lim\limits_{\lambda \to 0} \sum\limits_{i=1}^{n} f(\xi_i) \Delta x_i$ 都存在,则称函数 $f(x)$ 在区间 $[a,b]$ 上**可积**,并称此极限值为函数 $f(x)$ 在 $[a,b]$ 上的**定积分**,记为

$$\int_a^b f(x) \mathrm{d}x = \lim_{\lambda \to 0} \sum_{i=1}^{n} f(\xi_i) \Delta x_i,$$

其中 $f(x)$ 称为**被积函数**, $f(x)\mathrm{d}x$ 称为**被积表达式**, x 称为**积分变量**, a 和 b 分别称为**积分下限和上限**, $[a,b]$ 称为**积分区间**.

按照定积分的定义,由曲线 $y = f(x)$ $(f(x) \geqslant 0)$ 及直线 $x = a, x = b(a < b)$, $y = 0$ 所围成的曲边梯形的面积为

$$A = \int_a^b f(x) \mathrm{d}x,$$

以速度 $v(t)$ 做变速直线运动的质点在 $[T_1, T_2]$ 内所走过的路程为

$$S = \int_{T_1}^{T_2} v(t) \mathrm{d}t.$$

关于定积分的定义需要注意如下几点.

(1) 从定积分的定义可以看出,当 $\lim\limits_{\lambda \to 0} \sum\limits_{i=1}^{n} f(\xi_i) \Delta x_i$ 存在时,其极限值仅与被积函数 $f(x)$ 和积分区间 $[a,b]$ 有关,与积分变量用什么字母无关,即

$$\int_a^b f(x) \mathrm{d}x = \int_a^b f(t) \mathrm{d}t = \int_a^b f(u) \mathrm{d}u;$$

(2) $f(x)$ 在区间 $[a,b]$ 上可积是无论区间 $[a,b]$ 怎样分，点 ξ_i 怎样取，$\lim\limits_{\lambda\to0}\sum\limits_{i=1}^{n}f(\xi_i)\Delta x_i$ 都存在并且等于同一常数；

(3) 当 $\lambda=\max\limits_{1\leqslant i\leqslant n}\{\Delta t_i\}$ 趋于零时，分点无限增多，小区间的个数 $n\to\infty$，但反之，当 $n\to\infty$ 时，不能保证 $\lambda\to0$，这是因为分割任意，当小区间的个数趋于 ∞ 时，不能保证每个小区间的长度都趋于 0.

5.1.3　可积的充分条件

对于定积分，我们还有必要搞清楚一个重要的问题：函数 $f(x)$ 在区间 $[a,b]$ 上满足怎样的条件时，$f(x)$ 在区间 $[a,b]$ 上一定可积？针对这个问题，下面给出两个充分条件.

定理 5.1　设 $f(x)$ 在区间 $[a,b]$ 上连续，则 $f(x)$ 在区间 $[a,b]$ 上可积.

定理 5.2　设 $f(x)$ 在区间 $[a,b]$ 上有界，且只有有限个第一类间断点，则 $f(x)$ 在区间 $[a,b]$ 上可积.

5.1.4　定积分的几何意义

当 $f(x)\geqslant0\,(a\leqslant x\leqslant b)$ 时，定积分 $\int_a^b f(x)\mathrm{d}x$ 在几何上表示由曲线 $y=f(x)$，直线 $x=a,x=b$ 以及 x 轴所围成的曲边梯形的面积；

当 $f(x)<0\,(a\leqslant x\leqslant b)$ 时，由曲线 $y=f(x)$，直线 $x=a,x=b$ 以及 x 轴所围成的曲边梯形位于 x 轴的下方，定积分 $\int_a^b f(x)\mathrm{d}x$ 在几何上表示上述曲边梯形面积的负值；

当 $f(x)$ 在区间 $[a,b]$ 上既可取得正值又可取得负值时（图 5.3），我们对曲边梯形的面积赋予正负号，规定在 x 轴上方的面积取正号，在 x 轴下方的面积取负号，则定积分 $\int_a^b f(x)\mathrm{d}x$ 的值等于由 x 轴，曲线 $y=f(x)$，及直线 $x=a,x=b$ 所围成的各部分面积的代数和，即

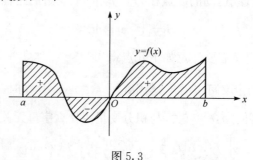

图 5.3

$$\int_a^b f(x)\mathrm{d}x = A_1 - A_2 + A_3.$$

下面介绍一个用定义计算定积分的例子.

例 5.1.1　求 $\int_0^1 x^2 \mathrm{d}x$.

解　如图 5.4,由于被积函数 $f(x)=x^2$ 在积分区间 $[0,1]$ 上连续,故定积分存在. 且积分值与区间的分法及点 ξ_i 的取法无关. 为了方便计算,不妨把区间 $[0,1]$ 分成 n 等份,分点为 $x_i=\dfrac{i}{n}$,这时每个小区间的长度相同,均为 $\Delta x_i = \dfrac{i}{n}$,取 $\xi_i = x_i$,上述式中均有 $i=1,2,\cdots,n$,从而得和式

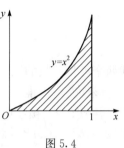

图 5.4

$$\sum_{i=1}^n f(\xi_i)\Delta x_i = \sum_{i=1}^n \xi_i^2 \Delta x_i = \sum_{i=1}^n \left(\frac{i}{n}\right)^2 \cdot \frac{1}{n} = \frac{1}{n^3}\sum_{i=1}^n i^2$$

$$= \frac{1}{n^3}\cdot\frac{1}{6}n(n+1)(2n+1)$$

$$= \frac{1}{6}\left(1+\frac{1}{n}\right)\left(2+\frac{1}{n}\right).$$

显然 $\lambda = \dfrac{1}{n}$ 因而 $\lambda \to 0$ 等价于 $n \to \infty$,所以

$$\lim_{\lambda\to 0}\sum_{i=1}^n f(\xi_i)\Delta x_i = \lim_{n\to\infty}\frac{1}{6}\left(1+\frac{1}{n}\right)\left(2+\frac{1}{n}\right) = \frac{1}{3}.$$

所以 $\int_0^1 x^2 \mathrm{d}x = \dfrac{1}{3}$.

从几何上看,该积分值表示由曲线 $y=x^2$,直线 $x=0, x=1$ 以及 x 轴所围成的曲边三角形的面积. 由此可见,用定积分定义计算定积分是比较麻烦的.

5.1.5　定积分的性质

有了定积分的概念以后,我们来介绍定积分的性质,并假定在下面介绍的性质中所涉及的函数都是可积的. 首先,对定积分作如下规定.

(1) 当 $a=b$ 时,$\int_a^b f(x)\mathrm{d}x = 0$;

(2) $\int_a^b f(x)\mathrm{d}x = -\int_b^a f(x)\mathrm{d}x$,即交换定积分的上下限时,定积分的值反号.

性质 5.1(线性性)　$\int_a^b [k_1 f_1(x) \pm k_2 f_2(x)]\mathrm{d}x = k_1 \int_a^b f_1(x)\mathrm{d}x \pm k_2 \int_a^b f_1(x)\mathrm{d}x$

(其中 k_1, k_2 为常数).

证　由定积分定义与极限的性质有

$$\int_a^b [k_1 f_1(x) \pm k_2 f_2(x)] \mathrm{d}x = \lim_{\lambda \to 0} \sum_{i=1}^n [k_1 f_1(\xi_i) \pm k_2 f_2(\xi_i)] \Delta x_i$$

$$= k_1 \lim_{\lambda \to 0} \sum_{i=1}^n f_1(\xi_i) \Delta x_i \pm k_2 \lim_{\lambda \to 0} \sum_{i=1}^n f_2(\xi_i) \Delta x_i$$

$$= k_1 \int_a^b f_1(x) \mathrm{d}x \pm k_2 \int_a^b f_2(x) \mathrm{d}x.$$

即两个可积函数的线性组合的定积分等于这两个函数的定积分的线性组合.

该性质可以推广到有限多个函数的线性组合情形.

性质 5.2　被积函数为 1 的定积分在数值上等于积分区间的长度,或者说等于以 $[a,b]$ 为底,1 为高的矩形的面积. 即

$$\int_a^b \mathrm{d}x = b - a.$$

性质 5.3(积分区间可加性)　不论 a,b,c 三点的相对位置如何,恒有 $a < c < b$ 时,$\int_a^b f(x) \mathrm{d}x = \int_a^c f(x) \mathrm{d}x + \int_c^b f(x) \mathrm{d}x$.

证　(1) 当 $a<c<b$ 时,因为函数 $f(x)$ 在区间 $[a,b]$ 上可积,所以 $f(x)$ 在 $[a,c]$,$[c,b]$ 上也可积, 因此,在划分区间时,永远把 c 取作一个分点,那么

$$\sum_{[a,b]} f(\xi_i) \Delta x_i = \sum_{[a,c]} f(\xi_i) \Delta x_i + \sum_{[c,b]} f(\xi_i) \Delta x_i.$$

当 $\lambda \to 0$ 时,上式两端同时取极限得

$$\int_a^b f(x) \mathrm{d}x = \int_a^c f(x) \mathrm{d}x + \int_c^b f(x) \mathrm{d}x.$$

(2) 当 $a<b<c$ 时,由于(1)的证明

$$\int_a^c f(x) \mathrm{d}x = \int_a^b f(x) \mathrm{d}x + \int_b^c f(x) \mathrm{d}x,$$

于是移项得

$$\int_a^b f(x) \mathrm{d}x = \int_a^c f(x) \mathrm{d}x - \int_b^c f(x) \mathrm{d}x = \int_a^c f(x) \mathrm{d}x + \int_c^b f(x) \mathrm{d}x.$$

其余情形类似可证,性质 5.3 说明定积分对积分区间具有可加性.

性质 5.4(保号性)　如果在区间 $[a,b]$ 上,$f(x) \geqslant 0$,则

$$\int_a^b f(x) \mathrm{d}x \geqslant 0 \ (a < b).$$

证　因为 $f(x) \geqslant 0$,所以 $f(\xi_i) \geqslant 0 (i = 1, 2, \cdots, n)$,又 $\Delta x_i \geqslant 0 (i = 1, 2, \cdots, n)$,因此 $\sum_{i=1}^n f(\xi_i) \Delta x_i \geqslant 0$. 由极限的性质得 $\lim_{\lambda \to 0} \sum_{i=1}^n f(\xi_i) \Delta x_i = \int_a^b f(x) \mathrm{d}x \geqslant 0$.

推论 5.1　如果在区间 $[a,b]$ 上,$f(x) \leqslant g(x)$,则

$$\int_a^b f(x)\mathrm{d}x \leqslant \int_a^b g(x)\mathrm{d}x \ (a < b).$$

证 因为 $g(x) - f(x) \geqslant 0$，由性质 5.1 和性质 5.4 得

$$\int_a^b [g(x) - f(x)]\mathrm{d}x = \int_a^b g(x)\mathrm{d}x - \int_a^b f(x)\mathrm{d}x \geqslant 0,$$

所以

$$\int_a^b f(x)\mathrm{d}x \leqslant \int_a^b g(x)\mathrm{d}x.$$

推论 5.2 $\left| \int_a^b f(x)\mathrm{d}x \right| \leqslant \int_a^b |f(x)|\,\mathrm{d}x \ (a < b).$

证 因为

$$-|f(x)| \leqslant f(x) \leqslant |f(x)|,$$

所以，由推论 5.1 可得

$$-\int_a^b |f(x)|\,\mathrm{d}x \leqslant \int_a^b f(x)\mathrm{d}x \leqslant \int_a^b |f(x)|\,\mathrm{d}x,$$

即原不等式成立.

该推论的含义为定积分的绝对值不超过绝对值的定积分.

性质 5.5(估值定理) 设 M 及 m 分别是函数 $f(x)$ 在区间 $[a,b]$ 上的最大值和最小值，则

$$m(b-a) \leqslant \int_a^b f(x)\mathrm{d}x \leqslant M(b-a) \ (a < b).$$

证 因为 $m \leqslant f(x) \leqslant M$，由性质 5.4 的推论 5.1，得

$$\int_a^b m\mathrm{d}x \leqslant \int_a^b f(x)\mathrm{d}x \leqslant \int_a^b M\mathrm{d}x,$$

再由性质 5.1 和性质 5.2，得

$$m(b-a) \leqslant \int_a^b f(x)\mathrm{d}x \leqslant M(b-a).$$

这个性质可以用来估计定积分的大小. 估值定理的几何意义表示以 $y = f(x)$ ($f(x) \geqslant 0$)为曲顶，$[a,b]$ 为底的曲边梯形面积介于分别以 m,M 为高的同底的两个矩形面积之间(图 5.5).

性质 5.6(积分中值定理) 设 $f(x) \in C[a,b]$，则在 $[a,b]$ 上至少存在一点 ξ，使得

$$\int_a^b f(x)\mathrm{d}x = f(\xi)(b-a) \ (a \leqslant \xi \leqslant b).$$

这个公式称为**定积分中值公式**.

证 $f(x) \in C[a,b]$，所以根据最值定理，

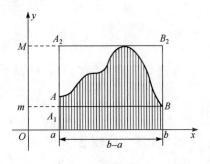

图 5.5

函数在该区间上必存在最大值 M 与最小值 m，由性质 5.5 有

$$m(b-a) \leqslant \int_a^b f(x)\mathrm{d}x \leqslant M(b-a).$$

又因为 $b-a>0$，于是

$$m \leqslant \frac{1}{(b-a)} \int_a^b f(x)\mathrm{d}x \leqslant M.$$

根据闭区间上连续函数的介值定理，在 $[a,b]$ 上至少存在一点 ξ，使

$$\frac{1}{(b-a)} \int_a^b f(x)\mathrm{d}x = f(\xi) \quad (a \leqslant \xi \leqslant b).$$

所以

$$\int_a^b f(x)\mathrm{d}x = f(\xi)(b-a).$$

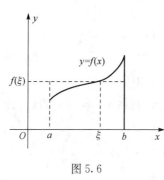

图 5.6

定积分中值定理的几何意义是对于区间 $[a,b]$ 上的连续函数 $f(x) \geqslant 0$，在 $[a,b]$ 上必至少存在一点 ξ，使得以该点的函数值为高，以区间 $[a,b]$ 为底的矩形面积，恰好等于同底的以 $y=f(x)$ 为曲边的曲边梯形的面积（图 5.6）.

定积分中值定理中函数 $f(x)$ 在闭区间 $[a,b]$ 上连续的条件很重要，若条件不满足，定理的结论可能不真.

例 5.1.2　设 $f(x) \in C[a,b]$，$f(x) \geqslant 0$ 且 $f(x)$ 不恒等于 0，证明：$\int_a^b f(x)\mathrm{d}x > 0$.

证　因为 $f(x) \geqslant 0$ 且不恒等于 0，所以至少存在一点 $x_0 \in [a,b]$，使 $f(x_0)>0$. 由 $f(x)$ 在 x_0 连续，根据保号性，$\exists \delta>0$，$\forall x \in (x_0-\delta, x_0+\delta)$，$f(x)>0$ 取小区间 $[x_1,x_2] \subset (x_0-\delta, x_0+\delta)$，由性质 5.3，则

$$\int_a^b f(x)\mathrm{d}x = \int_a^{x_1} f(x)\mathrm{d}x + \int_{x_1}^{x_2} f(x)\mathrm{d}x + \int_{x_2}^b f(x)\mathrm{d}x.$$

由性质 5.4，$\int_a^{x_1} f(x)\mathrm{d}x \geqslant 0$，$\int_{x_2}^b f(x)\mathrm{d}x \geqslant 0$，又根据性质 5.6，

$$\int_{x_1}^{x_2} f(x)\mathrm{d}x = f(\xi)(x_2-x_1), \quad \xi \in [x_1,x_2],$$

所以 $\int_a^b f(x)\mathrm{d}x > 0$.

例 5.1.3　比较定积分 $\int_0^\pi \sin x \mathrm{d}x$ 与 $\int_0^\pi \sin^3 x \mathrm{d}x$ 的大小.

解　两个定积分的积分区间相同，因此，只需要比较两个被积函数的大小. 因为 $\sin x \geqslant \sin^3 x$，且等号不恒成立（$0 \leqslant x \leqslant \pi$），由推论 5.1 和例 5.1.1 得

$$\int_0^\pi \sin x \, dx > \int_0^\pi \sin^3 x \, dx.$$

例 5. 1. 4   求 $\lim\limits_{n\to\infty} \int_0^{\frac{\pi}{4}} \sin^n x \, dx$，其中 n 为正整数.

解   设 $f(x) = \sin^n x$，$f'(x) = n\sin^{n-1} x \cdot \cos x$，当 $x \in \left[0, \dfrac{\pi}{4}\right]$ 时，$f'(x) \geqslant 0$，

$f(x)$ 在 $\left[0, \dfrac{\pi}{4}\right]$ 单调增加，所以 $0 \leqslant \sin^n x \leqslant \left(\dfrac{\sqrt{2}}{2}\right)^n$，由估值定理，

$$0 \leqslant \int_0^{\frac{\pi}{4}} \sin^n x \, dx \leqslant \left(\frac{\sqrt{2}}{2}\right)^n \int_0^{\frac{\pi}{4}} dx = \left(\frac{\sqrt{2}}{2}\right)^n \frac{\pi}{4},$$

而 $\lim\limits_{n\to\infty} \left(\dfrac{\sqrt{2}}{2}\right)^n \dfrac{\pi}{4} = 0$，由夹逼定理，$\lim\limits_{n\to\infty} \int_0^{\frac{\pi}{4}} \sin^n x \, dx = 0$.

定积分的性质在定积分的计算中运用非常广泛，希望读者熟练掌握.

习 题 5.1

1. 利用定积分的几何意义，计算下列定积分.

(1) $\int_0^1 2x \, dx$；   (2) $\int_0^R \sqrt{R^2 - x^2} \, dx$；

(3) $\int_{-\pi}^\pi \sin x \, dx$；   (4) $\int_{-1}^1 x^3 \, dx$.

2. 设有一根长为 l 的非均匀的细棒，其线密度为 $\mu(x)$，求细棒的质量 m.

3. 比较下列两定积分的大小.

(1) $\int_0^1 x^2 \, dx$ 与 $\int_0^1 x^3 \, dx$；   (2) $\int_3^4 (\ln x)^2 \, dx$ 与 $\int_3^4 (\ln x)^3 \, dx$；

(3) $\int_0^{\frac{\pi}{2}} x \, dx$ 与 $\int_0^{\frac{\pi}{2}} \sin x \, dx$；   (4) $\int_0^1 e^{-x} \, dx$ 与 $\int_0^1 e^{-x^2} \, dx$.

4. 利用估值定理证明.

(1) $\sqrt{2} e^{-\frac{1}{2}} \leqslant \int_{-\frac{1}{\sqrt{2}}}^{\frac{1}{\sqrt{2}}} e^{-x^2} \, dx \leqslant \sqrt{2}$；   (2) $-2e^2 \leqslant \int_2^0 e^{x^2 - x} \, dx \leqslant -2e^{-\frac{1}{4}}$.

5. 利用定积分中值定理，求下列极限.

(1) $\lim\limits_{n\to\infty} \int_0^{\frac{1}{2}} \dfrac{x^n}{1+x} \, dx$；   (2) $\lim\limits_{n\to\infty} \int_n^{n+p} \dfrac{\sin x}{x} \, dx$（其中 $p > 0$）.

6. 设 $f(x)$ 为连续正函数，且 $f(x) = x^2 + 2\int_0^1 f(x) \, dx$，求 $f(x)$.

7. 求区间 $[a, b]$，使得 $\int_a^b (2 + x - x^2) \, dx$ 的值最大.

5.2　微积分基本公式

5.1节直接运用定积分定义计算过 $\int_0^1 x^2 \mathrm{d}x$ 的值,我们看到虽然被积函数 $f(x) = x^2$ 只是一个简单的二次函数,但要求出其结果并不容易. 如果被积函数是其他复杂函数,其难度可能就更大,因此要寻求计算定积分的简便方法. 为实现这个目标,我们需要从实际问题出发去发现解决问题的线索.

5.2.1　变速直线运动的位置函数与速度函数之间的联系

一方面由定积分定义可知,以 $v = v(t)$ 作变速直线运动的质点,在 $[T_1, T_2]$ 时间间隔内走过的路程为 $s = \int_{T_1}^{T_2} v(t) \mathrm{d}t$,另一方面由导数的概念又可知 $\dfrac{\mathrm{d}s}{\mathrm{d}t} = v(t)$,即位置函数 $s(t)$ 是速度函数 $v(t)$ 的原函数. 作变速直线运动的质点在 $[T_1, T_2]$ 时间间隔内走过的路程为 $s = s(T_2) - S(T_1)$. 所以

$$\int_{T_1}^{T_2} v(t) \mathrm{d}t = s(T_2) - S(T_1).$$

由此发现速度函数 $v(t)$ 在 $[T_1, T_2]$ 上的定积分等于 $v(t)$ 的原函数 $s(t)$ 在区间 $[T_1, T_2]$ 上函数值的增量. 如果这个结论具有普遍意义,那么对于一般的被积函数 $f(x)$,只要找到它的一个原函数 $F(x)$,$F'(x) = f(x)$,则

$$\int_a^b f(x) \mathrm{d}x = F(b) - F(a).$$

这样,我们就找到了利用 $f(x)$ 的原函数来计算定积分 $\int_a^b f(x) \mathrm{d}x$ 的方法.

5.2.2　积分上限函数及其导数

设函数 $f(x)$ 在 $[a, b]$ 上连续,并且设 x 为区间 $[a, b]$ 上的一点,$f(x)$ 在 $[a, x]$ 上显然连续,则积分 $\int_a^x f(x) \mathrm{d}x$ 一定存在,这是一个上限为变量的积分. 由于定积分与积分变量的记法无关,为了区别积分上限和积分变量,不妨把积分变量改用其他符号,如可以写成 $\int_a^x f(t) \mathrm{d}t$.

作为上限的 x 在区间 $[a, b]$ 上任意变动时,积分值也随之变动,当 x 取定一个值时,就有一个确定的积分值与之对应,所以该积分在区间 $[a, b]$ 上定义了一个新的函数,称为积分上限的函数,当 $f(x) \geqslant 0$ 时,也称其为面积函数,如图 5.7 所示,记为

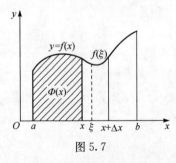

图 5.7

$$\Phi(x) = \int_a^x f(t)\,\mathrm{d}t, \quad a \leqslant x \leqslant b.$$

对函数 $\Phi(x)$ 有下面的重要性质.

定理 5.3 设函数 $f(x)$ 在 $[a,b]$ 上连续,则积分上限的函数 $\Phi(x) = \int_a^x f(t)\,\mathrm{d}t$

在 $[a,b]$ 上可导,且 $\Phi'(x) = \dfrac{\mathrm{d}}{\mathrm{d}x}\int_a^x f(t)\,\mathrm{d}t = f(x), a \leqslant x \leqslant b.$

证 $\Delta\Phi(x) = \Phi(x+\Delta x) - \Phi(x) = \int_a^{x+\Delta x} f(t)\,\mathrm{d}t - \int_a^x f(t)\,\mathrm{d}t$

$$= \int_a^x f(t)\,\mathrm{d}t + \int_x^{x+\Delta x} f(t)\,\mathrm{d}t - \int_a^x f(t)\,\mathrm{d}t = \int_x^{x+\Delta x} f(t)\,\mathrm{d}t.$$

由积分中值定理,在 $[x, x+\Delta x]$ 上至少存在一点 ξ,使得

$$\int_x^{x+\Delta x} f(t)\,\mathrm{d}t = f(\xi)[(x+\Delta x) - x] = f(\xi)\Delta x,$$

即 $\dfrac{\Delta\Phi(x)}{\Delta x} = f(\xi).$

又当 $\Delta x \to 0$ 时,$\xi \to x$,由于 $f(x)$ 在 $[a,b]$ 上连续,所以有

$$\lim_{\Delta x \to 0}\frac{\Delta\Phi(x)}{\Delta x} = \lim_{\xi \to x} f(\xi) = f(x),$$

也即 $\Phi'(x) = \dfrac{\mathrm{d}}{\mathrm{d}x}\int_a^x f(t)\,\mathrm{d}t = f(x).$

例如, $\left(\int_0^x \sin t^2\,\mathrm{d}t\right)' = \sin x^2$, $\left(\int_0^x \dfrac{\mathrm{d}t}{\sqrt{1+t^4}}\right)' = \dfrac{1}{\sqrt{1+x^4}}$,积分下限是变量的函

数可以通过定积分的性质转化为积分上限的函数.

若积分上限是 x 的函数 $\varphi(x)$,则可记为 $F(x) = \int_a^{\varphi(x)} f(t)\,\mathrm{d}t.$ 当 $\varphi(x)$ 可导时,

令 $u = \varphi(x)$,利用复合函数求导法则有

$$F'(x) = \frac{\mathrm{d}F}{\mathrm{d}u}\cdot\frac{\mathrm{d}u}{\mathrm{d}x} = \frac{\mathrm{d}}{\mathrm{d}u}\left[\int_0^u f(t)\,\mathrm{d}t\right]\frac{\mathrm{d}u}{\mathrm{d}x} = f(u)\cdot\varphi'(x) = f[\varphi(x)]\cdot\varphi'(x).$$

例如,$\dfrac{\mathrm{d}}{\mathrm{d}x}\int_0^{x^2} \arcsin(t^2+1)\,\mathrm{d}t = \arcsin(x^4+1)\cdot(x^2)' = 2x\arcsin(x^4+1).$

根据定理 5.1 和原函数的定义,有以下的原函数存在定理.

定理 5.4 如果函数 $f(x)$ 在 $[a,b]$ 上连续,则积分上限的函数 $\Phi(x) = \int_a^x f(t)\,\mathrm{d}t$

就是 $f(x)$ 在 $[a,b]$ 上的一个原函数.

原函数存在定理的意义:一方面肯定了连续函数必有原函数,另一方面揭示了定积分与原函数之间的联系.

例 5.2.1　设 $F(x) = \int_0^{\sqrt{x}} \cos t^2 \, \mathrm{d}t$，求 $F'(x)$.

解　函数 $F(x)$ 是以 $u = \sqrt{x}$ 为中间变量，x 为自变量的复合函数，利用复合函数求导法则，得

$$F'(x) = \frac{\mathrm{d}}{\mathrm{d}u}\left(\int_0^u \cos t^2 \, \mathrm{d}t\right) \cdot \frac{\mathrm{d}u}{\mathrm{d}x} = \cos u^2 \cdot \frac{1}{2\sqrt{x}} = \frac{\cos x}{2\sqrt{x}}.$$

一般地，如果 $f(x)$ 是连续函数，$\alpha(x)$，$\beta(x)$ 为可导函数，利用复合函数的求导法则，有如下公式成立.

$$\frac{\mathrm{d}}{\mathrm{d}x}\left[\int_{\alpha(x)}^{\beta(x)} f(t) \, \mathrm{d}t\right] = f[\beta(x)]\beta'(x) - f[\alpha(x)]\alpha'(x).$$

例 5.2.2　求 $\dfrac{\mathrm{d}}{\mathrm{d}x}\displaystyle\int_{\sin x}^{x^2} \mathrm{e}^{-t^2} \, \mathrm{d}t$.

解
$$\frac{\mathrm{d}}{\mathrm{d}x}\int_{\sin x}^{x^2} \mathrm{e}^{-t^2} \, \mathrm{d}t = \frac{\mathrm{d}}{\mathrm{d}x}\int_{\sin x}^{0} \mathrm{e}^{-t^2} \, \mathrm{d}t + \frac{\mathrm{d}}{\mathrm{d}x}\int_{0}^{x^2} \mathrm{e}^{-t^2} \, \mathrm{d}t$$
$$= \frac{\mathrm{d}}{\mathrm{d}x}\left[\int_0^{x^2} \mathrm{e}^{-t^2} \, \mathrm{d}t - \int_0^{\sin x} \mathrm{e}^{-t^2} \, \mathrm{d}t\right]$$
$$= \mathrm{e}^{-x^4} \cdot (x^2)' - \mathrm{e}^{-\sin^2 x} \cdot (\sin x)'$$
$$= 2x \cdot \mathrm{e}^{-x^4} - \cos x \cdot \mathrm{e}^{-\sin^2 x}.$$

例 5.2.3　求极限 $\displaystyle\lim_{x \to 0} \frac{\displaystyle\int_0^x (\mathrm{e}^{t^2} - 1)\mathrm{d}t}{x^3}$.

解　在 $x \to 0$ 时，分式中分子和分母都趋于 0，属于 $\dfrac{0}{0}$ 型的未定式，用洛必达法则

$$\lim_{x \to 0} \frac{\displaystyle\int_0^x (\mathrm{e}^{t^2} - 1)\mathrm{d}t}{x^3} = \lim_{x \to 0} \frac{\mathrm{e}^{x^2} - 1}{3x^2} = \lim_{x \to 0} \frac{\mathrm{e}^{x^2} \cdot 2x}{6x} = \frac{1}{3}.$$

例 5.2.4　设 $f(x) \in C(-\infty, +\infty)$，$F(x) = \displaystyle\int_0^x (x - 2t)f(t)\mathrm{d}t$，证明：若 $f(x)$ 是单调减函数，则 $F(x)$ 是单调增函数.

证　要判断 $F(x)$ 的单调性，需要对 $F(x)$ 进行求导，由于被积函数中的变量 x 与积分变量 t 无关，所以 $F(x) = x\displaystyle\int_0^x f(t)\mathrm{d}t - 2\int_0^x tf(t)\mathrm{d}t$. 则

$$F'(x) = \int_0^x f(t)\mathrm{d}t + xf(x) - 2xf(x) = \int_0^x f(t)\mathrm{d}t - xf(x),$$

由于 $f(x) \in C(-\infty, +\infty)$，根据定积分中值定理，

$$F'(x) = f(\xi)x - xf(x) = x[f(\xi) - f(x)] \quad (\xi \text{ 介于 } 0 \text{ 和 } x \text{ 之间}).$$

(1) 当 $-\infty<x<0$ 时，$x<\xi<0$，由 $f(x)$ 单调减少，可知 $f(\xi)-f(x)<0$；

(2) 当 $0<x<+\infty$ 时，$0<\xi<x$，由 $f(x)$ 单调减少，可知 $f(\xi)-f(x)>0$.

故当 $x\neq0$ 时，$F'(x)>0$，且当 $x=0$ 时，$F'(x)=0$. 所以 $F(x)$ 在 $(-\infty,+\infty)$ 是单调增加函数.

5.2.3　牛顿-莱布尼茨公式

定理 5.5　如果函数 $F(x)$ 是连续函数 $f(x)$ 在 $[a,b]$ 上的原函数，则

$$\int_a^b f(x)\mathrm{d}x = F(b)-F(a).$$

证　定理 5.4 知，积分上限的函数 $\Phi(x)=\int_a^x f(t)\mathrm{d}t$ 也是 $f(x)$ 的一个原函数，所以

$$F(x)-\Phi(x) = C \ (a\leqslant x\leqslant b),$$

$$F(x) = \int_a^x f(t)\mathrm{d}t + C.$$

式中，令 $x=a$，因为 $\int_a^a f(t)\mathrm{d}t=0$，故 $C=F(a)$. 因此

$$F(x) = \int_a^x f(t)\mathrm{d}t + F(a).$$

再令 $x=b$，代入得

$$F(b) = \int_a^b f(t)\mathrm{d}t + F(a),$$

移项，把积分变量换成 x，得

$$\int_a^b f(x)\mathrm{d}x = F(b)-F(a). \tag{5.1}$$

式 (5.1) 称为**牛顿-莱布尼茨公式**，它是微积分学中的基本公式，为方便起见，把 $F(b)-F(a)$ 记为 $[F(x)]_a^b$ 或 $F(x)\big|_a^b$，于是

$$\int_a^b f(x)\mathrm{d}x = [F(x)]_a^b. \tag{5.2}$$

式 (5.2) 说明：计算定积分 $\int_a^b f(x)\mathrm{d}x$ 的值，只需要求出被积函数 $f(x)$ 的一个原函数，然后计算这个原函数在积分上限的函数值与积分下限的函数值之差. 这样，就把求定积分的问题转化为了求被积函数 $f(x)$ 的原函数问题.

例 5.2.5　计算 $\int_{-1}^{\sqrt{3}} \dfrac{\mathrm{d}x}{1+x^2}$.

解　由于 $\arctan x$ 是 $\dfrac{1}{1+x^2}$ 的一个原函数，所以

$$\int_{-1}^{\sqrt{3}} \frac{\mathrm{d}x}{1+x^2} = \left[\arctan x\right]_{-1}^{\sqrt{3}} = \arctan\sqrt{3} - \arctan(-1)$$

$$= \frac{\pi}{3} - \left(-\frac{\pi}{4}\right) = \frac{7}{12}\pi.$$

在计算定积分时,当被积函数中出现绝对值符号时,首先要考虑去掉绝对值符号,然后在相应的区间上对相应的被积函数进行积分.

例 5.2.6　计算 $\int_a^b x \mid x \mid \mathrm{d}x$(其中 $0 \neq a < b$).

解　(1) 当 $0 < a < b$ 时, $\int_a^b x \mid x \mid \mathrm{d}x = \int_a^b x^2 \mathrm{d}x = \dfrac{x^3}{3}\bigg|_a^b = \dfrac{1}{3}(b^3 - a^3)$;

(2) 当 $a < b < 0$ 时, $\int_a^b x \mid x \mid \mathrm{d}x = -\int_a^b x^2 \mathrm{d}x = -\dfrac{x^3}{3}\bigg|_a^b = \dfrac{1}{3}(a^3 - b^3)$;

(3) 当 $a < 0, b > 0$ 时, $\int_a^b x \mid x \mid \mathrm{d}x = -\int_a^0 x^2 \mathrm{d}x + \int_0^b x^2 \mathrm{d}x = -\dfrac{x^3}{3}\bigg|_a^0 + \dfrac{x^3}{3}\bigg|_0^b = $

$\dfrac{1}{3}(a^3 + b^3)$.

例 5.2.7　计算 $\int_0^1 x \mid x - a \mid \mathrm{d}x$, a 为任何实数.

解　(1) 若 $a < 0$, $\int_0^1 x \mid x - a \mid \mathrm{d}x = \int_0^1 x(x - a)\mathrm{d}x = \dfrac{1}{3} - \dfrac{a}{2}$;

(2) 若 $a > 1$, $\int_0^1 x \mid x - a \mid \mathrm{d}x = \int_0^1 x(a - x)\mathrm{d}x = \dfrac{a}{2} - \dfrac{1}{3}$;

(3) 若 $0 \leqslant a \leqslant 1$, $\int_0^1 x \mid x - a \mid \mathrm{d}x = \int_0^a x(a - x)\mathrm{d}x + \int_a^1 x(x - a)\mathrm{d}x = \dfrac{a^3}{3} + $

$\dfrac{1}{3} - \dfrac{a}{2}$.

例 5.2.8　汽车以每小时 36km 速度行驶,到某处需要减速停车.设汽车以等加速度 $a = -5\text{m/s}^2$ 刹车.问从开始刹车到停车,汽车驶过的距离是多少.

解　首先要算出从开始刹车到停车经过的时间.设开始刹车的时刻为 $t = 0$,此时汽车速度

$$v_0 = 36\text{km/h} = \frac{36 \times 1000}{3600}\text{m/s} = 10\text{m/s}.$$

刹车后汽车减速行驶,其速度为

$$v(t) = v_0 + at = 10 - 5t.$$

当汽车停住时,速度 $v(t) = 0$,故由 $v(t) = 10 - 5t = 0$,解得 $t = 2\text{s}$. 在这段时间内,汽车所驶过的距离为

$$s = \int_0^2 v(t)\,\mathrm{d}t = \int_0^2 (10 - 5t)\,\mathrm{d}t = \left[10t - \frac{5}{2}t^2 \right]_0^2 = 10\mathrm{m},$$

即在刹车后,汽车需要驶过 $10\mathrm{m}$ 才能停住.

习 题 5.2

1. 设函数 $\varphi(x) = \int_0^x \ln(1 + t^2)\,\mathrm{d}t$,求 $\varphi'(0), \varphi'(-1), \varphi'(2)$.

2. 设函数 $F(x) = \int_1^x (t - 1)\mathrm{e}^{-t^2}\,\mathrm{d}t$,求 $F(x)$ 的极值.

3. 求由 $\int_0^y \mathrm{e}^t\,\mathrm{d}t + \int_0^x \cos t\,\mathrm{d}t = 0$ 所确定的隐函数对 x 的导数 $\dfrac{\mathrm{d}y}{\mathrm{d}x}$.

4. 计算下列函数的导数.

(1) $y = \int_0^{\sin x} \sqrt{1 + t^2}\,\mathrm{d}t$;

(2) $y = \int_1^{x^2} \mathrm{e}^{t^2}\,\mathrm{d}t$;

(3) $y = \int_{x^2}^{x^4} \dfrac{\mathrm{d}t}{\sqrt{1 + t^2}}$;

(4) $y = \int_0^{x^2} x\,\sqrt{1 + t^2}\,\mathrm{d}t$.

5. 求下列极限.

(1) $\lim\limits_{x \to 0} \dfrac{\displaystyle\int_{\cos x}^1 \mathrm{e}^{-t^2}\,\mathrm{d}t}{x^2}$;

(2) $\lim\limits_{x \to 0} \dfrac{\displaystyle\int_0^x \ln\cos t\,\mathrm{d}t}{x^4 + 2x^3}$;

(3) $\lim\limits_{x \to 0} \dfrac{\left(\displaystyle\int_0^x \sin t^2\,\mathrm{d}t\right)^2}{\displaystyle\int_0^x t^2 \sin t^3\,\mathrm{d}t}$;

(4) $\lim\limits_{x \to 0} \dfrac{\left(\displaystyle\int_0^x \mathrm{e}^{t^2}\,\mathrm{d}t\right)^2}{\displaystyle\int_0^x \mathrm{e}^{2t^2}\,\mathrm{d}t}$.

6. 计算下列定积分.

(1) $\int_1^2 \left(x^2 + \dfrac{1}{x^4} \right)\mathrm{d}x$;

(2) $\int_0^1 \mathrm{e}^{-3x}\,\mathrm{d}x$;

(3) $\int_0^1 \dfrac{\mathrm{d}x}{\sqrt{4 - x^2}}$;

(4) $\int_0^1 \sqrt{4x + 3}\,\mathrm{d}x$;

(5) $\int_{-2}^0 \dfrac{\mathrm{d}x}{x^2 + 2x + 2}$;

(6) $\int_0^{\frac{\pi}{6}} \sec^2 2x\,\mathrm{d}x$;

(7) $\int_0^{2\pi} |\sin x|\,\mathrm{d}x$;

(8) $\int_0^2 f(x)\,\mathrm{d}x$,其中 $f(x) = \begin{cases} x, & x < 1, \\ x^2, & x \geqslant 1. \end{cases}$

7. 设

$$f(x)=\begin{cases} \dfrac{1}{2}\sin x, & 0\leqslant x\leqslant \pi, \\ 0, & x<0 \text{ 或 } x>\pi. \end{cases}$$

求 $\Phi(x)=\displaystyle\int_0^x f(t)\mathrm{d}t$ 在 $(-\infty,+\infty)$ 内的表达式.

8. 设 $f(x)$ 在 $(-\infty,+\infty)$ 连续,且满足

$$xf(x)=\frac{3}{2}x^4-3x^2+4+\int_2^x f(t)\mathrm{d}t,$$

求 $f(x)$.

9. 已知 $\displaystyle\int_a^{\sqrt{x}} f(x)\mathrm{d}x=\ln(1+x)-\ln2$,求 $f(x)$ 和常数 a.

10. 设 $f(x)\in C[a,b]$,试对积分上限的函数 $F(x)=\displaystyle\int_a^x f(t)\mathrm{d}t$ 用拉格朗日中值定理,证明至少存在一点 $\xi\in(a,b)$,使得 $\displaystyle\int_a^b f(x)\mathrm{d}x=f(\xi)(b-a)$ 成立. 并思考:本题的结论与 5.1 节中的性质 5.6 有何区别?意义何在?

5.3　定积分的换元法与分部积分法

本节将介绍定积分的换元积分法和分部积分法.

5.3.1　定积分的换元法

定理 5.6　设函数 $f(x)$ 在 $[a,b]$ 上连续,函数 $x=\varphi(t)$ 满足
(1) 在区间 $[\alpha,\beta]$ 上是单值的,且具有连续导数;
(2) 当 t 在 $[\alpha,\beta]$ 上变化时,$x=\varphi(t)$ 的值在 $[a,b]$ 上变化,且 $\varphi(\alpha)=a,\varphi(\beta)=b$.
则有定积分的换元公式

$$\int_a^b f(x)\mathrm{d}x=\int_\alpha^\beta f[\varphi(t)]\varphi'(t)\mathrm{d}t.$$

证　因为 $f(x)$ 在 $[a,b]$ 上连续,因此 $f(x)$ 在 $[a,b]$ 上的原函数一定存在,设 $F(x)$ 为 $f(x)$ 的一个原函数,则 $F[\varphi(t)]$ 为 $f[\varphi(t)]\varphi'(t)$ 的一个原函数. 由牛顿-莱布尼茨公式,有

$$\int_a^b f(x)\mathrm{d}x=F(b)-F(a).$$

$$\int_\alpha^\beta f[\varphi(t)]\varphi'(t)\mathrm{d}t=F[\varphi(t)]\Big|_\alpha^\beta=F[\varphi(\beta)]-F[\varphi(\alpha)]=F(b)-F(a),$$

从而 $\displaystyle\int_a^b f(x)\mathrm{d}x=\int_\alpha^\beta f[\varphi(t)]\varphi'(t)\mathrm{d}t$

应用定积分换元公式要注意:(1)在 $x=\varphi(t)$ 的变换下,原积分变量 x 换成了

新的积分变量 t，所以积分限 $x \in [a,b]$ 一定要相应地换成新变量 t 的积分限 $t \in [\alpha,\beta]$，求出 $f[\varphi(t)]\varphi'(t)$ 的原函数 $F(t)$ 后直接在 $t \in [\alpha,\beta]$ 上用牛顿-莱布尼茨公式即可.

（2）定积分换元法对应的是不定积分中第二类换元法. 若求原函数时用的是不定积分的第一类换元法，则由于没有引入新变量，积分上下限 $x \in [a,b]$ 不变.

例 5.3.1　计算 $\displaystyle\int_0^1 \sqrt{1-x^2}\,\mathrm{d}x$.

解　设 $x = \sin t$，则 $\mathrm{d}x = \cos t\,\mathrm{d}t$.

当 $x = 0$ 时，$t = 0$，当 $x = 1$ 时，$t = \dfrac{\pi}{2}$，则

$$\int_0^1 \sqrt{1-x^2}\,\mathrm{d}x = \int_0^{\frac{\pi}{2}} \cos t \cdot \cos t\,\mathrm{d}t = \frac{1}{2}\int_0^{\frac{\pi}{2}} (1+\cos 2t)\,\mathrm{d}t$$

$$= \frac{1}{2}\left[t + \frac{1}{2}\sin 2t\right]_0^{\frac{\pi}{2}} = \frac{\pi}{4}.$$

例 5.3.2　计算 $\displaystyle\int_0^{\frac{\pi}{2}} \sin^2 x \cos x\,\mathrm{d}x$.

解　观察被积函数的形式，可直接用凑微分法积分，所以积分上下限不变.

$$\int_0^{\frac{\pi}{2}} \sin^2 x \cos x\,\mathrm{d}x = \int_0^{\frac{\pi}{2}} \sin^2 x\,\mathrm{d}\sin x = \left[\frac{1}{3}\sin^3 x\right]_0^{\frac{\pi}{2}} = \frac{1}{3}.$$

例 5.3.3　计算 $\displaystyle\int_0^9 \frac{x}{1+\sqrt{x}}\,\mathrm{d}x$.

解　设 $t = \sqrt{x}$，则 $x = t^2$，$\mathrm{d}x = 2t\,\mathrm{d}t$.

当 $x = 0$ 时，$t = 0$，当 $x = 9$ 时，$t = 3$，于是

$$\int_0^9 \frac{x}{1+\sqrt{x}}\,\mathrm{d}x = \int_0^3 \frac{t^2 \cdot 2t\,\mathrm{d}t}{1+t} = 2\int_0^3 \left(t^2 - t + 1 - \frac{1}{1+t}\right)\mathrm{d}t$$

$$= 2\left[\frac{t^3}{3} - \frac{t^2}{2} + t - \ln(1+t)\right]_0^3$$

$$= 15 - 2\ln 4.$$

例 5.3.4　计算 $\displaystyle\int_0^{\pi} \sqrt{\sin x - \sin^3 x}\,\mathrm{d}x$.

解　$\displaystyle\int_0^{\pi} \sqrt{\sin x - \sin^3 x}\,\mathrm{d}x = \int_0^{\pi} \sin^{\frac{1}{2}} x \mid \cos x \mid \mathrm{d}x$

$$= \int_0^{\frac{\pi}{2}} \sin^{\frac{1}{2}} x \cos x\,\mathrm{d}x - \int_{\frac{\pi}{2}}^{\pi} \sin^{\frac{1}{2}} x \cos x\,\mathrm{d}x$$

$$= \int_0^{\frac{\pi}{2}} \sin^{\frac{1}{2}} x\,\mathrm{d}\sin x - \int_{\frac{\pi}{2}}^{\pi} \sin^{\frac{1}{2}} x\,\mathrm{d}\sin x$$

$$= \frac{2}{3} \sin^{\frac{3}{2}} x \Big|_0^{\frac{\pi}{2}} - \frac{2}{3} \sin^{\frac{3}{2}} x \Big|_{\frac{\pi}{2}}^{\pi}$$

$$= \frac{4}{3}.$$

例 5.3.5 设 $f(x) \in C[-a, a]$,证明:

(1) 若 $f(x)$ 为偶函数,则 $\int_{-a}^{a} f(x) \mathrm{d}x = 2 \int_0^a f(x) \mathrm{d}x$;

(2) 若限 $f(x)$ 为奇函数,则 $\int_{-a}^{a} f(x) \mathrm{d}x = 0$.

证 根据积分区间的可加性,有

$$\int_{-a}^{a} f(x) \mathrm{d}x = \int_{-a}^{a} f(x) \mathrm{d}x + \int_0^a f(x) \mathrm{d}x,$$

对积分 $\int_{-a}^{0} f(x) \mathrm{d}x$ 作变量代换 $x = -t$,由换元积分法,得

$$\int_{-a}^{0} f(x) \mathrm{d}x = \int_a^0 f(-t)(-\mathrm{d}t) = \int_0^a f(-t) \mathrm{d}t = \int_0^a f(-x) \mathrm{d}x.$$

于是 $\int_{-a}^{a} f(x) \mathrm{d}x = \int_0^a f(-x) \mathrm{d}x + \int_0^a f(x) \mathrm{d}x = \int_0^a [f(x) + f(-x)] \mathrm{d}x.$

(1) 当 $f(x)$ 为偶函数时,$f(x) + f(-x) = 2f(x)$,则

$$\int_{-a}^{a} f(x) \mathrm{d}x = 2 \int_0^a f(x) \mathrm{d}x;$$

(2) 当 $f(x)$ 为奇函数时,$f(x) + f(-x) = 0$,则

$$\int_{-a}^{a} f(x) \mathrm{d}x = 0.$$

从定积分的几何意义来看,这两个结论是十分明显的(图 5.8).

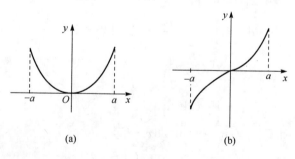

(a)　　　　　　　　(b)

图 5.8

以后在计算定积分时,只要积分区间是关于原点对称的,就要观察被积函数是不是奇函数、偶函数,以求简化计算.

例 5.3.6 计算 $\int_{-2}^{2} (x + \sqrt{x^2 + 4})^2 \mathrm{d}x.$

解
$$原式 = \int_{-2}^{2} (2x^2 + 4 + 2x\sqrt{x^2+4})\,\mathrm{d}x$$
$$= 2\int_{-2}^{2} (x^2+2)\,\mathrm{d}x + 2\int_{-2}^{2} x\sqrt{x^2+4}\,\mathrm{d}x.$$

由于积分区间关于原点对称,第一个积分被积函数为偶函数,第二个积分被积函数为奇函数,所以

$$\int_{-2}^{2}(x+\sqrt{x^2+4})^2\,\mathrm{d}x = 4\int_{0}^{2}(x^2+2)\,\mathrm{d}x + 0 = 4\left[\frac{x^3}{3}+2x\right]_{0}^{2} = \frac{80}{3}.$$

例 5.3.7 若函数 $f(x)$ 在 $[0,1]$ 上连续,证明:

(1) $\int_{0}^{\frac{\pi}{2}} f(\sin x)\,\mathrm{d}x = \int_{0}^{\frac{\pi}{2}} f(\cos x)\,\mathrm{d}x$;

(2) $\int_{0}^{\pi} x f(\sin x)\,\mathrm{d}x = \frac{\pi}{2}\int_{0}^{\pi} f(\sin x)\,\mathrm{d}x.$

证 (1) 令 $x=\frac{\pi}{2}-t$,则 $\mathrm{d}x=-\mathrm{d}t$,当 $x=0$ 时,$t=\frac{\pi}{2}$;当 $x=\frac{\pi}{2}$ 时,$t=0$. 于是

$$\int_{0}^{\frac{\pi}{2}} f(\sin x)\,\mathrm{d}x = -\int_{\frac{\pi}{2}}^{0} f\left[\sin\left(\frac{\pi}{2}-t\right)\right]\mathrm{d}t = \int_{0}^{\frac{\pi}{2}} f(\cos t)\,\mathrm{d}t = \int_{0}^{\frac{\pi}{2}} f(\cos x)\,\mathrm{d}x.$$

(2) 令 $x=\pi-t$,$\mathrm{d}x=-\mathrm{d}t$;当 $x=0$ 时,$t=\pi$;当 $x=\pi$ 时,$t=0$. 于是

$$\int_{0}^{\pi} x f(\sin x)\,\mathrm{d}x = -\int_{\pi}^{0}(\pi-t)f[\sin(\pi-t)]\mathrm{d}t = \int_{0}^{\pi}(\pi-t)f(\sin t)\,\mathrm{d}t$$
$$= \pi\int_{0}^{\pi} f(\sin x)\,\mathrm{d}x - \int_{0}^{\pi} x f(\sin x)\,\mathrm{d}x,$$

移项合并得

$$\int_{0}^{\pi} x f(\sin x)\,\mathrm{d}x = \frac{\pi}{2}\int_{0}^{\pi} f(\sin x)\,\mathrm{d}x.$$

我们经常用例 5.3.7 的两个结论简化定积分的计算. 如

$$\int_{0}^{\pi} \frac{x\sin x}{1+\cos^2 x}\,\mathrm{d}x = \frac{\pi}{2}\int_{0}^{\pi} \frac{\sin x}{1+\cos^2 x}\,\mathrm{d}x = -\frac{\pi}{2}\int_{0}^{\pi} \frac{\mathrm{d}\cos x}{1+\cos^2 x}$$
$$= -\frac{\pi}{2}\left[\arctan(\cos x)\right]\Big|_{0}^{\pi}$$
$$= \frac{\pi^2}{4}.$$

例 5.3.8 设 $f(x)$ 是以 T 为周期的连续函数,证明:

$$\int_{a}^{a+T} f(x)\,\mathrm{d}x = \int_{0}^{T} f(x)\,\mathrm{d}x.$$

证 $\int_{a}^{a+T} f(x)\,\mathrm{d}x = \int_{a}^{0} f(x)\,\mathrm{d}x + \int_{0}^{T} f(x)\,\mathrm{d}x + \int_{T}^{a+T} f(x)\,\mathrm{d}x$,在第三个积分中,

令 $x=t+T$,则 $\mathrm{d}x=\mathrm{d}t$,当 $x=T$ 时,$t=0$;当 $x=a+T$ 时,$t=a$. 于是

$$\int_T^{a+T} f(x)\,dx = \int_0^a f(t+T)\,dt = \int_0^a f(t)\,dt = -\int_a^0 f(x)\,dx.$$

故

$$\int_a^{a+T} f(x)\,dx = \int_0^T f(x)\,dx.$$

本题说明周期函数在一个周期区间上的积分与起点无关. 如

$$\int_{\frac{\pi}{2}}^{\frac{\pi}{2}+2\pi} \sin x\,dx = \int_0^{2\pi} \sin x\,dx.$$

例 5.3.9　计算 $\int_0^{n\pi} |\cos x|\,dx$.

解　因为 $|\cos x|$ 的周期为 π，由例 5.3.8 可知

$$\int_0^{n\pi} |\cos x|\,dx = n\int_0^{\pi} |\cos x|\,dx = n\left[\int_0^{\frac{\pi}{2}} \cos x\,dx + \int_{\frac{\pi}{2}}^{\pi} (-\cos x)\,dx\right]$$

$$= n\left[\sin x\right]_0^{\frac{\pi}{2}} - n\left[\sin x\right]_{\frac{\pi}{2}}^{\pi} = 2n.$$

5.3.2　定积分的分部积分法

根据不定积分的分部积分公式，很容易得出定积分分部积分公式.

定理 5.7　设函数 $u(x), v(x)$ 在 $[a,b]$ 上有连续导数，则

$$\int_a^b u\,dv = \left[uv\right]_a^b - \int_a^b v\,du$$

或

$$\int_a^b uv'\,dx = \left[uv\right]_a^b - \int_a^b vu'\,dx.$$

在运用定积分的分部积分公式时要注意边积分边用牛顿-莱布尼茨公式计算.

例 5.3.10　计算 $\int_{-\frac{1}{2}}^{\frac{1}{2}} \arccos x\,dx$.

解　$\int_{-\frac{1}{2}}^{\frac{1}{2}} \arccos x\,dx = \left[x\arccos x\right]_{-\frac{1}{2}}^{\frac{1}{2}} - \int_{-\frac{1}{2}}^{\frac{1}{2}} x\,d\arccos x$

$$= \frac{1}{2}\arccos\frac{1}{2} + \frac{1}{2}\arccos\left(-\frac{1}{2}\right) + \int_{-\frac{1}{2}}^{\frac{1}{2}} \frac{x}{\sqrt{1-x^2}}\,dx$$

$$= \frac{\pi}{6} + \frac{5\pi}{6} + 0 = \pi.$$

例 5.3.11　计算 $\int_0^4 e^{\sqrt{x}}\,dx$.

解　先利用换元法，令 $t=\sqrt{x}$，则 $x=t^2$，$dx=2t\,dt$，当 $x=0$ 时，$t=0$；当 $x=4$ 时，$t=2$. 于是

$$\int_0^4 e^{\sqrt{x}}dx = \int_0^2 e^t \cdot 2t dt = 2\int_0^2 t de^t = 2[te^t]_0^2 - 2\int_0^2 e^t dt$$
$$= 4e^2 - [2e^t]_0^2 = 2e^2 + 2.$$

例 5.3.12　证明：$I_n = \int_0^{\frac{\pi}{2}} \sin^n x\, dx = \int_0^{\frac{\pi}{2}} \cos^n x\, dx$

$$= \begin{cases} \dfrac{n-1}{n}\cdot\dfrac{n-3}{n-2}\cdots\cdots\dfrac{3}{4}\cdot\dfrac{1}{2}\cdot\dfrac{\pi}{2}, & n \text{ 为偶数,} \\ \dfrac{n-1}{n}\cdot\dfrac{n-3}{n-2}\cdots\cdots\dfrac{4}{5}\cdot\dfrac{2}{3}\cdot 1, & n \text{ 为奇数,} \end{cases}$$

其中 n 为非负整数.

证　由例 5.3.7(1) 可知 $\int_0^{\frac{\pi}{2}} \sin^n x\, dx = \int_0^{\frac{\pi}{2}} \cos^n x\, dx.$

$$I_n = -\int_0^{\frac{\pi}{2}} \sin^{(n-1)} x\, d(\cos x)$$
$$= [-\cos x \sin^{n-1} x]_0^{\frac{\pi}{2}} + (n-1)\int_0^{\frac{\pi}{2}} \sin^{n-2} x \cos^2 x\, dx$$
$$= 0 + (n-1)\int_0^{\frac{\pi}{2}} \sin^{n-2} x(1-\sin^2 x)\, dx$$
$$= (n-1)\int_0^{\frac{\pi}{2}} \sin^{n-2} x\, dx - (n-1)\int_0^{\frac{\pi}{2}} \sin^n x\, dx$$
$$= (n-1)I_{n-2} - (n-1)I_n,$$

移项,可得递推公式
$$I_n = \frac{n-1}{n} I_{n-2}.$$

如果把 n 换成 $n-2$,则得
$$I_{n-2} = \frac{n-3}{n-2} I_{n-4}.$$

依次递推下去,直到 I_n 的下标递减到 0 或 1 为止,于是
$$I_{2m} = \frac{2m-1}{2m}\cdot\frac{2m-3}{2m-2}\cdots\cdots\frac{5}{6}\cdot\frac{3}{4}\cdot\frac{1}{2}\cdot I_0,$$
$$I_{2m+1} = \frac{2m}{2m+1}\cdot\frac{2m-2}{2m-1}\cdots\cdots\frac{6}{7}\cdot\frac{4}{5}\cdot\frac{2}{3}\cdot I_1, m=1,2,\cdots,$$

又 $I_0 = \int_0^{\frac{\pi}{2}} dx = \frac{\pi}{2}, I_1 = \int_0^{\frac{\pi}{2}} \sin x\, dx = 1$,因此

$$I_n = \begin{cases} \dfrac{n-1}{n}\cdot\dfrac{n-3}{n-2}\cdots\cdots\dfrac{3}{4}\cdot\dfrac{1}{2}\cdot\dfrac{\pi}{2}, & n \text{ 为偶数,} \\ \dfrac{n-1}{n}\cdot\dfrac{n-3}{n-2}\cdots\cdots\dfrac{4}{5}\cdot\dfrac{2}{3}\cdot 1, & n \text{ 为奇数.} \end{cases}$$

利用上述公式,容易得出

$$\int_0^{\frac{\pi}{2}} \sin^8 x \mathrm{d}x = \frac{7}{8} \cdot \frac{5}{6} \cdot \frac{3}{4} \cdot \frac{1}{2} \cdot \frac{\pi}{2} = \frac{35}{256}\pi;$$

$$\int_0^{\frac{\pi}{2}} \cos^9 x \mathrm{d}x = \frac{8}{9} \cdot \frac{6}{7} \cdot \frac{4}{5} \cdot \frac{2}{3} \cdot 1 = \frac{128}{315}.$$

例 5.3.13　计算 $\int_0^1 x^2 \sqrt{1-x^2}\,\mathrm{d}x$.

解　令 $x = \sin t, \mathrm{d}x = \cos t\,\mathrm{d}t$,当 $x=0$ 时,$t=0$;当 $x=1$ 时,$t=\frac{\pi}{2}$.

$$\int_0^1 x^2 \sqrt{1-x^2}\,\mathrm{d}x = \int_0^{\frac{\pi}{2}} \sin^2 t \cos^2 t\,\mathrm{d}t = \int_0^{\frac{\pi}{2}} \sin^2 t(1-\sin^2 t)\,\mathrm{d}t$$

$$= \int_0^{\frac{\pi}{2}} \sin^2 t\,\mathrm{d}t - \int_0^{\frac{\pi}{2}} \sin^4 t\,\mathrm{d}t$$

$$= \frac{1}{2} \cdot \frac{\pi}{2} - \frac{3}{4} \cdot \frac{1}{2} \cdot \frac{\pi}{2}$$

$$= \frac{\pi}{16}.$$

习 题 5.3

1. 利用换元法计算下列积分.

(1) $\int_{-2}^1 \dfrac{\mathrm{d}x}{(11+5x)^3}$;

(2) $\int_0^{\frac{\pi}{2}} \sin x \cos^2 x\,\mathrm{d}x$;

(3) $\int_0^{\sqrt{2}} \sqrt{2-x^2}\,\mathrm{d}x$;

(4) $\int_0^2 x^2 \sqrt{4-x^2}\,\mathrm{d}x$;

(5) $\int_0^1 \dfrac{\sqrt{x}}{2-\sqrt{x}}\,\mathrm{d}x$;

(6) $\int_0^3 \dfrac{x\,\mathrm{d}x}{1+\sqrt{1+x}}$;

(7) $\int_1^2 \dfrac{\mathrm{d}x}{x\sqrt{1+\ln x}}$;

(8) $\int_1^{\sqrt{3}} \dfrac{\mathrm{d}x}{x^2 \sqrt{1+x^2}}$.

2. 利用分部积分法计算下列积分.

(1) $\int_1^e x \ln x\,\mathrm{d}x$;

(2) $\int_0^1 x \mathrm{e}^{-2x}\,\mathrm{d}x$;

(3) $\int_0^1 x \arctan x\,\mathrm{d}x$;

(4) $\int_0^{\frac{1}{2}} \arcsin x\,\mathrm{d}x$;

(5) $\int_1^2 \ln(1+x)\,\mathrm{d}x$;

(6) $\int_{\frac{\pi}{4}}^{\frac{\pi}{3}} \dfrac{x}{\sin^2 x}\,\mathrm{d}x$.

3. 用适当的方法计算下列定积分.

(1) $\displaystyle\int_{-1}^{1}\dfrac{x}{\sqrt{5-4x}}\mathrm{d}x$;　　　　　　　　(2) $\displaystyle\int_{0}^{\pi}2\cos^4 x\mathrm{d}x$;

(3) $\displaystyle\int_{\frac{1}{\pi}}^{\frac{2}{\pi}}\dfrac{1}{x^2}\sin\dfrac{1}{x}\mathrm{d}x$;　　　　　　　(4) $\displaystyle\int_{\frac{1}{e}}^{e}\mid\ln x\mid\mathrm{d}x$.

4. 利用奇、偶函数的积分性质计算下列定积分.

(1) $\displaystyle\int_{-1}^{1}\dfrac{x^2\sin x}{1+x^4}\mathrm{d}x$;　　　　　　　(2) $\displaystyle\int_{-5}^{5}\dfrac{x^2\sin x^3}{x^4+2x^2+1}\mathrm{d}x$;

(3) $\displaystyle\int_{-\pi}^{\pi}(x+\cos x)^2\mathrm{d}x$;　　　　　(4) $\displaystyle\int_{-1}^{1}\cos x\ln\dfrac{2-x}{2+x}\mathrm{d}x$.

5. 求函数 $f(x)=\displaystyle\int_{\frac{1}{2}}^{x}\ln t\mathrm{d}t$ 的极值点与极值.

6. 设 $f(x)=\begin{cases}\dfrac{1}{1+\mathrm{e}^x}, & x<0,\\[3mm] \dfrac{1}{1+x}, & x\geqslant 0,\end{cases}$ 求 $\displaystyle\int_{-1}^{1}f(x)\mathrm{d}x$.

7. 设 $f(x)=\displaystyle\int_{1}^{x}\dfrac{\ln t}{1+t^2}\mathrm{d}t(x>0)$,证明:$f(x)=f\left(\dfrac{1}{x}\right)$.

8. 设 $f(x)$ 为连续奇函数,证明:$\displaystyle\int_{0}^{x}f(t)\mathrm{d}t$ 是偶函数.

9. 设 $f(x)$ 在 $[a,b]$ 上连续,证明:$\displaystyle\int_{a}^{b}f(x)\mathrm{d}x=\int_{a}^{b}f(a+b-x)\mathrm{d}x$.

10. 设 $f''(x)$ 在 $[0,\pi]$ 上连续,且 $f(\pi)=1$,$\displaystyle\int_{0}^{\pi}[f(x)+f''(x)]\sin x\mathrm{d}x=3$,求 $f(0)$.

11. 求 $\displaystyle\int_{0}^{\frac{\pi}{2}}\dfrac{\mathrm{e}^{\sin x}}{\mathrm{e}^{\sin x}+\mathrm{e}^{\cos x}}\mathrm{d}x$.

12. 求 $\displaystyle\int_{100-\frac{\pi}{2}}^{100+\frac{\pi}{2}}\tan^2 x\cdot\sin^4 2x\mathrm{d}x$.

5.4　广义积分

前面几节所讨论的定积分是在积分区间有限且被积函数有界的前提下定义的,但微积分的理论和应用有时要求我们要讨论积分区间无限或被积函数为无界函数的积分.因此需要将定积分的概念加以推广,从而形成了广义积分的概念.

5.4.1　无穷限的广义积分

定义 5.2　设函数 $f(x)$ 在区间 $[a,+\infty)$ 上连续,取 $b>a$,如果

$$\lim_{b \to +\infty} \int_a^b f(x) \mathrm{d}x \ (b > a)$$

存在,就称此极限为函数 $f(x)$ 在无穷区间 $[a, +\infty)$ 上的**广义积分**,记作 $\int_a^{+\infty} f(x) \mathrm{d}x$,即

$$\int_a^{+\infty} f(x) \mathrm{d}x = \lim_{b \to +\infty} \int_a^b f(x) \mathrm{d}x.$$

这时也称广义积分 $\int_a^{+\infty} f(x) \mathrm{d}x$ 收敛. 如果上述极限不存在,则称广义积分 $\int_a^{+\infty} f(x) \mathrm{d}x$ 发散.

　　类似地,可以定义在区间 $(-\infty, b]$ 上的广义积分.

　　设函数 $f(x)$ 在区间 $(-\infty, b]$ 上连续,取 $a < b$,如果

$$\lim_{a \to -\infty} \int_a^b f(x) \mathrm{d}x \ (b > a)$$

存在,就称此极限为函数 $f(x)$ 在无穷区间 $(-\infty, b]$ 上的**广义积分**,记作 $\int_{-\infty}^b f(x) \mathrm{d}x$,即

$$\int_{-\infty}^b f(x) \mathrm{d}x = \lim_{a \to -\infty} \int_a^b f(x) \mathrm{d}x.$$

这时也称广义积分 $\int_{-\infty}^0 f(x) \mathrm{d}x$ 收敛. 如果上述极限不存在,则称广义积分 $\int_{-\infty}^b f(x) \mathrm{d}x$ 发散.

　　设函数 $f(x)$ 在区间 $(-\infty, +\infty)$ 上连续,而且广义积分 $\int_{-\infty}^0 f(x) \mathrm{d}x$ 和 $\int_0^{+\infty} f(x) \mathrm{d}x$ 都收敛,则上述两个广义积分之和为 $f(x)$ 在 $(-\infty, +\infty)$ 上的广义积分,记作 $\int_{-\infty}^{+\infty} f(x) \mathrm{d}x$,即

$$\int_{-\infty}^{+\infty} f(x) \mathrm{d}x = \int_{-\infty}^0 f(x) \mathrm{d}x + \int_0^{+\infty} f(x) \mathrm{d}x = \lim_{a \to -\infty} \int_a^0 f(x) \mathrm{d}x + \lim_{b \to +\infty} \int_0^b f(x) \mathrm{d}x.$$

这时也称广义积分 $\int_{-\infty}^{+\infty} f(x) \mathrm{d}x$ 收敛. 如果广义积分 $\int_{-\infty}^0 f(x) \mathrm{d}x$ 和 $\int_0^{+\infty} f(x) \mathrm{d}x$ 中有一个是发散的,则 $\int_{-\infty}^{+\infty} f(x) \mathrm{d}x$ 发散.

　　上述定义的广义积分统称为无穷限的广义积分.

　　例 5.4.1　计算 $\int_{-\infty}^0 \mathrm{e}^x \mathrm{d}x$.

　　解　取 $a < 0$,得

$$\int_{-\infty}^{0} e^x \, dx = \lim_{a \to -\infty} \int_{a}^{0} e^x \, dx = \lim_{a \to -\infty} [e^x]\,|_{a}^{0} = \lim_{a \to -\infty} (1 - e^a) = 1.$$

例 5.4.2　计算 $\int_{-\infty}^{+\infty} \dfrac{dx}{1+x^2}$.

解

$$\int_{-\infty}^{+\infty} \frac{dx}{1+x^2} = \int_{-\infty}^{0} \frac{dx}{1+x^2} + \int_{0}^{+\infty} \frac{dx}{1+x^2}$$

$$= \lim_{a \to -\infty} \int_{a}^{0} \frac{dx}{1+x^2} + \lim_{b \to +\infty} \int_{0}^{b} \frac{dx}{1+x^2}$$

$$= \lim_{a \to -\infty} [\arctan x]\,|_{a}^{0} + \lim_{b \to +\infty} [\arctan x]\,|_{0}^{b}$$

$$= \lim_{a \to -\infty} (-\arctan a) + \lim_{b \to +\infty} \arctan b$$

$$= -\left(-\frac{\pi}{2}\right) + \frac{\pi}{2} = \pi.$$

这个广义积分的几何意义如图 5.9 所示,当 $a \to -\infty$, $b \to +\infty$ 时,虽然图中阴影部分向左、向右无限延伸,但其面积是有极限的,它是位于曲线 $\dfrac{1}{1+x^2}$ 之下,x 轴之上部分图形的面积.

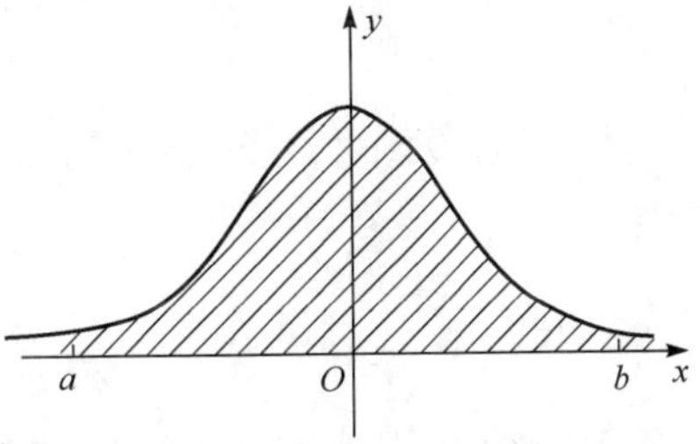

图 5.9

如果记 $F(+\infty) = \lim\limits_{x \to +\infty} F(x)$, $[F(x)]_{a}^{+\infty} = F(+\infty) - F(a)$,则当 $F(+\infty)$ 存在时,

$$\int_{a}^{+\infty} f(x) dx = [F(x)]\,|_{a}^{+\infty}.$$

当 $F(+\infty)$ 不存在时,广义积分 $\int_{a}^{+\infty} f(x) dx$ 发散. 其他情形类似.

例 5.4.3　讨论广义积分 $\int_{a}^{+\infty} \dfrac{dx}{x^p} (a > 0)$ 的敛散性.

解　当 $p = 1$ 时,

$$\int_{a}^{+\infty} \frac{dx}{x^p} = \int_{a}^{+\infty} \frac{dx}{x} = [\ln x]\,|_{a}^{+\infty} = +\infty.$$

当 $p \neq 1$ 时,

$$\int_{a}^{+\infty} \frac{dx}{x^p} = \left[\frac{x^{1-p}}{1-p}\right]\Big|_{a}^{+\infty} = \begin{cases} +\infty, & p < 1, \\ \dfrac{a^{1-p}}{p-1}, & p > 1. \end{cases}$$

因此,当 $p > 1$ 时,该广义积分收敛,其值为 $\dfrac{a^{1-p}}{p-1}$;当 $p \leq 1$ 时,该广义积分发散.

5.4.2 无界函数的广义积分

如果函数 $f(x)$ 在点 a 的任一邻域内都无界,那么点 a 称为函数 $f(x)$ 的**瑕点**(也称为**无界间断点**). 无界函数的广义积分又称为**瑕积分**.

定义 5.3 设函数 $f(x)$ 在区间 $(a,b]$ 上连续,点 a 为 $f(x)$ 的瑕点. 取 $\varepsilon > 0$, 如果极限

$$\lim_{\varepsilon \to 0^+} \int_{a+\varepsilon}^{b} f(x) \mathrm{d}x$$

存在,则称此极限值为 $f(x)$ 在区间 $(a,b]$ 上的**广义积分**,记作 $\int_a^b f(x) \mathrm{d}x$, 即

$$\int_a^b f(x) \mathrm{d}x = \lim_{\varepsilon \to 0^+} \int_{a+\varepsilon}^{b} f(x) \mathrm{d}x.$$

这时称广义积分 $\int_a^b f(x) \mathrm{d}x$ 收敛. 如果上述极限不存在,则称广义积分 $\int_a^b f(x) \mathrm{d}x$ 发散.

类似地,设函数 $f(x)$ 在区间 $[a,b)$ 上连续,点 b 为 $f(x)$ 的瑕点. 取 $\varepsilon > 0$, 如果极限

$$\lim_{\varepsilon \to 0^+} \int_{a}^{b-\varepsilon} f(x) \mathrm{d}x$$

存在,则称此极限值为 $f(x)$ 在区间 $[a,b)$ 上的广义积分,记作 $\int_a^b f(x) \mathrm{d}x$, 即

$$\int_a^b f(x) \mathrm{d}x = \lim_{\varepsilon \to 0^+} \int_{a}^{b-\varepsilon} f(x) \mathrm{d}x.$$

这时称广义积分 $\int_a^b f(x) \mathrm{d}x$ 收敛. 如果上述极限不存在,则称广义积分 $\int_a^b f(x) \mathrm{d}x$ 发散.

设函数 $f(x)$ 在区间 $[a,b]$ 上除点 $c(a < c < b)$ 外连续,点 c 为 $f(x)$ 的瑕点. 如果两个广义积分 $\int_a^c f(x) \mathrm{d}x$ 和 $\int_c^b f(x) \mathrm{d}x$ 都收敛,则称上述积分之和为 $f(x)$ 在区间 $[a,b]$ 上的广义积分,即

$$\int_a^b f(x) \mathrm{d}x = \int_a^c f(x) \mathrm{d}x + \int_c^b f(x) \mathrm{d}x$$

$$= \lim_{\varepsilon \to 0^+} \int_{a}^{c-\varepsilon} f(x) \mathrm{d}x + \lim_{\varepsilon \to 0^+} \int_{c+\varepsilon}^{b} f(x) \mathrm{d}x.$$

这时称广义积分 $\int_a^b f(x) \mathrm{d}x$ 收敛. 如果 $\int_a^c f(x) \mathrm{d}x$ 和 $\int_c^b f(x) \mathrm{d}x$ 中有一个发散,则广义积分 $\int_a^b f(x) \mathrm{d}x$ 发散.

上述定义的广义积分统称为**无界函数的广义积分**.

例 5.4.4 计算 $\displaystyle\int_0^a \frac{\mathrm{d}x}{\sqrt{a^2-x^2}}$ $(a>0)$.

解 因为 $\displaystyle\lim_{x\to a^-}\frac{1}{\sqrt{a^2-x^2}}=+\infty$，因此点 a 是瑕点，于是

$$\int_0^a \frac{\mathrm{d}x}{\sqrt{a^2-x^2}}=\lim_{\varepsilon\to 0^+}\int_0^{a-\varepsilon}\frac{\mathrm{d}x}{\sqrt{a^2-x^2}}=\lim_{\varepsilon\to 0^+}\left[\arcsin\frac{x}{a}\right]\Big|_0^{a-\varepsilon}$$

$$=\lim_{\varepsilon\to 0^+}\left[\arcsin\frac{a-\varepsilon}{a}-\arcsin 0\right]=\frac{\pi}{2}.$$

这个广义积分值在几何上表示位于曲线

$y=\dfrac{1}{\sqrt{a^2-x^2}}$ 之下，x 轴之上，直线 $x=0$ 与 $x=a$

之间的平面图形的面积(图 5.10).

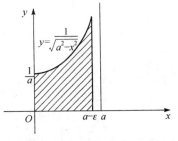

图 5.10

例 5.4.5 讨论广义积分 $\displaystyle\int_0^1\frac{\mathrm{d}x}{x^q}$ $(q>0)$ 的敛散性.

解 当 $q=1$ 时，取 $\varepsilon>0$，

$$\int_0^1\frac{\mathrm{d}x}{x^q}=\lim_{\varepsilon\to 0^+}\int_\varepsilon^1\frac{\mathrm{d}x}{x}=\lim_{\varepsilon\to 0^+}[\ln x]\,\Big|_\varepsilon^1=\lim_{\varepsilon\to 0^+}[0-\ln\varepsilon]=+\infty.$$

这时广义积分 $\displaystyle\int_0^1\frac{\mathrm{d}x}{x^q}$ 发散.

当 $q\neq 1$ 时，

$$\int_0^1\frac{\mathrm{d}x}{x^q}=\lim_{\varepsilon\to 0^+}\int_\varepsilon^1\frac{\mathrm{d}x}{x^q}=\lim_{\varepsilon\to 0^+}\left[\frac{x^{1-q}}{1-q}\right]\Big|_\varepsilon^1$$

$$=\lim_{\varepsilon\to 0^+}\left[\frac{1}{1-q}-\frac{\varepsilon^{1-q}}{1-q}\right]=\begin{cases}\dfrac{1}{1-q}, & q<1,\\[2mm] +\infty, & q>1.\end{cases}$$

综上所述，这个广义积分当 $q<1$ 时收敛，积分值为 $\dfrac{1}{1-q}$；当 $q\geq 1$ 时发散.

例 5.4.6 计算 $\displaystyle\int_1^{+\infty}\frac{\mathrm{d}x}{x\sqrt{1+x^5+x^{10}}}$.

解 这是无穷区间上的广义积分. 有时为了方便，也可以省略极限的符号. 令

$u=\dfrac{1}{x}$，$\mathrm{d}x=-\dfrac{1}{u^2}\mathrm{d}u$，当 $x=1$ 时，$u=1$；当 $x\to+\infty$ 时，$u\to 0$. 于是

$$\int_1^{+\infty} \frac{\mathrm{d}x}{x\sqrt{1+x^5+x^{10}}} = \int_1^0 \frac{u \cdot \left(-\dfrac{1}{u^2}\right)\mathrm{d}u}{\sqrt{1+\dfrac{1}{u^5}+\dfrac{1}{u^{10}}}} = \int_1^0 \frac{-u^4\,\mathrm{d}u}{\sqrt{u^{10}+u^5+1}}$$

$$= -\frac{1}{5}\int_1^0 \frac{\mathrm{d}\left(u^5+\dfrac{1}{2}\right)}{\sqrt{\left(u^5+\dfrac{1}{2}\right)^2 + \left[\dfrac{\sqrt{3}}{2}\right]^2}}$$

$$= -\frac{1}{5}\left[\ln\left|u^5+\frac{1}{2}+\sqrt{u^{10}+u^5+1}\right|\right]\Bigg|_1^0$$

$$= -\frac{1}{5}\ln\frac{3}{2} + \frac{1}{5}\ln\left(\frac{3}{2}+\sqrt{3}\right)$$

$$= \frac{1}{5}\ln\left[1+\frac{2\sqrt{3}}{3}\right].$$

例 5.4.7　讨论广义积分 $\displaystyle\int_0^2 \frac{\mathrm{d}x}{x^2-4x+3}$ 的敛散性.

解　这是无界函数的广义积分. $x=1$ 是瑕点,

$$\int_0^2 \frac{\mathrm{d}x}{x^2-4x+3} = \int_0^1 \frac{\mathrm{d}x}{(x-3)(x-1)} + \int_1^2 \frac{\mathrm{d}x}{(x-3)(x-1)}$$

$$= \lim_{\varepsilon_1\to 0^+}\int_0^{1-\varepsilon_1} \frac{\mathrm{d}x}{(x-3)(x-1)} + \lim_{\varepsilon_2\to 0^+}\int_{1+\varepsilon_2}^2 \frac{\mathrm{d}x}{(x-3)(x-1)}.$$

上述两个广义积分中被积函数相同,是对积分区间来加,所以当且仅当两个广义积分都收敛时,原广义积分才收敛,否则原广义积分发散. 于是可以先判断其中一个的敛散性.

$$\lim_{\varepsilon_1\to 0^+}\int_0^{1-\varepsilon_1} \frac{\mathrm{d}x}{(x-3)(x-1)} = \lim_{\varepsilon_1\to 0^+}\frac{1}{2}\int_0^{1-\varepsilon_1}\left(\frac{1}{x-3}-\frac{1}{x-1}\right)\mathrm{d}x$$

$$= \lim_{\varepsilon_1\to 0^+}\frac{1}{2}(\ln|x-3|-\ln|x-1|)\Bigg|_0^{1-\varepsilon_1}$$

$$= \lim_{\varepsilon_1\to 0^+}\frac{1}{2}\left[\ln(2+\varepsilon_1)-\ln\varepsilon_1-\ln 3\right]$$

$$= -\frac{1}{2}\ln 3 + \frac{1}{2}\lim_{\varepsilon_1\to 0^+}\ln\left(1+\frac{2}{\varepsilon_1}\right)$$

$$= +\infty.$$

故 $\displaystyle\int_0^1 \frac{\mathrm{d}x}{(x-3)(x-1)}$ 发散,原广义积分也发散.

有兴趣的读者可以类似地讨论广义积分 $\int_1^2\left[\dfrac{1}{x\ln^2 x}-\dfrac{1}{(x-1)^2}\right]\mathrm{d}x$ 的敛散性.

最后必须指出:定积分的一些性质(如奇偶函数在对称区间上积分的性质) 对于广义积分是不成立的. 今后在计算积分 $\int_a^b f(x)\mathrm{d}x$ 时,要特别注意考察被积函数在积分区间上有没有瑕点.

例如,$\int_{-1}^1\dfrac{\mathrm{d}x}{x^2}\neq\left[-\dfrac{1}{x}\right]\Big|_{-1}^1=-2$,此种做法是错误的.

因为在区间 $[-1,1]$ 上,$x=0$ 是被积函数的不连续点,所以在 $[-1,1]$ 上不能用牛顿-莱布尼茨公式.

正确的做法是 $\int_{-1}^1\dfrac{\mathrm{d}x}{x^2}=\int_{-1}^0\dfrac{\mathrm{d}x}{x^2}+\int_0^1\dfrac{\mathrm{d}x}{x^2}$,根据例 5.4.5 知 $\int_0^1\dfrac{\mathrm{d}x}{x^2}(q=2>1)$ 是发散的,从而广义积分 $\int_{-1}^1\dfrac{\mathrm{d}x}{x^2}$ 也发散.

习 题 5.4

1. 判断下列广义积分是否收敛? 若收敛,求出积分值.

(1) $\displaystyle\int_1^{+\infty}\dfrac{\mathrm{d}x}{x^3}$;

(2) $\displaystyle\int_1^{+\infty}\dfrac{\mathrm{d}x}{\sqrt{x}}$;

(3) $\displaystyle\int_0^{+\infty}\mathrm{e}^{-2x}\mathrm{d}x$;

(4) $\displaystyle\int_0^{+\infty}\dfrac{x}{x^2+1}\mathrm{d}x$;

(5) $\displaystyle\int_0^{+\infty}x\mathrm{e}^{-x}\mathrm{d}x$;

(6) $\displaystyle\int_{-\infty}^{+\infty}\dfrac{\mathrm{d}x}{x^2+4x+5}$;

(7) $\displaystyle\int_0^1\dfrac{x}{\sqrt{1-x^2}}\mathrm{d}x$;

(8) $\displaystyle\int_0^2\dfrac{\mathrm{d}x}{(1-x)^2}$;

(9) $\displaystyle\int_1^2\dfrac{x\mathrm{d}x}{\sqrt{x-1}}$;

(10) $\displaystyle\int_1^{\mathrm{e}}\dfrac{\mathrm{d}x}{x\,\sqrt{1-(\ln x)^2}}$.

2. 若广义积分 $\displaystyle\int_0^{+\infty}\dfrac{k\mathrm{d}x}{1+x^2}=1$,求常数 k.

3. 当 c 为何值时,广义积分 $\displaystyle\int_0^{+\infty}\left(\dfrac{cx}{1+x^2}-\dfrac{1}{1+2x}\right)\mathrm{d}x$ 收敛?

5.5　定积分的几何应用

定积分在几何和物理方面有许多应用. 本节先介绍定积分的微元法,再介绍运用微元法计算平面图形的面积,旋转体的体积和平面曲线的弧长.

5.5.1 微元法

微元法又称为元素法,它是微积分学中一种重要的方法. 也是数学建模中经常会用到的方法. 微元法的实质在于将定积分视为无穷多个无穷小量之和,如曲边梯形的面积是面积微元之和,变速直线运动的路程是路程微元之和,变力所做的功是功微元之和等. 可以用定积分来处理的量有两个特征,其一,这个量的大小取决于一个区间和定义在该区间上的一个函数 $f(x)$;其二,总量对区间具有可加性,即分布在 $[a,b]$ 上的总量等于分布在各小区间上的部分量之和. 下面以曲边梯形面积的计算为例,简化定积分概念的四个步骤,得出定积分的微元分析法.

设以 $[a,b]$ 为底,$y=f(x)$ 为曲边的曲边梯形的面积为 A. 5.1 节曾经通过"分割""近似""求和""取极限"四个步骤,将其面积用定积分表示为

$$A = \lim_{\lambda \to 0} \sum_{i=1}^{n} f(\xi_i) \Delta x_i = \int_a^b f(x)\mathrm{d}x.$$

以上过程可以简述为"化整为零"与"积零成整"两个步骤. 由此可以得出用微元法求一个量的总量的简化步骤.

设量 Q 分布在区间 $[a,b]$ 上,Q 的大小取决于 $[a,b]$ 和定义在 $[a,b]$ 上的函数 $f(x)$,总量 Q 对区间具有可加性,求在 $[a,b]$ 上量 Q 的值.

(1) 任取一个小区间 $[x,x+\mathrm{d}x] \subset [a,b]$,在 $[x,x+\mathrm{d}x]$ 上"以直代曲"或"以不变代变",写出量 Q 的微元

$$\mathrm{d}Q = f(x)\mathrm{d}x,$$

将 $\mathrm{d}Q$ 作为 $[x,x+\mathrm{d}x]$ 上量 Q 的增量 ΔQ 的近似值.

(2) 对量 Q 的微元在 $[a,b]$ 上无限累积,得 $Q = \int_a^b f(x)\mathrm{d}x$.

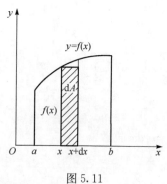

图 5.11

例如,求 $y=f(x) \geqslant 0, y=0, x=a, x=b$ 所围成的曲边梯形的面积 A(图 5.11)时,只要任取一个子区间 $[x,x+\mathrm{d}x] \subset [a,b]$,以区间左端点 x 所对应的函数值 $f(x)$ 为高,$\mathrm{d}x$ 为底的矩形面积近似代替小曲边梯形的面积,写出面积微元

$$\mathrm{d}A = f(x)\mathrm{d}x,$$

再在 $[a,b]$ 上积分,则

$$A = \int_a^b f(x)\mathrm{d}x.$$

值得注意的是在应用微元法解决实际问题时,一定要注意用 $\mathrm{d}Q = f(x)\mathrm{d}x$ 代替 ΔQ 的合理性,要使 $\mathrm{d}Q = f(x)\mathrm{d}x$ 与 ΔQ 的差是关于 $\mathrm{d}x$ 的高阶无穷小.

5.5.2 定积分在几何上的应用

1. 平面图形的面积

下面利用微元法求平面图形的面积.

1) 直角坐标情形

这种情形主要包含两种类型的平面图形.

(1) 求由曲线 $y=f_1(x)$,$y=f_2(x)$($f_1(x)\leqslant f_2(x)$)和直线 $x=a$,$x=b$($x\in[a,b]$)所围平面图形的面积(图 5.12).

将图形竖分成小窄条,在$[a,b]$上任取位于$[x,x+\mathrm{d}x]$区间的部分图形,将这部分图形近似地看成矩形,得面积微元

$$\mathrm{d}A=[f_2(x)-f_1(x)]\mathrm{d}x.$$

在$[a,b]$上积分,得

$$A=\int_a^b[f_2(x)-f_1(x)]\mathrm{d}x.$$

如果所围的平面图形如图 5.13 所示,则平面图形的面积为

$$A=\int_a^b\mid f_2(x)-f_1(x)\mid\mathrm{d}x.$$

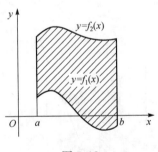

图 5.12

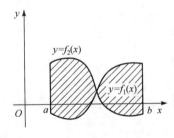

图 5.13

这就是平面图形的面积计算公式,运用公式时要打开绝对值,在相应的区间上用相应的被积函数积分. 只要保证面积微元 $\mathrm{d}A>0$ 就可以了.

(2) 求由曲线 $x=\varphi_1(y)$,$x=\varphi_2(y)$及直线 $y=c$,$y=d$所围平面图形的面积(图 5.14).

仿照上面的讨论可得面积计算公式

$$A=\int_c^d[\varphi_2(y)-\varphi_1(y)]\mathrm{d}y.$$

若平面图形如图 5.15 所示,则面积公式为

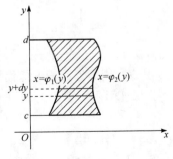

图 5.14

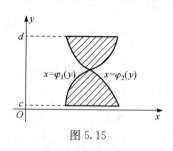

图 5.15

$$A = \int_c^d |\varphi_2(y) - \varphi_1(y)| \, \mathrm{d}y.$$

例 5.5.1　计算由抛物线 $y = x^2$ 与 $y^2 = x$ 所围成的图形面积.

解　由方程组

$$\begin{cases} y^2 = x, \\ y = x^2 \end{cases}$$

解得两抛物线的交点为 $(0,0)$ 和 $(1,1)$, 所围成的图形如图 5.16 所示.

取 x 为积分变量, 相应于 $[0,1]$ 上的任一小区间 $[x, x+\mathrm{d}x]$ 的部分面积近似于长为 $\sqrt{x} - x^2$、宽为 $\mathrm{d}x$ 的小矩形的面积, 从而得到面积元素

$$\mathrm{d}A = (\sqrt{x} - x^2) \mathrm{d}x.$$

在区间 $[0,1]$ 上作定积分, 得所求面积为

$$A = \int_0^1 (\sqrt{x} - x^2) \mathrm{d}x = \left[\frac{2}{3} x^{\frac{3}{2}} - \frac{1}{3} x^3 \right]_0^1 = \frac{1}{3}.$$

例 5.5.2　求由 $x - y = 0, y = x^2 - 2x$ 所围成的图形的面积.

解　作出图形如图 5.17 所示, 先求两曲线交点的横坐标, 解联立方程得 $x = 0$, $x = 3$. 交点坐标为 $(0,0), (3,3)$.

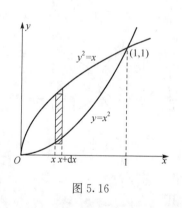

图 5.16

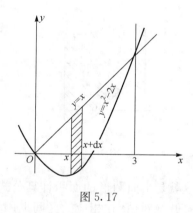

图 5.17

方法 1　选 x 为积分变量, 将图形竖分成小窄条. 在 $[0,3]$ 上任取一个小区间 $[x, x+\mathrm{d}x]$, 用矩形面积近似代替 $[x, x+\mathrm{d}x]$ 上的小窄条的面积.

为保证面积元素为正, 用上边界减下边界, 则面积微元

$$\mathrm{d}A = [x - (x^2 - 2x)] \mathrm{d}x = (-x^2 + 3x) \mathrm{d}x.$$

在 $[0,3]$ 上积分, 得

$$A = \int_0^3 (-x^2 + 3x) \mathrm{d}x = \frac{9}{2}.$$

方法 2　将图形看成 $[0,3]$ 上方的三角形减去在 $[2,3]$ 上方的曲边梯形,再加上 $[0,2]$ 下方的曲边梯形,则

$$A = \int_0^3 x \mathrm{d}x - \int_2^3 (x^2 - 2x) \mathrm{d}x + \int_0^2 [0 - (x^2 - 2x)] \mathrm{d}x = \frac{9}{2}.$$

例 5.5.3　如图 5.18 所示,设三曲线 L_1, L_2, L 均过原点,$M(x, y)$ 为 L_2 上一点,过 M 分别作 x 轴和 y 轴的垂线,截得两块平面图形.若这两块平面图形的面积相等,求 L 的方程.

解　设 L 的方程为 $x = \varphi(y)$,利用 $S_1 = S_2$ 列出方程.

积分时对 S_1 选 x 为积分变量,对 S_2 选 y 为积分变量

$$\int_0^x \left(x^2 - \frac{x^2}{2} \right) \mathrm{d}x = \int_0^y [\sqrt{y} - \varphi(y)] \mathrm{d}y.$$

由定积分的值与积分变量的无关性,将积分变量全部换为 t. 则

$$\int_0^x \frac{t^2}{2} \mathrm{d}t = \int_0^y [\sqrt{t} - \varphi(t)] \mathrm{d}t,$$

$$\frac{x^3}{6} = \left. \frac{2}{3} t^{\frac{3}{2}} \right|_0^y - \int_0^y \varphi(t) \mathrm{d}t.$$

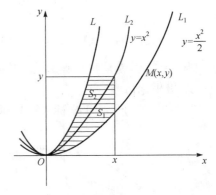

图 5.18

由于点 M 在 L_2 上,所以可将 $x = \sqrt{y}$ 代入,整理得

$$\int_0^y \varphi(t) \mathrm{d}t = \frac{1}{2} y^{\frac{3}{2}},$$

对上限 y 求导

$$\varphi(y) = \frac{3}{4} y^{\frac{1}{2}},$$

即

$$x = \frac{3}{4} y^{\frac{1}{2}},$$

故 $y = \dfrac{16}{9} x^2$ 为所求.

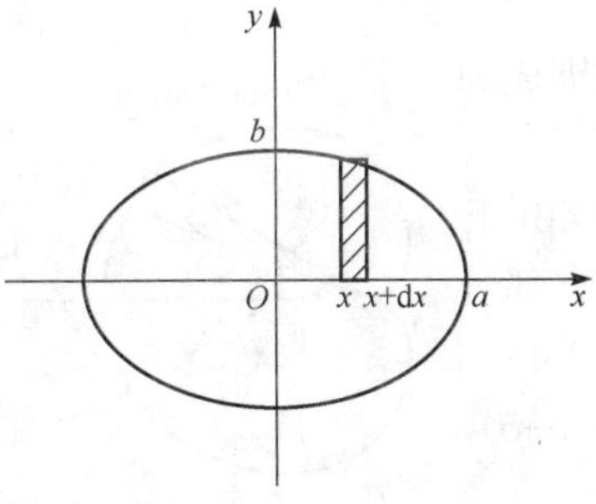

例 5.5.4　求椭圆 $\dfrac{x^2}{a^2} + \dfrac{y^2}{b^2} = 1$ 的面积.

解　如图 5.19 所示,椭圆关于两坐标轴都对称,所以椭圆所围成的图形的面积为

$$A = 4A_1,$$

其中 A_1 为该椭圆在第一象限部分与两坐标轴所围图形的面积,因此

图 5.19

$$A = 4A_1 = 4\int_0^a y\mathrm{d}x.$$

利用椭圆的参数方程

$$\begin{cases} x = a\cos t, \\ y = b\sin t, \end{cases} \quad 0 \leqslant t \leqslant \frac{\pi}{2},$$

适用换元法，则 $\mathrm{d}x = -a\sin t\mathrm{d}t$，当 $x=0$ 时，$t=\dfrac{\pi}{2}$；当 $x=a$ 时，$t=0$. 则

$$A = 4\int_{\frac{\pi}{2}}^0 b\sin t(-a\sin t)\mathrm{d}t = -4ab\int_{\frac{\pi}{2}}^0 \sin^2 t\mathrm{d}t = 4ab\int_0^{\frac{\pi}{2}} \sin^2 t\mathrm{d}t$$

$$= 2ab\int_0^{\frac{\pi}{2}} (1-\cos 2t)\mathrm{d}t = \pi ab.$$

当 $a=b$ 时，就是我们所熟悉的圆面积的计算公式：$A = \pi a^2$.

2）极坐标情形

某些平面图形，用极坐标来计算面积比较方便.

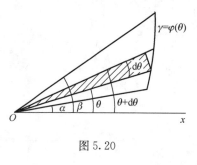

图 5.20

接下来介绍如何利用微元法计算由曲线 $r=r(\theta)$ 及矢径 $\theta=\alpha, \theta=\beta (\alpha < \beta)$ 所围成的曲边扇形的面积（图 5.20）.

按照微元法的步骤有：

（1）求微元. 取极角 θ 为积分变量，$\theta \in [\alpha, \beta]$. 用一组射线将图形分为若干个小的曲边扇形，相应于任一小区间 $[\theta, \theta+\mathrm{d}\theta]$ 的小曲边扇形的面积可以用半径为 $r=r(\theta)$、中心角为 $\mathrm{d}\theta$ 的圆扇形面积来近似代替，得曲边扇形的面积微元为

$$\mathrm{d}A = \frac{1}{2}(r(\theta))^2\mathrm{d}\theta.$$

（2）作积分. 在区间 $[\alpha, \beta]$ 上作定积分，所求图形的面积为

$$A = \frac{1}{2}\int_\alpha^\beta [r(\theta)]^2\mathrm{d}\theta.$$

例 5.5.5　求心形线 $r=a(1+\cos\theta)(a>0)$ 所围成的图形面积.

解　心形线所围成的图形如图 5.21 所示，由于 $r(-\theta)=r(\theta)$，所以图形关于极轴对称. 在极轴上方部分的图形 θ 的变化区间为 $[0,\pi]$. 相应于 $[0,\pi]$ 上任一小区间 $[\theta,\theta+\mathrm{d}\theta]$ 的小曲边扇形的面积近似于半径为 $a(1+\cos\theta)$，中心角为 $\mathrm{d}\theta$ 的圆扇形的面积. 从而得到面积元素

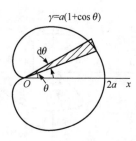

图 5.21

$$dA = \frac{1}{2} a^2 (1 + \cos\theta)^2 d\theta,$$

于是

$$A = 2A_1 = 2 \cdot \frac{1}{2} \int_0^\pi a^2 (1 + \cos\theta)^2 d\theta = a^2 \int_0^\pi \left(2\cos^2\frac{\theta}{2}\right)^2 d\theta = 4a^2 \int_0^\pi \cos^4\frac{\theta}{2} d\theta$$

令 $\frac{\theta}{2} = u, d\theta = 2du$，当 $\theta = 0$ 时，$u = 0$；当 $\theta = \pi$ 时，$u = \frac{\pi}{2}$，

$$A = 8a^2 \int_0^{\frac{\pi}{2}} \cos^4 u \, du = 8a^2 \cdot \frac{3}{4} \cdot \frac{1}{2} \cdot \frac{\pi}{2} = \frac{3}{2}\pi a^2.$$

2. 体积

1) 旋转体的体积

一个平面图形绕该平面内一条定直线旋转一周所得的立体称为旋转体，这条定直线称为旋转轴。我们比较熟悉的圆柱、圆锥、圆台、球体都可以看成是旋转体。

求由连续曲线 $y = f(x)$，$x = a$，$x = b$ 以及 x 轴所围成的曲边梯形绕 x 轴旋转而成的旋转体的体积(图 5.22)。将旋转体分成一系列圆形薄片，任取其中相邻的两片，设其在 x 轴上所对应的区间为 $[x, x + dx]$，则它的体积近似等于以 $y = f(x)$ 为半径的圆为底、dx 为高的圆柱体的体积，即体积微元为

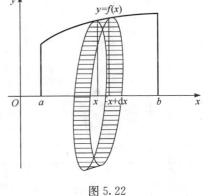

图 5.22

$$dV = \pi [f(x)]^2 dx,$$

在区间 $[a, b]$ 上作定积分，得所求旋转体的体积为

$$V = \pi \int_a^b [f(x)]^2 dx.$$

类似地，如果曲边梯形的底为 y 轴上的区间 $[c, d]$，曲边为 $x = \varphi(y)$，$\varphi(y)$ 在 $[c, d]$ 上连续，则该曲边梯形绕 y 轴旋转而得的旋转体的体积为

$$V = \pi \int_c^d [\varphi(y)]^2 dy.$$

例 5.5.6　求由曲线段 $y = \sin x (0 \leqslant x \leqslant \pi)$ 与 x 轴所围成的曲边梯形绕 x 轴旋转一周所得的旋转体的体积。

解　$V = \int_0^\pi \pi [f(x)]^2 dx = \pi \int_0^\pi \sin^2 x \, dx = \pi \int_0^\pi \frac{1 - \cos 2x}{2} dx = \frac{1}{2}\pi^2.$

例 5.5.7　求由椭圆 $\dfrac{x^2}{a^2}+\dfrac{y^2}{b^2}=1$ 所围成的平面图形分别绕 x 轴、绕 y 轴旋转而成的旋转体的体积.

解　由椭圆的对称性可知,绕 x 轴形成的旋转体是由 x 轴上方的上半椭圆旋转出来的,由于该椭圆关于 y 轴对称,所以只需计算其右半部分的体积. 于是

$$V = 2\pi\int_0^a y^2\,\mathrm{d}x = 2\pi\int_0^a\left(b^2 - \frac{b^2}{a^2}x^2\right)\mathrm{d}x = 2\pi b^2\left[x - \frac{x^3}{3a^2}\right]\Big|_0^a = \frac{4}{3}\pi ab^2.$$

类似可以计算绕 y 轴形成的旋转体的体积

$$V = 2\pi\int_0^b x^2\,\mathrm{d}y = 2\pi\int_0^b\left(a^2 - \frac{a^2}{b^2}y^2\right)\mathrm{d}y = 2\pi a^2\left[y - \frac{y^3}{3b^2}\right]\Big|_0^b = \frac{4}{3}\pi a^2 b.$$

当 $a=b$ 时,上述旋转体就成了半径为 a 的球体,其体积为 $\dfrac{4}{3}\pi a^3$.

计算旋转体的体积,特别要注意正确的写出旋转半径.

例 5.5.8　过坐标原点作 $y=\ln x$ 的切线,该切线与 $y=\ln x$ 及 x 轴围成平面图形 D(图 5.23).

(1) 求 D 的面积;

(2) 求 D 绕 $x=\mathrm{e}$ 旋转所得旋转体的体积.

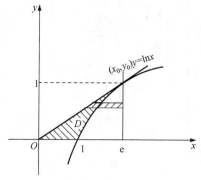

图 5.23

解　首先求切线方程. 因为 $y=\ln x$,$y'=\dfrac{1}{x}$.若切点坐标为 (x_0,y_0),则切线方程为 $y=\dfrac{1}{x_0}x$.又 $(x_0,\ln x_0)$ 在切线上,故 $\ln x_0=\dfrac{x_0}{x_0}=1$,$x_0=\mathrm{e}$.

故切线方程为 $y=\dfrac{x}{\mathrm{e}}$.

(1) 选 y 为积分变量,面积 $S = \displaystyle\int_0^{\ln\mathrm{e}}(\mathrm{e}^y - \mathrm{e}\cdot y)\mathrm{d}y = \dfrac{\mathrm{e}}{2} - 1$.

(2) 所求体积等于底面半径为 e,高为 1 的圆锥体体积减去以 $y=\ln x$ 为曲边,区间 $[1,\mathrm{e}]$ 为底的曲边三角形绕直线 $x=\mathrm{e}$ 旋转所得的旋转体体积. 即

$$V = \frac{1}{3}\pi\mathrm{e}^2 - \pi\int_0^1(\mathrm{e}-\mathrm{e}^y)^2\,\mathrm{d}y$$

$$= \frac{1}{3}\pi\mathrm{e}^2 - \pi\left(\mathrm{e}^2 y - 2\mathrm{e}\cdot\mathrm{e}^y + \frac{1}{2}\mathrm{e}^{2y}\right)\Big|_0^1$$

$$= \frac{\pi}{6}(5\mathrm{e}^2 - 12\mathrm{e} + 3).$$

2) 平行截面面积为已知的立体体积

图 5.24 是一个几何体,分布在对应于变量 x 的区间 $[a,b]$ 上,且对任何 $x\in[a,b]$,作垂直于 x 轴的平行平面去截几何体,其截面积都是点 x 的函数 $A(x)$. 当 $A(x)$ 是连续函数时,我们可用微元法导出该几何体的体积公式.

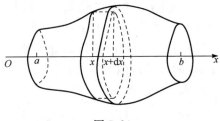

图 5.24

分割 $[a,b]$,取一小区间 $[x,x+\mathrm{d}x]$,我们以 x 处的截面面积 $A(x)$ 为底,高为 $\mathrm{d}x$ 的柱体近似代替区间 $[x,x+\mathrm{d}x]$ 上的几何体体积,则体积微元

$$\mathrm{d}V=A(x)\mathrm{d}x,$$

所以该几何体体积为

$$V=\int_a^b A(x)\mathrm{d}x.$$

例 5.5.9 设用一半径为 R 的木质圆柱体,切出一个如图 5.25 所示的楔子,下底水平,尖缘为圆的直径,楔子的上表面与底面成 α 角,求其体积.

解 取坐标系如图,任取 $[x,x+\mathrm{d}x]\subset$ $[-R,R]$,过点 x 且垂直于 x 轴作截面,这个截面是一个直角三角形. 它的两条直角边分别为 y 和 $y\tan\alpha$,由于底圆的方程为 $x^2+y^2=R^2$, $y=\sqrt{R^2-x^2}$,因而截面面积为

$$A(x)=\frac{1}{2}y^2\tan\alpha=\frac{1}{2}(R^2-x^2)\tan\alpha,$$

于是体积微元

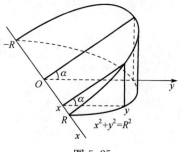

图 5.25

$$\mathrm{d}V=A(x)\mathrm{d}x=\frac{1}{2}(R^2-x^2)\tan\alpha\mathrm{d}x,$$

从而立体的体积

$$V=\frac{1}{2}\int_{-R}^{R}(R^2-x^2)\tan\alpha\mathrm{d}x=\frac{1}{2}\tan\alpha\left[R^2x-\frac{x^3}{3}\right]\Big|_{-R}^{R}$$

$$=\frac{2}{3}R^3\tan\alpha.$$

读者可以考虑,如果所取的平行截面垂直于 y 轴,则截面图形不再是直角三

角形,而是矩形,这时求解过程又应如何?

3. 平面曲线的弧长

函数 $y=f(x)$ 在区间 $[a,b]$ 上有定义,且有连续的一阶导数,则称它的图形为光滑的曲线弧,如图 5.26(a)所示,下面用微元法计算光滑曲线弧的弧长.

将区间 $[a,b]$ 任意分为若干个小区间,过任一小区间 $[x,x+\Delta x]$ 的两端点分别作 y 轴的平行线,截得 $f(x)$ 的一小段曲线弧段,记此曲线弧段为 Δs(图 5.24).可以证明,当 Δx 充分小时,Δs 的长度近似地等于其在点 $(x,f(x))$ 处的相应切线段的长度 ds,如图 5.26(b)所示有 $\Delta s \approx ds$,而

$$ds=\sqrt{(dx)^2+(dy)^2}=\sqrt{1+y'^2}\,dx,$$

ds 称为**曲线弧微分元素**,简称**弧微分**.

在区间 $[a,b]$ 上作定积分,便得所求弧长为

$$s=\int_a^b \sqrt{1+y'^2}\,dx.$$

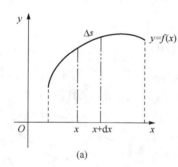 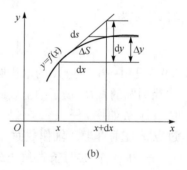

(a)　　　　　　　(b)

图 5.26

若曲线弧由参数方程

$$\begin{cases} x=\varphi(t), \\ y=\psi(t), \end{cases} \quad a \leqslant t \leqslant \beta$$

给出,其中 $\varphi(t)$ 和 $\psi(t)$ 在区间 $[\alpha,\beta]$ 上具有连续导数,则弧长微元为

$$ds=\sqrt{1+y'^2}\,dx=\sqrt{(dx)^2+(dy)^2}=\sqrt{\varphi'^2(t)+\psi'^2(t)}\,dt,$$

从而所求弧长为

$$s=\int_a^\beta \sqrt{\varphi'^2(t)+\psi'^2(t)}\,dt.$$

若曲线弧由极坐标方程

$$r=r(\theta), \quad \alpha \leqslant \theta \leqslant \beta$$

给出,其中 $r(\theta)$ 在 $[\alpha,\beta]$ 上具有连续导数,则由直角坐标与极坐标的关系可得

$$\begin{cases} x = r\cos\theta, \\ y = r\sin\theta. \end{cases} \quad \alpha \leqslant \theta \leqslant \beta.$$

于是,弧长元素为

$$ds = \sqrt{x'^2(\theta) + y'^2(\theta)}\, d\theta = \sqrt{r^2(\theta) + r'^2(\theta)}\, d\theta,$$

从而所求弧长为

$$s = \int_\alpha^\beta \sqrt{r^2(\theta) + r'^2(\theta)}\, d\theta.$$

例 5.5.10 计算摆线 $\begin{cases} x = a(\theta - \sin\theta), \\ y = a(1 - \cos\theta) \end{cases}$ 的一拱($0 \leqslant \theta \leqslant 2\pi$)的长(图 5.27).

解 因为曲线方程用参数方程给出,所以应先算出

$$x'(\theta) = a(1 - \cos\theta), \quad y'(\theta) = a\sin\theta,$$

代入弧微分公式有

$$\begin{aligned} ds &= \sqrt{x'^2(\theta) + y'^2(\theta)}\, d\theta \\ &= \sqrt{a^2(1-\cos\theta)^2 + a^2\sin^2\theta}\, d\theta \\ &= a\sqrt{2(1-\cos\theta)}\, d\theta \\ &= 2a\left| \sin\frac{\theta}{2} \right| d\theta. \end{aligned}$$

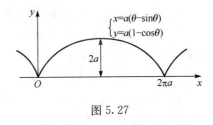

图 5.27

于是

$$s = \int_0^{2\pi} 2a\left| \sin\frac{\theta}{2} \right| d\theta = 4a\int_0^\pi \sin\frac{\theta}{2}\, d\theta = 8a.$$

例 5.5.11 求心形线 $r = a(1 + \cos\theta)\,(a > 0)$ 的全长.

解 因为曲线方程用极坐标形式给出,所以先求出 $r'(\theta) = -a\sin\theta$,再代入弧微分公式

$$ds = \sqrt{r^2(\theta) + r'^2(\theta)}\, d\theta = 2a\left| \cos\frac{\theta}{2} \right| d\theta.$$

由对称性,得心形线的全长为

$$s = 2\int_0^\pi 2a\cos\frac{\theta}{2}\, d\theta = 8a\int_0^{\frac{\pi}{2}} \cos\theta\, d\theta = 8a.$$

习 题 5.5

1. 求由下列各曲线所围成的图形面积.

(1) 曲线 $y = 3 - x^2$ 与直线 $y = 2x$;

(2) 曲线 $y = x^2$,$y = 2x^2$ 与直线 $y = 1$;

(3) 曲线 $x = y^2$ 与直线 $y = -x$,$y = 1$;

（4）曲线 $y=\dfrac{1}{2}x^2$ 与圆 $x^2+y^2=8$（两部分都要计算）；

（5）曲线 $y=\ln x$ 和直线 $x=\mathrm{e}^2$ 及 $y=1$；

（6）在第一象限内由曲线 $x=a\cos^3 t,y=a\sin^3 t,a>0$，与两坐标轴所围成的图形；

（7）$r=2a(2+\cos\theta),a>0$.

2. 求曲线 $y=\ln x$ 在区间 $(2,6)$ 内某相应点处的切线,使此切线与曲线 $y=\ln x$ 及直线 $x=2,x=6$ 所围成的图形面积最大.

3. 求下列曲线所围成的图形绕指定的轴旋转所得的旋转体体积.

（1）曲线 $x=y^2$ 和直线 $y=1,x=0$ 所围成的曲边梯形绕 y 轴旋转；

（2）曲线 $y=x^3$ 和直线 $x=2,y=0$ 所围成图形分别绕 x 轴及 y 轴旋转；

（3）圆 $x^2+(y-5)^2=16$ 绕 x 轴旋转；

（4）摆线 $x=a(t-\sin t),y=a(1-\cos t)$ 的一拱与 x 轴所围的图形绕 x 轴旋转,$a>0$.

4. 计算下列曲线或曲线段的长.

（1）曲线 $y=\ln x$ 在 $\sqrt{3}\leqslant x\leqslant\sqrt{8}$ 的弧段；

（2）曲线 $y=\dfrac{2}{3}x\sqrt{x}$ 在 $0\leqslant x\leqslant 3$ 的弧段；

（3）星形线 $x=a\cos^3 t,y=a\sin^3 t,a>0$,在 $0\leqslant t\leqslant\pi$ 的弧段.

5. 当 a 为何值时,抛物线 $y=x^2$ 与三直线 $x=a,x=a+1,y=0$ 所围成的图形面积最小,求最小面积.

6. 证明：平面图形 $y=f(x)(f(x)>0,0\leqslant a\leqslant x\leqslant b)$ 绕 y 轴旋转一周所得的旋转体的体积为 $V=2\pi\displaystyle\int_a^b xf(x)\mathrm{d}x.$

5.6　定积分模型应用举例

5.6.1　功

设有一大小和方向都不变的力 F 作用在物体上,且力的方向与物体运动的方向一致,当物体沿直线产生的位移为 S 时,力 F 对物体所做的功为
$$W=F\cdot S.$$
下面考虑变力所做的功.

如果物体所受力的大小随物体的位置变化而连续变化,这时变力对物体所做的功又应该如何计算呢？ 功对于区间具有可加性,因此可以应用微元法来处理这个问题.

选定直角坐标系,让坐标轴方向和变力方向一致,假设物体所受到的外力的大小是位移的连续函数 $F(x)$,在力的作用下,设物体从点 a 移至点 b,求变力所做的功.

用微元法. 在区间 $[a,b]$ 上任取一个小区间 $[x,x+\mathrm{d}x]$,将力 $F(x)$ 在这一小段上所做的功记为 ΔW. 并近似地将物体在点 x 处受到的力 $F(x)$ 看成其在 $[x,x+\mathrm{d}x]$ 上各点所受到的力,则功的微元

$$\mathrm{d}W = F(x)\mathrm{d}x.$$

从而当物体从点 a 移动到点 b 时,变力对物体所做的功为

$$W = \int_a^b F(x)\mathrm{d}x.$$

例 5.6.1　把一个带电荷量为 $+q$ 的点电荷放置在坐标原点,它产生一个电场,此电场对周围的电荷有作用力. 现有一单位正电荷在电场中沿 x 轴由 x 轴上点 A 处移动到点 B,求电场力 F 所做的功.

解　建立坐标系如图 5.28 所示,设 A 点的坐标为 $x=a$,B 点的坐标为 $x=b$,由物理学可知,若在轴上一点 x 处放一单位正电荷,则此电荷所受电场力的大小为

$$F = k\frac{q}{x^2}\quad(k\text{ 为常数}),$$

任取 $[x,x+\mathrm{d}x]\subset[a,b]$,近似地将单位点电荷在 $[x,x+\mathrm{d}x]$ 上各点所受到的变力看成其在点 x 处所受到的常力 $F(x)$,因而功的微元为

$$\mathrm{d}W = k\frac{q}{x^2}\mathrm{d}x.$$

电场力所做的功为

$$W = kq\int_a^b \frac{1}{x^2}\mathrm{d}x = kq\left(\frac{1}{a}-\frac{1}{b}\right).$$

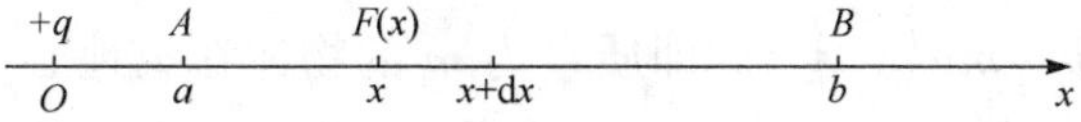

图 5.28

在计算静电场中某点的电位时,要考虑将单位正电荷从点 $x=a$ 移到无穷远处时电场力所做的功 W. 这时要用到前面所学的广义积分.

$$W = kq\int_a^{+\infty} \frac{1}{x^2}\mathrm{d}x = kq\left[-\frac{1}{x}\right]\Big|_a^{+\infty} = \frac{kq}{a}.$$

例 5.6.2　一圆柱形蓄水池高为 6m,底圆半径为 4m,池内盛满了水,试问要把池内的水全部吸出需做多少功?

解　将蓄水池的上底面中心处选为坐标原点,x 轴垂直于底面,方向竖直向下

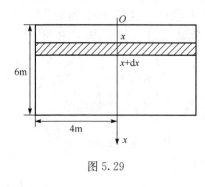

图 5.29

建立坐标系(图 5.29). 取深度 x 为积分变量,它的变化区间为 $[0,6]$. 将水吸出需要克服水的重力做功,利用功对区间的可加性,看成将水分成许多薄层,所以任取 $[x,x+\mathrm{d}x]\subset[0,6]$. 相应于区间 $[x,x+\mathrm{d}x]$ 上这一薄层水的厚度为 $\mathrm{d}x$,这一薄层水的体积是一个底半径等于 2,高为 $\mathrm{d}x$ 的小圆柱体,所以这一薄层水的重力为 $9.8\pi\cdot4^2\mathrm{d}x\mathrm{kN}$,将这薄层水吸出池外产生的位移为 x,从而功微元为

$$\mathrm{d}W=9.8\pi\cdot4^2\cdot x\mathrm{d}x=156.8\pi x\mathrm{d}x.$$

在区间 $[0,6]$ 上作定积分得将水吸干所需要做的功为

$$W=\int_0^6 156.8\pi x\mathrm{d}x=156.8\pi\left[\frac{x^2}{2}\right]_0^6=156.8\pi\cdot18\approx8867(\mathrm{KJ}).$$

例 5.6.3　从地面向空中垂直发射质量为 m 的物体.(1)求此物体上升至 hm 的高空时,地球引力所做的功;(2)若要物体脱离地球引力范围,物体的初速度至少应为多少?

解　(1)如图 5.30 建立坐标系,取积分变量为 x,方向向上,地心处为原点,将地球的质量看成集中在地心处,由万有引力定律

$$F=\frac{GMm}{x^2},$$

其中 m 为物体的质量,M 为地球的质量,G 为引力常量,在地面上物体受到的引力即重力 $F=mg$(g 为重力加速度),于是

$$mg=G\frac{Mm}{x^2}.$$

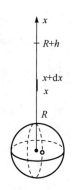

图 5.30

解得 $G=\dfrac{gx^2}{M}$,故 $F=mg\left(\dfrac{R}{x}\right)^2$,此即质量为 m 的物体在离地心 x 处所受到的引力.

任取 $[x,x+\mathrm{d}x]\subset[R,R+h]$,在这一小段上,将物体在上升过程中在小区间内每一点处所受到的引力当作常力 $F(x)$,由于地球引力的方向与物体运动的方向相反,所以地球引力在这一小段上所做的功微元为

$$\mathrm{d}W=-mg\left(\frac{R}{x}\right)^2\mathrm{d}x.$$

在 $[R,R+h]$ 上积分,求得地球引力所做的功

$$W = -mgR^2\int_R^{R+h}\frac{\mathrm{d}x}{x^2} = mgR^2\frac{1}{x}\Big|_R^{R+h} = mgR^2\left(\frac{1}{R+h}-\frac{1}{R}\right).$$

（2）又若要物体脱离地球引力范围,就需要计算克服地球引力做多少功,显然此时上述定积分就变为广义积分

$$W = mgR^2\int_R^{+\infty}\frac{\mathrm{d}x}{x^2} = \lim_{b\to+\infty}\left(mgR^2\int_R^b\frac{\mathrm{d}x}{x^2}\right) = \lim_{b\to+\infty}mgR^2\left(\frac{1}{R}-\frac{1}{b}\right) = mgR.$$

所以在发射时,要使物体的动能 $W=\frac{1}{2}mv_0^2 \geqslant mgR$（其中 v_0 为初速度）,即

$$v_0 \geqslant \sqrt{2gR}.$$

若 $g=9.8\mathrm{m/s^2}, R=6.371\times10^6\mathrm{m}$,则 $v_0 \geqslant 11.2\mathrm{km/s}$,这就是第二宇宙速度.

5.6.2 引力

例 5.6.4 设有一长为 l,质量为 M 的匀质细杆,另有一质量为 m 的质点,在杆所在的延长线上,求（1）杆对质点 m 的引力？（2）当把质点沿杆所在的延长线从 A 移动到点 B 时,克服引力需做功多少？（A,B 相距杆的近距离点分别为 a,b,且 $a<b$）

解 如图 5.31 建立坐标系.

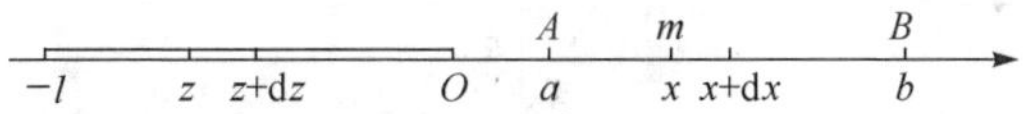

图 5.31

要求将 m 从 A 移动到 B 克服杆的引力所做的功,就要首先求出杆对质点 m 的引力. 引力公式 $F=\frac{km_1m_2}{r^2}$ 适应于两个离散的质点,而且现在杆的质量是连续分布的,为了应用这个公式,先将杆分成 n 个小段,将每一小段上的质量看成集中在一点,再利用两点之间的引力公式求出杆上一点与 m 之间的引力微元,然后在 $[-l,0]$ 上累积一次,得出整根杆对位于 OA 延长线上点 x 处的质点的引力表达式. 最后为求质点 m 从点 A 移动到点 B,克服杆的引力所需要做的功再累积一次.

第一步,任取 $[X,X+\mathrm{d}X]\subset[-l,0]$,由于杆的总质量为 M,长度为 l,密度均匀,所以其线密度 $\mu=\frac{M}{l}$,小区间 $[X,X+\mathrm{d}X]$ 上所具有的质量 $\mathrm{d}M=\frac{M}{l}\mathrm{d}X$.

现设质量为 m 的质点位于 OA 的延长线点 x 处,所以杆对质点 m 的引力微元为

$$\mathrm{d}F = \frac{k\mathrm{d}M\cdot m}{(x-X)^2} = \frac{kmM}{l}\cdot\frac{\mathrm{d}X}{(x-X)^2}$$

因此得杆对质点的引力

$$F(x) = \frac{kMm}{l}\int_{-l}^{0}\frac{\mathrm{d}X}{(x-X)^2} = \frac{KMm}{l}\left(\frac{1}{x} - \frac{1}{x+l}\right).$$

由此结果可以看出,杆对质点的引力,是质点 m 所处的位置的函数.

第二步,任取$[x, x+\mathrm{d}x] \subset [a, b]$,在$[x, x+\mathrm{d}x]$上用点 x 处的力代替小段区间上每点的变力,从而得到微元

$$\mathrm{d}W = F(x)\mathrm{d}x,$$

故克服杆的引力需做功

$$W = \int_a^b F(x)\mathrm{d}x = \frac{KMm}{l}\int_a^b \left(\frac{1}{x} - \frac{1}{x+l}\right)\mathrm{d}x = \frac{KMm}{l}(\ln|x| - \ln|x+l|)\Big|_a^b$$

$$= \frac{KMm}{l}\ln\frac{b(a+l)}{a(b+l)}.$$

例 5.6.5　长为 $2l$ 的直导线,均匀带电,电荷密度为 μ,在导线中垂线上点 A 处有一带电量为 q 的正点电荷,与导线相距为 a,求点 A 与直导线之间的作用力.

解　取导线所在直线为 x 轴,导线的中垂线为 y 轴,建立坐标系如图 5.32 所示.

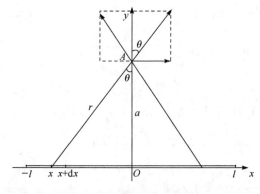

图 5.32

在导线上任取$[x, x+\mathrm{d}x] \subset [-l, l]$,将这一小段导线近似看成点电荷,其电量为 $\mu\mathrm{d}x$,它与点 A 的距离是 $r = \sqrt{x^2 + a^2}$,据库仑定律,该小段导线与点电荷 A 之间的作用力微元为

$$|\mathrm{d}F| = k \cdot \frac{q\mu\mathrm{d}x}{r^2} = \frac{k\mu q}{x^2 + a^2}\mathrm{d}x.$$

设导线带正电,则力的方向如图 5.32 所示,由于各小段导线对点 A 的作用力的方向不同,不能直接叠加,需要将 $\mathrm{d}F$ 分解到水平方向和竖直方向. 而导线均匀带电,且放置的位置关于 y 轴对称,因此 $\mathrm{d}F$ 在 x 轴方向上的分力相互抵消. 只需

要计算 dF 在 y 轴方向上的分力 dF_y. 由图可见

$$dF_y = |dF| \cos\theta = |dF| \frac{a}{r} = \frac{k\mu qa}{(x^2+a^2)^{\frac{3}{2}}} dx,$$

$$F_y = \int_{-l}^{l} \frac{k\mu qa}{(x^2+a^2)^{\frac{3}{2}}} dx = 2 \int_{0}^{l} \frac{k\mu qa}{(x^2+a^2)^{\frac{3}{2}}} dx$$

$$= \frac{2k\mu qa}{a^2} \frac{x}{\sqrt{x^2+a^2}} \Big|_{0}^{l}$$

$$= \frac{2k\mu q}{a} \frac{l}{\sqrt{l^2+a^2}}$$

$$= \frac{2k\mu q}{a} \frac{1}{\sqrt{1+\left(\frac{a}{l}\right)^2}}.$$

若导线很长, 或点电荷 A 与导线很靠近, $\frac{a}{l} \approx 0$, 从而

$$F_y \approx \frac{2k\mu q}{a}.$$

于是点电荷 A 与导线之间的作用力是 F_y, 且当导线带正电时, 作用力的方向与 y 轴正向一致.

5.6.3 质量

例 5.6.6 设有半径为 R, 密度非均匀的圆盘, 已知其面密度 $\rho = ar+b$, r 表示圆盘上的点到圆心的距离, a,b 为常数, 求圆盘的质量.

解 如图 5.33 建立坐标系.

取 r 为积分变量, $r \in [0,R]$, 在 $[0,R]$ 上任取一个小区间 $[r, r+dr]$, 先求以 r 和 $r+dr$ 为半径的带状圆盘上的质量微元, 然后在 $[0,R]$ 上积分.

设这一带状圆盘的质量为 dm, 由于 dr 充分小, 所以可以将其面密度看成是均匀的, 并且都为 $\rho = ar+b$, 又这个带状圆盘面积近似等于 $2\pi rdr$, 于是得质量微元

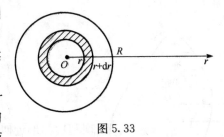

图 5.33

$$dm = (ar+b) \cdot 2\pi rdr,$$

故圆盘的总质量

$$m = 2\pi \int_{0}^{R} (ar+b) \cdot rdr = \frac{1}{3}\pi R^2 (2aR+3b).$$

需要说明的是，对于空间或平面形体，体密度一般随空间点的位置而变化，面密度一般随平面点的位置而变化，所以一般都是多自变量函数的问题．求它们的质量，要用重积分来解决（见《微积分与数学模型》下册）．但是由于例 5.6.7 中面密度 ρ 只随一个变量 r 变化，而圆盘的方程在极坐标系下为 $r=R$，所以可以用定积分来处理．

5.6.4　数值逼近

一般情形下，利用定积分计算平面图形的面积需要知道平面图形的边界曲线的方程．而有些实际问题中这些边界曲线的方程很难求出，这时我们往往可以采用矩形法，梯形法或抛物线法对定积分作近似计算，分割越细，逼近程度越好．

例 5.6.7（钓鱼问题）　某游乐场新建一鱼塘，在钓鱼季节来临之前将鱼放入鱼塘，鱼塘的平均深度为 4m．计划开始时每立方米放 1 条鱼，并且在钓鱼季节结束时所剩的鱼是开始时的 $\frac{1}{4}$．如果一张钓鱼证平均可钓 20 条鱼，试问最多可卖出多少张钓鱼证？鱼塘面积如图 5.34 所示，其中单位为 m，间距为 10m．

分析：设鱼塘面积为 $S(\text{m}^2)$．则鱼塘体积为 $4S(\text{m}^3)$，因为开始时每立方米有一条鱼，所以应有 $4S$ 条鱼．由于结束时鱼剩 $\frac{1}{4}$，于是被钓的鱼就是 $4S \times \frac{3}{4} = 3S$；又因每张钓鱼证平均可钓 20 条鱼，所以最多可卖钓鱼证为 $\frac{3S}{20}$（张）．因此问题归结为求鱼塘的面积．由题目已知条件及图 5.34 可知，可利用定积分的“分割”“近似”“求和”的思想，求出鱼塘面积的近似值．

解　如图 5.34 所示，将图形分割为 8 等份，间距为 10m，即 $\Delta x_i = 10\text{m}$，设宽度为 $f(x)$，则有

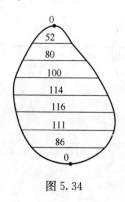

图 5.34

$$f(x_0)=0\text{m}, \quad f(x_1)=86\text{m},$$
$$f(x_2)=111\text{m}, \quad f(x_3)=116\text{m},$$
$$f(x_4)=114\text{m}, \quad f(x_5)=100\text{m},$$
$$f(x_6)=80\text{m}, \quad f(x_7)=52\text{m},$$
$$f(x_8)=0\text{m}.$$

现利用梯形近似曲边梯形，任一小梯形面积为

$$S_i = \frac{1}{2}[f(x_{i-1})+f(x_i)]\Delta x_i$$
$$= \frac{10}{2}[f(x_{i-1})+f(x_i)] \quad (i=1,2,\cdots,8).$$

故总面积为

$$S = \sum_{i=1}^{8} S_i = 5 \sum_{i=1}^{8} [f(x_{i-1}) + f(x_i)]$$
$$= 5[f(x_0) + 2f(x_1) + 2f(x_2) + \cdots + 2f(x_7) + f(x_8)]$$
$$= 10[f(x_1) + f(x_2) + \cdots + f(x_7)]$$
$$= 10(86 + 111 + 116 + 114 + 100 + 80 + 52)$$
$$= 6590 (\text{m}^2).$$

由于 $\dfrac{3S}{20} = \dfrac{3 \times 6590}{20} = 988.5$，因此，最多可卖钓鱼证 988 张.

例 5.6.8　煤气厂生产煤气，煤气中的污染物质是通过涤气器去除的，而这种涤气器的有效作用随使用时间加长会变得越来越低，每月月初进行用以显示污染物质自动从涤气器中逃回煤气中的速率的检测，其结果见表 5.1.

表 5.1　污染物从涤气器逃回煤气中的速率检测表

时间（月）	0	1	2	3	4	5	6
速率（t/月）	5	7	8	10	13	16	20

试给出这六个月内逃回的污染物质总量的一个范围.

解　由于煤气中的污染物质从涤气器逃回来的速率是非均匀的，所以设其速率为 $v = v(t)$，所求六个月内逃回煤气中的污染物质总量 Q 可用定积分计算

$$Q = \int_0^6 v(t) \mathrm{d}t.$$

由题意知，$v(t)$ 是一个单调增加的函数. 因此，当对时间 $t \in [0,6]$ 进行等分，每个子区间的长度为 $\Delta t_i = 1 (i = 1, \cdots, 6)$，若取子区间 $[t_{i-1}, t_i]$ 的左端点，则 $v(t) = v(t_{i-1})$ 的速度值较小，即从涤气器逃回煤气中的污染物质较少；反之，若取右端点，则 $v(t) = v(t_i)$ 的速度值较大，从涤气器逃回煤气中的污染物质较多. 根据定积分的定义及性质

$$\sum_{i=1}^{6} v(t_{i-1}) \leqslant Q \int_0^6 v(t) \mathrm{d}t \leqslant \sum_{i=1}^{6} v(t_i),$$

代入表 5.1 中的值进行计算，则

$$59 = 5 + 7 + 8 + 10 + 13 + 16 \leqslant \int_0^6 v(t) \mathrm{d}t \leqslant 7 + 8 + 10 + 13 + 16 + 20 = 74,$$

故六个月内从涤气器逃回的污染物质总量为 59~74t.

上述数值逼近的方法是定积分近似计算中的矩形法.

5.6.5　扫雪机清扫积雪模型

例 5.6.9　冬天大雪纷飞，在长 10km 的公路上，由一台扫雪车负责清扫积雪，每当路面积雪平均厚度达到 0.5m 时，扫雪机开始工作. 但扫雪机开始工作后，大

雪仍然下个不停,当积雪厚度达到 1.5m 时,扫雪机将无法工作. 如果大雪以恒速 $R=0.025(\text{cm/s})$ 下了一个小时,问扫雪任务能否完成?

模型假设

(1) 扫雪机的工作速度 $v(\text{m/s})$ 与积雪厚度 h 成正比;

(2) 扫雪机在没有雪的路上行驶速度为 10m/s;

(3) 扫雪机以工作速度前进的距离就是已经完成清扫的路段.

模型建立与求解

设 t 表示时间,从扫雪机开始工作起计时开始,$S(t)$ 表示 t 时刻扫雪机行驶的距离. 由模型假设(1)

$$v=k_1 h+k_2,$$

其中 k_1 为比例系数,k_2 为初始参数.

由 $h=0$ 时,$v=10$;$h=1.5$ 时,$v=0$,得扫雪机与积雪厚度的函数关系为

$$v=10\left(1-\frac{2}{3}h\right).$$

由于积雪厚度 h 随 t 而增加,t 时刻增加厚度为 $Rt(\text{cm})=\dfrac{Rt}{100}(\text{m})$. 所以

$$h(t)=0.5+\frac{Rt}{100},$$

代入上式得

$$v(t)=\frac{10}{3}\left(2-\frac{Rt}{50}\right).$$

由速度与距离的关系可得扫雪距离的积分模型

$$S(t)=\int_0^t v(x)\mathrm{d}x=\frac{10}{3}\int_0^t \left(2-\frac{Rx}{50}\right)\mathrm{d}x=\frac{20}{3}t-\frac{R}{30}t^2.$$

当 $v(t)=0$ 时,扫雪机停止工作,记此时刻为 T,则

$$\frac{10}{3}\left(2-\frac{Rt}{50}\right)=0,$$

解得 $T=\dfrac{100}{R}$,当 $R=0.025(\text{cm/s})$ 时,$T=4000(\text{s})\approx66.67(\text{min})$,此时

$$S(T)=S(4000)\approx13.33(\text{km}),$$

所以扫雪 10km 的任务可以完成.

习 题 5.6

1. 设上底半径为 R,高为 H 的正圆锥形容器内,充满某种液体,设液体的体密度是液体高度 x 的函数 $\mu=\mu_0\left(1-\frac{1}{2}\cdot\frac{x}{H}\right)$,其中 $x\in[0,H]$,μ_0 为常数,计算容

器内液体的总质量.

2. 现有一根平放的弹簧,已知将弹簧拉长 10cm 需 5N 的力,问若要将弹簧拉长 15cm,需克服弹性力做多少功?

3. 如图 5.35 所示,一半径为 R,中心角为 α 的圆弧形细棒,线密度为 μ(常数). 在圆心处有一质量为 m 的质点 P,求细棒对质点 P 的引力.

4. 直径为 20cm,高为 80cm 的圆筒内充满压强为 $10N/cm^2$ 的蒸汽. 设温度保持不变,要使蒸汽体积缩小一半,问需要做多少功?

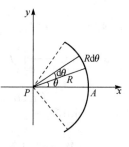

图 5.35

5. 设一圆锥形水池,深 15m,口径 20m,池中盛满水,若要将水全部吸出池外,需做多少功?

6. 某高尔夫球场地为了修整,测出各点的球道长度和宽度(单位:m)见表 5.2,若 1kg 的肥料可覆盖的球场面积为 $40m^2$,试用梯形法公式计算对球道上所需肥料的总和约为多少?

表 5.2　各点球道的长度和宽度

球道长度	0	30	60	90	120	150	180	210	240	270	300
球道宽度	0	24	26	29	34	32	30	30	32	34	0

复习题 5

A

1. 试述定积分与不定积分概念的区别与联系.

2. 如何理解积分上限的函数中的上限变量与积分变量.

3. 对积分上限的函数求导要注意些什么?

4. 对于广义积分,当积分区间对称时,为什么不能用对称区间上奇偶函数积分的性质?

5. 函数 $F(x)=|x|$ 是函数 $f(x)=\begin{cases}-1, & x<0, \\ 1, & x>0\end{cases}$ 的原函数吗?

6. 若 $f(x)$ 在区间 $[0,+\infty)$ 上连续,且满足

$$\int_0^{x^2} f(t)\mathrm{d}t = x^2(1+\cos x),$$

求 $f\left(\dfrac{\pi^2}{4}\right)$.

7. 设 $f(x) = \int_x^{x^2} \dfrac{\sin xt}{t} dt$，求 $f'(x)$.

8. 求下列极限.

(1) $\lim\limits_{x \to \infty} \dfrac{x}{x-a} \int_a^x f(t) dt$（其中 $f(x)$ 连续）；

(2) $\lim\limits_{x \to \infty} \dfrac{\displaystyle\int_0^x (\arctan t)^2 dt}{\sqrt{x^2+1}}$.

9. 计算下列积分.

(1) $\displaystyle\int_{-1}^1 (x + |x|)^2 dx$；

(2) $\displaystyle\int_0^2 \dfrac{dx}{x^2 - 3x - 4}$；

(3) $\displaystyle\int_0^{\frac{\pi}{2}} \sqrt{1 - \sin 2x}\, dx$；

(4) $\displaystyle\int_0^2 \dfrac{dx}{2 + \sqrt{4 - x^2}}$.

10. 求 $\displaystyle\int_0^2 f(x-1) dx$，其中

$$f(x) = \begin{cases} \dfrac{1}{1+x}, & x \geqslant 0, \\[2mm] \dfrac{1}{1+e^x}, & x < 0. \end{cases}$$

11. 求由曲线 $y = \sin x$ 与 $y = \sin 2x$ 在 $[0, \pi]$ 上所围成图形的面积.

12. 求由曲线 $y = 3 - |x^2 - 1|$ 与 x 轴围成图形的面积.

13. 计算由曲线 $y^2 = 2ax, x^2 + y^2 = 2ax$ 和直线 $x = 2a\,(a > 0)$ 所围的图形面积.

14. 求 $(x-2)^2 + y^2 \leqslant 1$ 绕 y 轴旋转而成的旋转体的体积.

15. 用平行截面面积为已知的立体体积的计算方法求椭球体 $\dfrac{x^2}{a^2} + \dfrac{y^2}{b^2} + \dfrac{z^2}{c^2} \leqslant 1$ 的体积.

16. 计算曲线 $x = \arctan t, y = \dfrac{1}{2} \ln(1 + t^2)$ 从 $t = 0$ 到 $t = 1$ 段的弧长.

17. 设 $f(x) \in C[0,1] \bigcap D[0,1]$，且 $\displaystyle\int_0^1 f(x) dx = 0$，证明：$\exists \xi \in [0, 1]$，使得 $2f(\xi) + \xi f'(\xi) = 0$.

18. 半径为 r 的球沉入水中，球的上部与水面相切，球的密度与水相同，现将球从水中取出，需做多少功？

19. 某产品的总成本 C(万元)的变化率(边际成本) $C' = 1$，总收益 R(万元)的变化率(边际收益)为产量 x(百台)的函数，$R' = R'(x) = 5 - x$.

（1）求产量等于多少时,总利润 $L=R-C$ 最大?

（2）达到利润最大的产量后又产生了 1 百台,总利润减少了多少?

B

1. 一位报童每天从邮局购进报纸零售,当天卖不出的报纸则退回邮局,报纸每份售出价为 a,购进价为 b,退回价为 c,有 $c<b<a$,由于退回报纸份数过多会赔本,报童应如何确定购进报纸的份数.

2. 一家新的乡村精神病诊所刚开张,对同类门诊的统计表明,总有一部分患者第一次来过之后还要来此治疗,如果现有 A 个患者第一次来这就诊,则 t 个月后,这些患者中还有 $A \cdot f(t)$ 个在此治疗,这里 $f(t)=\mathrm{e}^{-\frac{t}{20}}$. 现设这个诊所最开始时接受了 300 人的治疗,并且计划从现在开始每月接收 10 名新患者. 试估算从现在开始 15 个月后,在此诊所接受治疗的患者有多少.

3. 某城市 2000 年的人口密度近似为 $P(r)=\dfrac{4}{r^2+20}$, $P(r)$ 表示距市中心 $r\mathrm{cm}$ 区域内的人口数,单位为每平方千米 10 万人.

（1）试求距市中心 2km 区域内的人口数;

（2）若人口密度近似为 $P(r)=1.2\mathrm{e}^{-0.2r}$（单位不变）,试求距市中心 2km 区域内的人口数.

部分习题参考答案

习 题 1.1

1. $f(1)=2, f(-1)=2, f(0)=1, f(k)=1+k^2, f(-k)=1+k^2$.

2. BD.

3. (1) 不能确定一个函数;

    (2) 可以确定, $y=\dfrac{1-x}{1+x}, x\neq-1$;

    (3) 可以确定, $y=\dfrac{x^2-1}{2}(x\geqslant0)$;

    (4) 可以确定, $y=\dfrac{x}{1-x}, x\neq1$.

4. (1) $(-\infty,1]\cup[3,+\infty)$;

    (2) $(2k\pi,(2k+1)\pi], k=0,\pm1,\pm2,\cdots$;

    (3) $[-1,0)\cup(0,1]$;

    (4) $[2,4]$.

5. (1) $P(x)=-(400+5\sqrt{x(x-4)}-6x)$;

    (2) $P(200)=700\sqrt{2}-800$;

    (3) $P(1000)=100\sqrt{2490}-5600$.

6. (2) 收缩速度会趋于 0.06cm/s.

7. (1) $N=4^t$;   (2) $t=9\log_4 10=9\times1.6610\approx15$.

8. (1) 奇;   (2) 偶;   (3) 奇;   (4) 奇.

9. (1) 是周期函数, 周期 $T=2\pi$;

    (2) 是周期函数, 周期 $T=\dfrac{\pi}{2}$;

    (3) 是周期函数, 周期 $T=1$;

    (4) 不是周期函数.

习 题 1.2

2. (1) 由 $y=\sin u$ 和 $u=\log_2 x$ 复合而成;

    (2) 由 $y=\sqrt{u}, u=\tan v$ 和 $v=\dfrac{x}{2}$ 复合而成;

(3) 由 $y = e^u, u = \cos v$ 和 $v = \dfrac{1}{x}$ 复合而成;

(4) 由 $y = \arccos u, u = \sqrt{v}, v = \log_2 t$ 和 $t = x^2 - 1$ 复合而成.

3. (1)(2)(3)是初等函数,(4)不是初等函数.

4. $f(g(x)) = \begin{cases} 1, & x < 0, \\ 0, & x = 0, \\ -1, & x > 0, \end{cases}$ $g(f(x)) = \begin{cases} e, & -1 < x < 1, \\ 1, & x = 1, \\ e^{-1}, & x < -1 \text{ 或 } x > 1. \end{cases}$

5. $s = R\cos\omega t + \sqrt{l^2 - R^2 \sin^2 \omega t}, t > 0.$

习 题 1.3

2. (1) $f(-3) = 2$;　　(2) $f(3)$ 没有定义;　　(3) $\lim\limits_{x \to -3^-} f(x) = 2$;

(4) $\lim\limits_{x \to -3^+} f(x) = 4$;　　(5) $\lim\limits_{x \to -3} f(x)$ 不存在;　　(6) $\lim\limits_{x \to 3^+} f(x) = +\infty.$

3. (1) $f(1)$ 没有定义;　　(2) $\lim\limits_{x \to 1} f(x) = 0$;　　(3) $\lim\limits_{x \to 2} f(x) = 1$;

(4) $\lim\limits_{x \to 2^+} f(x) = 1.$

4. $\lim\limits_{x \to 1} f(x)$ 不存在, $\lim\limits_{x \to 0} f(x) = 0.$

5. $\lim\limits_{x \to a} f(x)$ 不会发生变化,因为改变的函数值是有限个.

7. $X > \sqrt{397}.$

8. $\lim\limits_{x \to 0^-} f(x) = \lim\limits_{x \to 0^+} f(x) = 1, \lim\limits_{x \to 0} f(x) = 1$;

$\lim\limits_{x \to 0^-} g(x) = -1, \lim\limits_{x \to 0^+} g(x) = 1, \lim\limits_{x \to 0} g(x)$ 不存在.

习 题 1.4

3. (1) $-\dfrac{11}{2}$;　(2) 0;　(3) 0;　(4) $\dfrac{m}{n}$;　(5) 不存在;　(6) 0;　(7) 2;

(8) $\dfrac{1}{2}$;　(9) 2;　(10) $\dfrac{1}{6}$;　(11) -1;　(12) $\infty.$

4. (1) 0;　(2) 1;　(3) -1;　(4) 5;　(5) $\dfrac{1}{2}$;　(6) 8;　(7) $\dfrac{2}{3}$;　(8) $\dfrac{1}{2}$;

(9) e^{2n};　(10) e^{-2};　(11) e^k;　(12) e^{-2};　(13) e;　(14) 1.

习 题 1.5

2. 由高到低: $e^{x^3} - 1, \sin x^2, \sin(\tan x), \ln(1 + \sqrt{x}).$

4. (1) x^2 与 $\sin x$ 不同阶, x^2 为更高阶;

(2) $2x-x^2$ 与 x^2-x^3 不同阶, x^2-x^3 为更高阶;

(3) $1-x$ 与 $1-x^2$ 同阶;

(4) $\dfrac{1}{x^2}$ 与 $\dfrac{1}{x}$ 不同阶, $\dfrac{1}{x^2}$ 为更高阶.

6. (1) 0;　(2) 0;　(3) -2;　(4) $\dfrac{1}{2}$;　(5) 1;　(6) ln2;　(7) 1;

(8) $\dfrac{1}{2}$;　(9) -1;　(10) $\dfrac{b^2-a^2}{2}$.

7. $a=1, b=-1$.

8. $a=-1, b=\dfrac{1}{2}$.

9. $\lim\limits_{v \to c^-} m = \infty$.

习 题 1.6

1. (1) $f(x)$ 在 **R** 内处处连续;(2) $f(x)$ 在 **R** 内处处连续.

2. $(-\infty, -3) \bigcup (-3, 2) \bigcup (2, +\infty)$, $\lim\limits_{x \to 0} f(x) = \dfrac{1}{2}$, $\lim\limits_{x \to -3} f(x) = -\dfrac{8}{5}$, $\lim\limits_{x \to 2} f(x) = \infty$.

3. (1) $\sqrt{5}$;(2) $e^2 - 1$.

4. (1) $x=2$ 是第一类可去间断点, $x=4$ 是第二类无穷型间断点;

(2) $x=-1$ 是第二类间断点, $x=0$ 是第一类跳跃间断点, $x=1$ 是第一类可去间断点;

(3) $x=0$ 是第二类振荡型间断点;

(4) $x=0$ 是第一类跳跃间断点;

(5) $x=0$ 是第二类间断点, $x=1$ 是第一类跳跃间断点.

5. $a=b=1$.

7. y 是 r 的连续函数.

习 题 1.7

4. 提示:取 $m=\min\{f(x_i)\}$, $M=\max\{f(x_i)\}$, $i=1,2,\cdots,n$, 则

$$m \leqslant \frac{f(x_1)+f(x_2)+\cdots+f(x_n)}{n} \leqslant M.$$

习 题 1.8

2. (1) 49g/cm;　(2) 27g/cm.

3. $1800,2400,1800.$

4. $10\mathrm{A},\sqrt{19}.$

复习题 1

A

1. $C,A.$

2. 6.

3. $a=-1.$

4. $3,2.$

6. 是无界变量,但不是无穷大量.

7. (1) $\mathrm{e}^{-\frac{1}{2}}$；　(2) 3；　(3) $\dfrac{5}{3}$；　(4) $\sqrt[3]{abc}.$

习 题 2.1

1. $8x,-16$；

2. $2ax+b.$

3. (1) $5x^4$；　(2) $\dfrac{3}{2}x^{\frac{1}{2}}$；　(3) $-x^{-2}$；　(4) $-\dfrac{1}{2}x^{-\frac{3}{2}}$；　(5) $\dfrac{7}{8}x^{-\frac{1}{8}}.$

4. $4x-y-3=0,x+4y-5=0.$

5. 连续不可导.

6. $a=2c,b=-c^2.$

7. $f'(0).$

8. (1) $-f'(x_0)$；　(2) $(\alpha+\beta)f'(x_0)$；　(3) $f'(x_0).$

9. 连续不可导.

10. 0.

11. $y=x-5.$

12. $\dfrac{1}{\mathrm{e}}.$

习 题 2.2

2. (1) $4x^3-21x^{-4}+\dfrac{2}{x^2}$；　　(2) $10x-3^x\ln3+2\mathrm{e}^x$；　　(3) $5x^4+5^x\ln5$；

(4) $3\mathrm{e}^x(\sin x+\cos x)$；　　(5) $-\dfrac{x\sin x+2\cos x}{x^3}$；　　(6) $-\dfrac{1}{\sqrt{1-x^2}}$；

(7) $\dfrac{x^2}{(\cos x+x\sin x)^2}$；　　(8) $\dfrac{3x^2-x^3\ln3}{3^x}.$

3. (1) $y'=3\cos x+4\sin x$, $y'\big|_{x=\frac{\pi}{3}}=\dfrac{3+4\sqrt{3}}{2}$, $y'\big|_{x=\frac{\pi}{4}}=\dfrac{7\sqrt{2}}{2}$;

(2) $\dfrac{\mathrm{d}y}{\mathrm{d}x}=\dfrac{1}{2}\sin x+x\cos x$, $\dfrac{\mathrm{d}y}{\mathrm{d}x}\Big|_{x=\frac{\pi}{4}}=\dfrac{\sqrt{2}(2+\pi)}{8}$;

(3) $f'(x)=\dfrac{2}{(x-3)^2}+\dfrac{2x}{5}$, $f'(0)=\dfrac{2}{9}$, $f'(1)=\dfrac{9}{10}$.

4. (1) $24(4x+3)^5$;　(2) $6\mathrm{e}^{2x}$;　(3) $6\cos(3x+4)$;　(4) $3^{\sin x}\ln3\cos x$;

(5) $\dfrac{1}{3+x}$;　(6) $5\sin(4-5x)$;　(7) $\dfrac{1}{\sqrt{a^2+x^2}}$;　(8) $-\mathrm{e}^{-\frac{x}{3}}\left(\dfrac{1}{3}\cos2x+2\sin2x\right)$;

(9) $\dfrac{1}{2\sqrt{x+\sqrt{x+\sqrt{x}}}}\left[1+\dfrac{1}{2\sqrt{x+\sqrt{x}}}\left(1+\dfrac{1}{2\sqrt{x}}\right)\right]$;　(10) $\dfrac{-2}{x(1+\ln x)^2}$;

(11) $\mathrm{e}^{\arctan\sqrt{x}}\dfrac{1}{1+x}\dfrac{1}{2\sqrt{x}}$;　(12) $\dfrac{2}{a}\sec^2\dfrac{x}{a}\tan\dfrac{x}{a}-\dfrac{2}{a}\csc^2\dfrac{x}{a}\cot\dfrac{x}{a}$;

(13) $a^{a^x}\ln a\cdot a^x\ln a+a^a x^{a^a-1}$;　(14) $\dfrac{1-\ln\ln x}{x(\ln x)^2}$.

5. (1) $-\dfrac{1}{|x|}f'\left(\arcsin\dfrac{1}{x}\right)\dfrac{1}{\sqrt{x^2-1}}$;

(2) $f'(2^x)2^x\ln2\cdot2^{f(x)}+f(2^x)2^{f(x)}\ln2f'(x)$;

(3) $f'(\sin^2x)\sin2x+f'(\cos^2x)(-\sin2x)$.

6. $-\dfrac{1}{(1+x)^2}$.

7. 1.

8. 若 $\varphi(a)=0$,则 $f'(a)=0$;若 $\varphi(a)\neq0$,则 $f(x)$ 在 $x=a$ 不可导.

习 题 2.3

1. (1) $\dfrac{2y^2-3x^2-12x^2y}{3x^4-4xy}$;　(2) $\dfrac{x}{\cos\dfrac{y}{x}}+\dfrac{y}{x}$;　(3) $\dfrac{2\cos2x-\dfrac{y}{x}-y\mathrm{e}^{xy}}{x\mathrm{e}^{xy}+\ln x}$;

(4) $\dfrac{\mathrm{e}^{x+y}-y}{x-\mathrm{e}^{x+y}}$;　(5) $\dfrac{\mathrm{e}^y}{1-x\mathrm{e}^y}$.

2. (1) $x^{\sin x}\left[\cos x\ln x+\dfrac{\sin x}{x}\right]$;　(2) $\dfrac{\ln\sin y+y\tan x}{\ln\cos x-x\cot y}$;　(3) $\dfrac{2x\cos x^2+y^x\ln y-yx^{y-1}}{x^y\ln x-y^{x-1}x}$;

(4) $y\left[\dfrac{1}{2(x+2)}-\dfrac{4}{3-x}-\dfrac{5}{x+1}\right]$;　(5) $y\left[\dfrac{1}{2x}+\dfrac{1}{4}\cot x+\dfrac{1}{8}\dfrac{\mathrm{e}^x}{1-\mathrm{e}^x}\right]$.

3. $x-y=0$.

4. (1) $\dfrac{2}{3}t+\dfrac{b}{a}$;　　(2) $\dfrac{\cos2\theta-2\theta\sin2\theta}{1-\sin\theta-\theta\cdot\cos\theta}$;　　(3) $-\dfrac{3}{2}e^{-2t}$.

5. $y=x+a\left(2-\dfrac{\pi}{2}\right),\ y=\dfrac{a\pi}{2}-x$.

6. 0.14 弧度.

7. $\dfrac{5}{\pi}$ 弧度/分.

8. $-12\pi\mathrm{cm}^3/\mathrm{s}$.

习 题 2.4

1. (1) $y''=6-\dfrac{1}{x^2}$;　　(2) $y''=-2\cos2x$;　　(3) $y''=2e^x\cos x$;

(4) $y''=2x\,(2x+3)^{\frac{1}{2}}+x^2\,(2x+3)^{-\frac{1}{2}}$.

2. (1) $-\dfrac{2(1+y^2)}{y^5}$;　　(2) $\dfrac{-\sin(x+y)}{[1-\cos(x+y)]^3}$;　　(3) $\dfrac{e^{2y}(3-y)}{(2-y)^3}$.

3. (1) $y^{(n)}=3^x(\ln3)^n$;　　(2) $y^{(n)}=\dfrac{(n+2)!}{2}(x+1)^2$;　　(3) $y^{(n)}=e^x(n+x)$;

(4) $\dfrac{(-1)^n n!}{x^{n+1}}+\dfrac{2^{n+1}n!}{(1-2x)^{n+1}}$.

4. (1) $\dfrac{3t^2-1}{4t^3}$;　　(2) $-\dfrac{b}{a^2\cos^3t}$;　　(3) $\dfrac{1}{f''(t)}$.

5. $2f'(x^2+1)+4x^2f''(x^2+1)$.

习 题 2.5

3. $\dfrac{\pi}{36}$.

4. (1) $\dfrac{3}{3x+2}\mathrm{d}x$;　　(2) $3\sin(6x-4)\mathrm{d}x$;　　(3) $e^x[\cos(x+3)-\sin(x+3)]\mathrm{d}x$;

(4) $2^{\ln\tan x}\ln2\,\dfrac{1}{\sin x\cos x}\mathrm{d}x$;　　(5) $\left(\dfrac{3}{2\sqrt{x}}-\dfrac{1}{x^2}\right)\mathrm{d}x$;　　(6) $-\dfrac{2x}{(1+x^2)^2}\mathrm{d}x$.

5. $\dfrac{y}{e^y\sin e^y-x}\mathrm{d}x$.

6. $-\dfrac{2b}{a}\cot2t$.

7. $\dfrac{x\cos x - \sin x}{2x^3}$.

8. (1) $\dfrac{\varphi'(x)(1-x^2)+2x\varphi(x)}{(1-x^2)^2}\mathrm{d}x$;　(2) $\left[f'(\sqrt{x})\dfrac{1}{2\sqrt{x}}-\sin f(x)f'(x)\right]\mathrm{d}x$.

9. (1) $2\sqrt{x}+C$;　(2) $\ln(1+x)+C$;　(3) $\dfrac{1}{2}\tan 2x+C$;

　　(4) $\dfrac{1}{4}(\ln x^2)^2+C$.

10. (1) 0.001；　(2) 1.01；　(3) 1.0033.

习 题 2.6

1. 5300 人/年.
2. (1) 180m/s；　(2) 0.048 弧度/s.

复习题 2

A

1. (1) 充要；　(2) $f'(a)$；　(3) 100!；　(4) 充要；
2. 不可导.

3. $a=\dfrac{1}{2}$, $b=\dfrac{1}{8}$, $f'(0)=\dfrac{1}{8}$.

4. (1) $\dfrac{2(1+\cos x+x\sin x)}{(\cos x+1)^2}$;　(2) $\cos x\ln x-x\sin x\ln x+\cos x$;　(3) $2x-3$;

　　(4) $2x(\ln x^2+1)$;　(5) -1;　(6) $\dfrac{1}{2}x^{-\frac{1}{2}}\cos\sqrt{x}+\dfrac{1}{2}(\sin x)^{-\frac{1}{2}}\cos x$.

5. $\dfrac{2}{1-\sin y}$.

6. $\dfrac{\cos x+\mathrm{e}^x}{2y-\sin y}$.

7. (1) $4\mathrm{e}^x\sin x$;　(2) $(-1)^{n+1}\dfrac{(n-1)!}{(x-1)^n}$.

8. $\sqrt{3}x+y-2=0$.

9. (1) $-\dfrac{b^2x}{a^2y}\mathrm{d}x$;　(2) $\dfrac{1}{3\sin\dfrac{x}{3}\cos\dfrac{x}{3}}\mathrm{d}x$;

　　(3) $x^{\tan x}\left(\sec^2 x\ln x+\dfrac{\tan x}{x}\right)\mathrm{d}x$;　(4) $\varphi'[x^2+\psi(x)](2x+\psi'(x))\mathrm{d}x$.

B

1. 连续不可导.

2. $a=4, b=-4$.

3. (1) $\dfrac{\mathrm{d}C(q)}{\mathrm{d}q}=0.24q^2+75$; (2) $C'(50)=675$, 含义为: 当生产 50 个单位产品时, 每增加一个单位产品, 成本就增加 675 元.

4. (1) 770kg; (2) $f'(5)=40$, 表明每亩每增加 1kg 化肥, 产量将增加 40kg, 故应该增加施肥量.

习 题 3.1

1. $(\ln(e-1), e-1)$.

2. $\xi=\sqrt{\dfrac{4}{\pi}-1}$.

3. 不满足, $f(x)$ 在 $x=0$ 不可导.

习 题 3.2

1. (1) $\dfrac{3}{2}$; (2) 1; (3) $\cos a$; (4) $-\dfrac{3}{5}$; (5) $\dfrac{1}{e}$; (6) $-\dfrac{1}{8}$; (7) 1;

(8) $\dfrac{1}{2}$; (9) 0; (10) $\dfrac{1}{e}$; (11) ∞; (12) 1; (13) $\sqrt[3]{abc}$; (14) 1.

3. $f''(x)$.

4. $a=-\dfrac{4}{3}, b=\dfrac{1}{3}, 8$.

5. $\dfrac{1}{2}f'(0)$.

6. (1) 4; (2) 1; (3) 1; (4) 2.

习 题 3.3

1. $-56+21(x-4)+37(x-4)^2+11(x-4)^3+(x-4)^4$.

2. $-\dfrac{1}{2}\ln 2-\left(x-\dfrac{\pi}{4}\right)-\left(x-\dfrac{\pi}{4}\right)^2-\dfrac{1}{3}(\sec^2\xi\tan\xi)\left(x-\dfrac{\pi}{4}\right)^3$, ξ 介于 x 与 $\dfrac{\pi}{4}$ 之间.

3. (1) $x+x^2+\dfrac{x^3}{2!}+\cdots+\dfrac{x^n}{(n-1)!}+\dfrac{1}{(n+1)!}(n+1+\theta x)e^{\theta x}x^{n+1}, 0<\theta<1$;

(2) $1+\dfrac{1}{2}x-\dfrac{1}{2^2 2!}x^2+\cdots+(-1)^{n-1}\dfrac{(2n-3)!!}{2^n n!}x^n+(-1)^n\dfrac{(2n-1)!!}{2^{n+1}(n+1)!}(1$

$+\theta x)^{-n-\frac{1}{2}}x^{n+1}$, $0<\theta<1$.

4. (1) $-1-(x+1)-(x+1)^2-\cdots-(x+1)^n+o((x+1)^n)$, $0<\theta<1$;

(2) $e^2\left[1+2(x-1)+\dfrac{2^2(x-1)^2}{2!}+\cdots+\dfrac{2^n(x-1)^n}{n!}\right]+o((x-1)^n)$.

5. $\sin 31°\approx 0.515110$.

6. (1) 0； (2) $\dfrac{1}{12}$.

习 题 3.4

1. (1) 单调增加的区间 $(-\infty,-1)\bigcup(0,+\infty)$,单调减少的区间 $(-1,0)$;

(2) 单调减少的区间 $(-\infty,0)$,单调增加的区间 $(0,+\infty)$;

(3) 单调减少的区间 $(-\infty,+\infty)$;

(4) 单调减少的区间 $(-\infty,-2)\bigcup(0,+\infty)$,单调增加的区间 $(-2,0)$.

4. 提示：设 $\varphi(x)=e^x f(x)$.

5. 是.

6. (1) 取得极大值 $f(x)=0$,极小值 $f(2)=-3\sqrt[3]{4}$;

(2) 不取得极值；

(3) 取得极小值 $f(0)=f(\pm 1)=0$,取得极大值 $f\left(\pm\dfrac{1}{\sqrt{3}}\right)=\dfrac{2}{9}\sqrt{3}$;

(4) 当 n 为奇数时取得极大值 $f(0)=1$, n 为偶数时不取得极值.

7. $a=2$, $f_{\max}=f\left(\dfrac{\pi}{3}\right)=\sqrt{3}$.

10. 提示 设 $f(x)=e^{|x-3|}$,在 $[-5,5]$ 上求 $f(x)$ 的最小最大值.

11. 提示 设 $f(x)=x-\dfrac{\pi}{2}\sin x$,求 $f(x)$ 在 $\left[0,\dfrac{\pi}{2}\right]$ 上的最大最小值,得驻点

$x_0=\arccos\dfrac{2}{\pi}$,再与方程 $y=k$ 联立求交点讨论根的个数,得 $k\geqslant 0$ 或 $k<$

$y(x_0)$ 时无根； $k=y(x_0)$ 时有一个实根；当 $y(x_0)<k<0$ 时,有两个不相等

的实根,分别在 $(0,x_0)$ 及 $\left(x_0,\dfrac{\pi}{2}\right)$ 内.

12. (1) 最小值 $y(1)=5$,最大值 $y(-1)=13$; (2) 最小值 $y\left(-\dfrac{1}{\sqrt{2}}\right)=$

$-\dfrac{1}{\sqrt{2e}}$;最大值 $y\left(\dfrac{1}{\sqrt{2}}\right)=\dfrac{1}{\sqrt{2e}}$.

13. $x_3=\sqrt[3]{3}$.

14. $h=R+\dfrac{R}{\sqrt{3}}$.

15. $AD=15\text{km}$ 时,总运费最省.

16. 另一走廊的宽度至少应为 $3\sqrt{3}a$.

17. $\sqrt{b(b+a)}$.

习 题 3.5

1. (1) 下凸区间为 $(-\infty,+\infty)$ 无拐点;

(2) 上凸区间为 $\left[0,\dfrac{1}{\sqrt{2}}\right]$,下凸区间为 $\left[\dfrac{1}{\sqrt{2}},+\infty\right)$,拐点为 $\left(\dfrac{1}{\sqrt{2}},\dfrac{1}{2}+\ln\dfrac{\sqrt{2}}{2}\right)$;

(3) 下凸区间为 $(0,+\infty)$;

(4) 上凸区间为 $\left(-\infty,-\dfrac{1}{5}\right)$,下凸区间为 $\left(-\dfrac{1}{5},0\right)\cup(0,+\infty)$,拐点 $\left(-\dfrac{1}{5},-\dfrac{6}{5}\sqrt[3]{\dfrac{1}{25}}\right)$.

2. $a=-\dfrac{3}{2}$, $B=\dfrac{9}{2}$.

3. 下凸区间 $(-\infty,0]\cup\left[\dfrac{2}{3},+\infty\right)$,上凸区间为 $\left[0,\dfrac{2}{3}\right)$,拐点 $\left(\dfrac{2}{3},\dfrac{11}{27}\right)$,$(0,1)$.

5. $(1,-4)$ 与 $(1,4)$（提示:对参数方程求二阶导数,列表求拐点）.

7. $k=\pm\dfrac{\sqrt{2}}{8}$.

习 题 3.6

1. (1) $y=1,x=1,x=2$; (2) $y=\dfrac{x}{2}+\dfrac{\pi}{2}$ 和 $y=\dfrac{x}{2}-\dfrac{\pi}{2}$;

(3) $y=0,x=-1$; (4) $y=x-1,y=-x+1$.

2. (1)

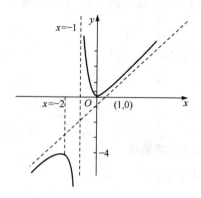

(2)

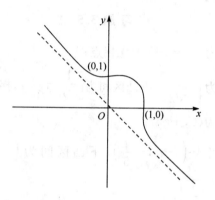

(3),(4)略.

习 题 3.7

1. $v_{\min} = 47.316 \text{km/h}$.

2. $Q^* = 1301$ 件, $T^* = 1998$ 元.

3. $\theta_2 = \arccos\left(\dfrac{\cos\theta_1}{a}\right)$.

复习题 3

A

1. ξ 是 (a,x) 中一点,一般地,ξ 随着 x 的改变而变化,所以 ξ 与 x 有关. 但适合拉格朗日中值定理的 ξ 不一定唯一,因此由拉格朗日中值公式不能定义 ξ 为 x 的函数.

2. 不正确,如 $f(x) = x^3$ 在 $(-\infty, +\infty)$ 上是单调增加的,但是 $f'(0) = 0$,即

在 $(-\infty,+\infty)$ 内存在导数为 0 的点.

3. $(0,f(0))$ 是曲线 $y=f(x)$ 的拐点,因为 $\lim\limits_{x\to 0}\dfrac{f''(x)}{x}=-1$,所以由保号性,

$\forall x\in \mathring{U}(0,\delta)$ 有 $\dfrac{f''(x)}{x}<0$. 于是当 $x<0$ 时,$f''(x)>0$,当 $x>0$ 时,$f''(x)<0$,

即函数 $f(x)$ 在 $x=0$ 点的左右两侧凸性相反,$(0,f(0))$ 是拐点.

4. (1) $\dfrac{1}{6}$; (2) $\mathrm{e}^{\frac{1}{3}}$; (3) e.

7. $\xi=\dfrac{14}{9}$.

10. $a(1-\ln a)<b$.

12. $(-2,4),(2,-4)$.

13. $p\left(-\dfrac{1}{2},\dfrac{3}{4}\right),d_{\min}=\dfrac{\sqrt{5}}{4}$.

14. $a=-3,b=-9$.

15. $y=2x+1$.

B

1. (1) $+\infty$; (2) $-\dfrac{\mathrm{e}}{2}$.

3. 提示:设 $\varphi(x)=\dfrac{f(x)}{x}$,在 $[a,b]$ 上应用罗尔定理.

4. $a>\dfrac{1}{\mathrm{e}}$ 时没有实根;$0<a<\dfrac{1}{\mathrm{e}}$ 时,有两个实根;$a=\dfrac{1}{\mathrm{e}}$ 时,只有一个实根.

5. 月房租定为 1800 元时可获得最大收入.

6. 参见例 3.7.3.

习题 4.1

3. (1) $5x+C$; (2) $\dfrac{4^x}{\ln 4}+C$; (3) $\sec x+C$; (4) $\dfrac{3}{2}x^4+C$; (5) $-\cos x+C$.

4. (1) $\dfrac{6}{5}x^5-\dfrac{3}{2}x^2+2x+C$; (2) $\dfrac{4}{13}x^{\frac{13}{4}}+C$; (3) $4\sqrt{x}+C$;

(4) $\sqrt{\dfrac{2h}{g}}+C$; (5) $\dfrac{4}{7}x^{\frac{7}{4}}+C$; (6) $\dfrac{1}{5}x^5-\dfrac{2}{3}x^3+x+C$;

(7) $\dfrac{x^3}{3}+\dfrac{2}{5}x^{\frac{5}{2}}-\dfrac{2}{3}x^{\frac{3}{2}}-x+C$; (8) $2x^{\frac{1}{2}}+\dfrac{2}{5}x^{\frac{5}{2}}+C$;

(9) $\dfrac{1}{5}(x-\arctan x)+C$;　(10) $x^3+\arctan x+C$;　(11) $\dfrac{9^x}{2\ln 3}+3\mathrm{e}^x+C$;

(12) $2\mathrm{e}^x+2\sqrt{x}+c$;　(13) $3x+\dfrac{5\cdot 3^x}{2^x(\ln 3-\ln 2)}+C$;

(14) $4\arctan x+3\arcsin x+C$;　(15) $\tan x-2\sec x+C$;

(16) $\dfrac{3(x+\sin x)}{2}+C$;　(17) $-2\cot x-2x+C$;　(18) $\dfrac{1}{2}\tan x+C$;

(19) $\sin x+\cos x+C$;　(20) $-\cot x-\tan x+C$.

5. $F(x)=2\arcsin x+\pi$.

6. $y=\ln x+1$.

7. $F(x)=\begin{cases} x, & x\leqslant 0, \\ \mathrm{e}^x-1, & x>0 \end{cases}.$

习 题 4.2

1. (1) $\dfrac{1}{6}$;　(2) $-\dfrac{1}{6}$;　(3) $\dfrac{1}{3}$;　(4) -2;　(5) $-\dfrac{2\sqrt{3}}{3}$;　(6) $-\dfrac{2}{3}$;

(7) $\dfrac{1}{4}$;　(8) $-\dfrac{1}{3}$.

3. (1) $\dfrac{1}{6}\mathrm{e}^{6s}+C$;　(2) $-\dfrac{1}{12}(3-2x)^6+C$;　(3) $-\dfrac{1}{3}\ln|1-3x|+C$;

(4) $-\dfrac{1}{2}(2-3x)^{\frac{2}{3}}+C$;　(5) $-\dfrac{1}{2}\mathrm{e}^{-x^2}+C$;　(6) $\dfrac{2}{19}(x^3+2)^{19}+C$;

(7) $-2\ln\left|\cos\sqrt{x}\right|+C$;　(8) $\dfrac{2}{3}\mathrm{e}^{\sqrt{x}}+C$;　(9) $\arcsin \mathrm{e}^x+C$;

(10) $-\arctan\cos x+C$;　(11) $\arctan \mathrm{e}^x+C$;　(12) $\sqrt{1+\sin^2 x}+C$;

(13) $\ln|\ln\ln x|+C$;　(14) $\dfrac{1}{2}\ln|\arcsin x|+C$;　(15) $-\dfrac{10^{2\arccos x}}{2\ln 10}+C$;

(16) $(\arctan\sqrt{x})^2+C$;　(17) $\dfrac{1}{6}\arctan\dfrac{x^3}{2}+C$;　(18) $\ln|\tan x|+C$;

(19) $\sin x-\dfrac{\sin^3 x}{3}+C$;　(20) $\dfrac{1}{4}\sin 2x+\dfrac{1}{16}\sin 8x+C$;

(21) $\dfrac{1}{8}\sin 4x-\dfrac{1}{24}\sin 12x+C$;　(22) $\dfrac{1}{2}t-\dfrac{1}{4\omega}\sin 2(\omega t+\varphi)+C$;

(23) $\ln|x^2-3x+8|+C$;　(24) $\dfrac{1}{4}\ln\left|\dfrac{1+2x}{1-2x}\right|+C$;

(25) $-\ln\left|\dfrac{x+2}{x+1}\right|+C$;　(26) $\arccos\dfrac{1}{x}+C$;

(27) $\dfrac{a^2}{2}\arcsin\dfrac{x}{a}-\dfrac{x}{2}\sqrt{a^2-x^2}+C$;　(28) $\dfrac{x}{\sqrt{1-x^2}}+C$;

(29) $\sqrt{x^2-4}-2\arccos\dfrac{2}{x}+C$;　(30) $2[\sqrt{1+x}-\ln(1+\sqrt{1+x})]+C$;

(31) $\sqrt{2x}-\ln(1+\sqrt{2x})+C$;

(32) $x+\dfrac{6}{5}x^{\frac{5}{6}}+\dfrac{3}{2}x^{\frac{2}{3}}+2x^{\frac{1}{2}}+3x^{\frac{1}{3}}+6x^{\frac{1}{6}}+6\ln\left|\sqrt[6]{x}-1\right|+C$;

(33) $-\dfrac{1}{x\ln x}+C$;　(34) $\ln\left|x-1+\sqrt{5-2x+x^2}\right|+C$.

4. $x+2\ln|x-1|+C$.

习 题 4.3

3. (1) $-\dfrac{1}{4}(2x+1)e^{-2x}+C$;　(2) $x\arccos x-\sqrt{1-x^2}+C$;

(3) $-x\cos x+\sin x+C$;　(4) $\dfrac{1}{3}x^3\ln x-\dfrac{1}{9}x^3+C$;

(5) $3x\sin\dfrac{x}{3}+9\cos\dfrac{x}{3}+C$;　(6) $-\dfrac{1}{2}x^2+x\tan x+\ln|\cos x|+C$;

(7) $x\tan x+\ln|\cos x|+C$;　(8) $\dfrac{1}{2}x^2\arcsin x+\dfrac{x}{4}\sqrt{1-x^2}-\dfrac{1}{4}\arcsin x+C$;

(9) $\dfrac{1}{2}e^x(\sin x+\cos x)+C$;　(10) $\dfrac{x^2}{4}+\dfrac{1}{2}x\sin x+\dfrac{1}{2}\cos x+C$;

(11) $\dfrac{1}{2}(x^2-9)\ln(x-3)-\dfrac{1}{4}x^2-\dfrac{3}{2}x+C$;

(12) $\dfrac{e^x}{10}(5-\cos 2x-2\sin 2x)+C$;　(13) $x^2\sin x+2x\cos x-2\sin x+C$;

(14) $3(\sqrt[3]{x^2}-2\sqrt[3]{x}+2)e^{\sqrt[3]{x}}+C$;　(15) $x\arctan\sqrt{x}+\arctan\sqrt{x}-\sqrt{x}+C$;

(16) $\dfrac{x}{2}(\cos\ln x+\sin\ln x)+C$;　(17) $-\sqrt{1-x^2}\arcsin\sqrt{x}+x+C$;

(18) $\sqrt{1+x^2}\arctan x-\ln(x+\sqrt{1+x^2})+C$;

(19) $\dfrac{1}{2}x(\sin\ln x-\cos\ln x)+C$;　(20) $I_n=x\ln^n x-nI_{n-1}$.

习 题 4.4

1. (1) $\dfrac{1}{3}x^3-\dfrac{3}{2}x^2+9x-27\ln|x+3|+C$;　　(2) $\ln|x+1|-\dfrac{1}{2}\ln|2x+1|+C$;

(3) $\dfrac{1}{2}\arctan\dfrac{x+1}{2}+C$;　　(4) $\dfrac{1}{2}\ln|x+1|-\dfrac{1}{4}\ln(x^2+1)+\dfrac{1}{2}\arctan x+C$;

(5) $-2\ln|x+2|+\ln|x+1|+\ln|x+3|+C$;

(6) $\arcsin x+\sqrt{1-x^2}+C$.

2. (1) $\dfrac{2\sqrt{3}}{3}\arctan\left(\dfrac{2\tan\dfrac{x}{2}+1}{\sqrt{3}}\right)+C$;　　(2) $-\cot\dfrac{x}{2}+\ln|1-\cos x|+C$.

复习题 4

A

1. (1) $\dfrac{1}{2(1-x)^2}-\dfrac{1}{1-x}+C$;　　(2) $\arctan e^x+C$;　　(3) $\arcsin e^x-\sqrt{1-e^{2x}}+C$;

(4) $\dfrac{1}{6}\ln\left|\dfrac{1+x^3}{1-x^3}\right|+C$;　　(5) $\ln|x+\sin x|+C$;　　(6) $-\dfrac{1}{x\ln x}+C$;

(7) $\dfrac{1}{2}\arctan\sin^2 x+C$;　　(8) $\ln x(\ln\ln x-1)+C$;

(9) $\dfrac{1}{4}x^2-\dfrac{x}{4}\sin 2x-\dfrac{1}{8}\cos 2x+C$;　　(10) $3\arcsin\dfrac{x}{3}-\sqrt{9-x^2}+C$;

(11) $\ln\dfrac{\sqrt{1+e^x}-1}{\sqrt{1+e^x}+1}+C$;　　(12) $(x+1)\arctan\sqrt{x}-\sqrt{x}+C$;

(13) $\ln\dfrac{x}{(\sqrt[6]{x}+1)^6}+C$;　　(14) $-\sqrt{1-x^2}\arccos x-x+C$;

(15) $\dfrac{1}{4}(\arcsin x)^2+\dfrac{x}{2}\sqrt{1-x^2}\arcsin x-\dfrac{x^2}{4}+C$;

(16) $\dfrac{1}{2}x+\dfrac{1}{2}\ln|\sin x+\cos x|+C$;

(17) $\dfrac{x^2}{2}\ln\left|\dfrac{1+x}{1-x}\right|+x-\dfrac{1}{2}\ln\left|\dfrac{1+x}{1-x}\right|+C$;

(18) $xf'(x)-f(x)+C$.

2. $\pm\left(\dfrac{1}{2}\arcsin x+\dfrac{x}{2}\sqrt{1-x^2}\right)+C$.

3. $\dfrac{x}{\sqrt{1+x^2}} - \ln(x+\sqrt{1+x^2}) + C.$

B

1. 27m.

2. $s = 2\sin t + s_0.$

3. $Q = 5(万吨).$

习 题 5.1

1. (1) 1；　(2) $\dfrac{\pi R^2}{4}$；　(3) 0；　(4) 0.

2. $m = \lim\limits_{\lambda \to 0} \sum\limits_{i=1}^{n} \mu(\xi_i) \cdot x_i = \int_0^l \mu(x)\,\mathrm{d}x.$

3. (1) ＞ ；　(2) ＜；　(3) ＞ ；　(4) ＜.

5. (1) 0；　(2) 0.

6. $f(x) = x^2 - \dfrac{2}{3}.$

7. $[a,b] = [-1,2].$

习 题 5.2

1. $0, \ln 2, \ln 5$；　2. 极小值 $F(1)=0$；　3. $\dfrac{\cos x}{\sin x - 1}.$

4. (1) $\sqrt{1+\sin^2 x} \cdot \cos x$；　(2) $\mathrm{e}^{x^4} \cdot 2x$；　(3) $\dfrac{1}{\sqrt{1+x^8}} \cdot 4x^3 - \dfrac{1}{\sqrt{1+x^4}} \cdot 2x$；

　　(4) $\displaystyle\int_0^{x^2} \sqrt{1+t^2}\,\mathrm{d}t + 2x^2 \cdot \sqrt{1+x^4}.$

5. (1) $\dfrac{1}{2\mathrm{e}}$；　(2) $-\dfrac{1}{12}$；　(3) $\dfrac{2}{3}$；　(4) 0.

6. (1) $\dfrac{21}{8}$；　(2) $\dfrac{1}{3}(1-\mathrm{e}^{-3})$；　(3) $\dfrac{\pi}{6}$；　(4) $\dfrac{1}{6}(7\sqrt{7}-3\sqrt{3})$；　(5) $\dfrac{\pi}{2}$；

　　(6) $\dfrac{\sqrt{3}}{2}$；　(7) 4；　(8) $\dfrac{17}{6}.$

7. $\varPhi(x) = \begin{cases} 0, & x < 0, \\[2mm] \dfrac{1}{2}(1-\cos x), & 0 \leqslant x \leqslant \pi, \\[2mm] 1, & x > \pi. \end{cases}$

8. $f(x) = 2x^3 - 6x + 4.$

9. $f(x) = \dfrac{2x}{1+x^2}$; $a = \pm 1$.

习 题 5.3

1. (1) $\dfrac{51}{512}$;　(2) $\dfrac{1}{3}$;　(3) $\dfrac{\pi}{2}$;　(4) π;　(5) $8\ln 2 - 5$;　(6) $\dfrac{5}{3}$;

(7) $2(\sqrt{1+\ln 2} - 1)$;　(8) $\sqrt{2} - \dfrac{2}{3}\sqrt{3}$.

2. (1) $\dfrac{1}{4}(e^2 + 1)$;　(2) $\dfrac{1}{4}(1 - 3e^{-2})$;　(3) $\dfrac{\pi}{4} - \dfrac{1}{2}$;　(4) $\dfrac{\pi}{12} + \dfrac{\sqrt{3}}{2} - 1$;

(5) $\ln \dfrac{27}{4} - 1$;　(6) $\dfrac{\pi}{4} + \dfrac{1}{2}\ln 2$.

3. (1) $\dfrac{1}{6}$;　(2) $\dfrac{3\pi}{4}$;　(3) 1;　(4) $2(1 - e^{-1})$.

4. (1) 0;　(2) 0;　(3) $\dfrac{2}{3}\pi^3 + \pi$;　(4) 0.

5. $x = 1$ 为极小值点, 极小值 $f(x) = \dfrac{1}{2}(\ln 2 - 1)$.

6. $\ln(e+1)$.

10. 2.

11. $\dfrac{\pi}{4}$.

12. $\dfrac{5\pi}{8}$.

习 题 5.4

1. (1) $\dfrac{1}{2}$;　(2) 发散;　(3) $\dfrac{1}{2}$;　(4) 发散;　(5) 1;　(6) π;　(7) 1;

(8) 发散;　(9) $\dfrac{8}{3}$;　(10) $\dfrac{\pi}{2}$.

2. $k = \dfrac{2}{\pi}$.

3. $c = \dfrac{1}{2}$.

习 题 5.5

1. (1) $\dfrac{32}{3}$; (2) $\dfrac{4}{3}\left(1-\dfrac{\sqrt{2}}{2}\right)$; (3) $\dfrac{5}{6}$; (4) $2\pi+\dfrac{4}{3}, 6\pi-\dfrac{4}{3}$; (5) e;

(6) $\dfrac{3\pi}{32}a^2$; (7) $18\pi a^2$.

2. 切点 $(4, \ln 4)$, 切线方程 $4y-x+4-8\ln 2=0$.

3. (1) $\dfrac{\pi}{5}$; (2) $\dfrac{128}{7}\pi, \dfrac{64}{5}\pi$; (3) $160\pi^2$; (4) $5\pi^2 a^3$.

4. (1) $1+\dfrac{1}{2}\ln\dfrac{3}{2}$; (2) $\dfrac{14}{3}$; (3) $3a$.

5. $a=-\dfrac{1}{2}, S_{\min}=\dfrac{1}{12}$.

习 题 5.6

1. $M=\dfrac{5}{24}\pi R^2 \mu_0 H$.

2. $W=56.25\text{J}$.

3. $F_x=\dfrac{2km\mu}{R}\sin\dfrac{\alpha}{2}$.

4. $800\pi\ln 2\text{J}$.

5. 57697.5kJ.

6. 203.25kg.

复习题 5

A

6. $\dfrac{4-\pi}{4}$.

7. (提示：设 $u=xt$, 作定积分换元后再求导) $\dfrac{3\sin x^3 - 2\sin x^2}{x}$.

8. (1) $af(a)$; (2) $\dfrac{\pi^2}{4}$.

9. (1) $\dfrac{4}{3}$; (2) $-\dfrac{1}{5}\ln 6$; (3) $2(\sqrt{2}-1)$; (4) $\dfrac{\pi}{2}-1$.

10. $1+\ln\left(1+\dfrac{1}{e}\right)$.

11. $\dfrac{5}{2}$.

12. 8.

13. $\left(\dfrac{8}{3}-\dfrac{\pi}{2}\right)a^2$.

14. $4\pi^2$.

15. $\dfrac{4}{3}\pi abc$.

16. $\ln(1+\sqrt{2})$.

18. $\dfrac{4}{3}\pi r^4 g$.

19. (1) 4 百台；　(2) 减少 0.5 万元.

B

1. 购进的份数应使卖不完的概率与卖完的概率之比恰好等于卖出一份赚的钱与退回一份赔的钱之比.

2. 247.

3. (1) 229100；　(2) 1160200.

参 考 文 献

Barnett R A, Ziegler M R, Byleen K E. 2005. Calculus for Businee, Economics, Life Sciences, and Social Sciences(影印版). 北京:高等教育出版社

傅英定,彭年斌. 2005. 微积分学习指导教程. 北京:高等教育出版社

傅英定,谢芸苏. 2009. 微积分. 2 版. 北京:高等教育出版社

贾晓峰,魏毅强. 2008. 微积分与数学模型. 2 版. 北京:高等教育出版社

姜启源,谢金星,叶俊. 2011. 数学建模. 4 版. 北京:高等教育出版社

刘春凤. 2010. 应用微积分. 北京:科学出版社

清华大学数学科学系《微积分》编写组. 2010. 微积分(Ⅰ). 北京:清华大学出版社

同济大学数学系. 2008. 高等数学及其应用 3 版. 北京:高等教育出版社

王宪杰,侯仁民,赵旭强. 2005. 高等数学典型应用实例与模型. 北京:科学出版社

王雪标,王拉娣,聂高辉. 2006. 微积分. 北京:高等教育出版社

Varberg D,Purcell E J,Rigdon S E. 2013. 微积分. 9 版. 刘深泉等,译. 北京:机械工业出版社

薛嘉庆. 2001. 高等数学题库精编(理工类). 2 版. 沈阳:东北大学出版社

严文勇,2011. 数学建模. 北京:高等教育出版社

杨启帆,康旭升,赵雅囡. 2005. 数学建模. 北京:高等教育出版社

赵家国,彭年斌. 2010. 微积分. (上册). 北京:高等教育出版社

附录 I 初等数学常用公式

一、初等代数

1. 乘法公式与二项式定理

(1) $a^2-b^2=(a-b)(a+b)$.

(2) $a^3-b^3=(a-b)(a^2+ab+b^2)$.

(3) $a^n-b^n=(a-b)(a^{n-1}+a^{n-2}b+\cdots+ab^{n-2}+b^{n-1})$.

(4) 二项式定理 $(a+b)^n=\sum_{k=0}^{n}C_n^k a^k b^{n-k}$.

2. 绝对值与不等式

(1) $|a|=\sqrt{a^2}$.

(2) $|x|\leqslant a(a>0)\Leftrightarrow -a\leqslant x\leqslant a$.

(3) $|x|\geqslant a(a>0)\Leftrightarrow x\leqslant -a$ 或 $x\geqslant a$.

(4) $|a|-|b|\leqslant|a\pm b|\leqslant|a|+|b|$.

(5) $\sqrt{ab}\leqslant\dfrac{a+b}{2}(a>0,b>0)$.

(6) $\sqrt[n]{a\cdot b\cdot\cdots\cdot l}\leqslant\dfrac{a+b+\cdots+l}{n}(a>0,b>0,\cdots,l>0$ 共 n 个数$)$.

3. 二次方程 $ax^2+bx+c=0$

(1) 判别式 $\Delta=b^2-4ac\begin{cases}>0,&\text{两互异实根,}\\=0,&\text{两相等实根,}\\<0,&\text{两共轭复根.}\end{cases}$

(2) 求根公式 $x_{1,2}=\dfrac{-b\pm\sqrt{b^2-4ac}}{2a}$.

4. 数列

(1) 等差数列 $a,a+d,\cdots,a+(n-1)d,\cdots$;

前 n 项和 $S_n=\dfrac{2a+(n-1)d}{2}n$.

特别地, $1+2+\cdots+n=\dfrac{n(n+1)}{2}$.

(2) 等比数列 $a,aq,\cdots,aq^{n-1},\cdots$;

前 n 项和 $S_n=\dfrac{a(1-q^n)}{1-q}(q\neq 1)$;

无穷递减等比数列所有项的和 $S=\dfrac{a}{1-q}(|q|<1)$.

(3) 求数列前 n 项和举例

$$1^2+2^2+\cdots+n^2=\dfrac{n(n+1)(2n+1)}{6};$$

$$\dfrac{1}{1\cdot 2}+\dfrac{1}{2\cdot 3}+\cdots+\dfrac{1}{n\cdot(n+1)}=1-\dfrac{1}{n+1}.$$

5. 指数运算

(1) $a^m\cdot a^n=a^{m+n}$.

(2) $\dfrac{a^m}{a^n}=a^{m-n}$.

(3) $(a^m)^n=a^{m\cdot n}$.

(4) $(a\cdot b)^n=a^n\cdot b^n$.

(5) $\left(\dfrac{a}{b}\right)^n=\dfrac{a^n}{b^n}$.

(6) $a^{\frac{n}{m}}=\sqrt[m]{a^n}=(\sqrt[m]{a})^n$.

(7) $a^0=1$.

(8) $a^{-n}=\dfrac{1}{a^n}$.

6. 对数运算 $(a>0,a\neq 1)$

(1) $a^x=M\Leftrightarrow\log_a M=x$.

(2) 对数恒等式 $a^{\log_a M}=M$.

(3) $\log_a(M\cdot N)=\log_a M+\log_a N$.

(4) $\log_a\dfrac{M}{N}=\log_a M-\log_a N$.

(5) $\log_a\sqrt[m]{M^n}=\dfrac{n}{m}\log_a M$.

(6) 换底公式 $\log_a M=\dfrac{\log_b M}{\log_b a}$.

(7) $\log_a 1=0$.

(8) $\log_a a=1$.

7. 排列组合

(1) 选排组合 $A_n^k=n(n-1)\cdots(n-k+1)$.

(2) 全排列数 $P_n=A_n^n=n\cdot(n-1)\cdots\cdot 3\cdot 2\cdot 1=n!$（称为 n 的阶乘）.

(3) 组合数 $C_n^k=\dfrac{n\cdot(n-1)\cdot\cdots\cdot(n-k+1)}{k!}=\dfrac{n!}{k!\ (n-k)!}$.

二、几何形体的面积与体积

1. 平面图形面积 A

(1) 正方形 $A=a^2$（边长 a）.

(2) 三角形 $A=\dfrac{1}{2}ah$（底边长 a、高 h）.

(3) 矩形 $A=ab$（长 a、宽 b）.

(4) 梯形 $A=\dfrac{a+b}{2}h$（上底 a、下底 b、高 h）.

(5) 圆 $A = \pi R^2$ (半径 R).

(6) 圆扇形 $A = \dfrac{1}{2}Rl = \dfrac{1}{2}R^2\theta$ (半径 R、圆弧长 l、圆心角 θ 弧度).

$\left(\text{同角的度数 } D \text{ 与弧度数 } \theta \text{ 关系}: \theta = \dfrac{\pi}{180}D\right)$

2. 几何体体积 V

(1) 正方体 $V = a^3$ (边长 a).

(2) 长方体 $V = abh$ (长 a、宽 b、高 h).

(3) 棱柱 $V = S \cdot h$ (底面积 s、高 h).

(4) 棱锥 $V = \dfrac{1}{3}S \cdot h$ (底面积 s、高 h).

(5) 棱台 $V = \dfrac{1}{3}(S_1 + S_2 + \sqrt{S_1 S_2})h$ (上底面积 S_1、下底面积 S_2、高 h).

(6) 圆柱 $V = \pi R^2 \cdot h$ (底半径 R、高 h).

(7) 圆锥 $V = \dfrac{1}{3}\pi R^2 \cdot h$ (底半径 R、高 h).

(8) 圆台 $V = \dfrac{1}{3}(R_1^2 + R_2^2 + R_1 R_2)h$ (上底半径 R_1、下底半径 R_2、高 h).

(9) 球 $V = \dfrac{4}{3}\pi R^3$ (球半径 R).

三、平面三角

1. 锐角三角函数 (如图 1)

$$\sin\alpha = \frac{\text{对边}}{\text{斜边}},\ \cos\alpha = \frac{\text{邻边}}{\text{斜边}},\ \tan\alpha = \frac{\text{对边}}{\text{邻边}},$$

$$\cot\alpha = \frac{\text{邻边}}{\text{对边}},\ \sec\alpha = \frac{\text{斜边}}{\text{邻边}},\ \csc\alpha = \frac{\text{斜边}}{\text{对边}}.$$

斜边　对边

α

邻边

图 1

2. 诱导公式

设 $\beta = k\dfrac{\pi}{2} \pm \alpha$,则角 β 的三角函数 $= \pm$ 角 α 的三角函数,其中

(1) 若 k 为偶数时,两边函数同名;若 k 为奇数时,两边函数互余.

(2) "$\pm$"由角 β 所在象限的三角函数确定.

3. 同角三角函数关系

(1) 倒数关系:$\sin\alpha \cdot \csc\alpha = 1, \cos\alpha \cdot \sec\alpha = 1, \tan\alpha \cdot \cot\alpha = 1$.

(2) 平方关系:$\sin^2\alpha + \cos^2\alpha = 1, \sec^2\alpha - \tan^2\alpha = 1, \csc^2\alpha - \cot^2\alpha = 1$.

4. 和角公式

(1) $\sin(\alpha\pm\beta)=\sin\alpha\cos\beta\pm\cos\alpha\sin\beta$.

(2) $\cos(\alpha\pm\beta)=\cos\alpha\cos\beta\mp\sin\alpha\sin\beta$.

(3) $\tan(\alpha\pm\beta)=\dfrac{\tan\alpha\pm\tan\beta}{1\mp\tan\alpha\tan\beta}$.

5. 倍角公式

(1) $\sin2\alpha=2\sin\alpha\cdot\cos\alpha$.

(2) $\cos2\alpha=\cos^2\alpha-\sin^2\alpha=1-2\sin^2\alpha=2\cos^2\alpha-1$.

(3) $\tan2\alpha=\dfrac{2\tan\alpha}{1-\tan^2\alpha}$.

6. 半角公式

(1) $\sin^2\dfrac{\alpha}{2}=\dfrac{1-\cos\alpha}{2}$.

(2) $\cos^2\dfrac{\alpha}{2}=\dfrac{1+\cos\alpha}{2}$.

(3) $\tan\dfrac{\alpha}{2}=\dfrac{1-\cos\alpha}{\sin\alpha}=\dfrac{\sin\alpha}{1+\cos\alpha}$.

7. 和差化积公式

(1) $\sin\alpha+\sin\beta=2\sin\dfrac{\alpha+\beta}{2}\cos\dfrac{\alpha-\beta}{2}$.

(2) $\sin\alpha-\sin\beta=2\cos\dfrac{\alpha+\beta}{2}\sin\dfrac{\alpha-\beta}{2}$.

(3) $\cos\alpha+\cos\beta=2\cos\dfrac{\alpha+\beta}{2}\cos\dfrac{\alpha-\beta}{2}$.

(4) $\cos\alpha-\cos\beta=-2\sin\dfrac{\alpha+\beta}{2}\sin\dfrac{\alpha-\beta}{2}$.

8. 积化和差公式

(1) $2\sin\alpha\cos\beta=\sin(\alpha+\beta)+\sin(\alpha-\beta)$.

(2) $2\cos\alpha\cos\beta=\cos(\alpha+\beta)+\cos(\alpha-\beta)$.

(3) $-2\sin\alpha\sin\beta=\cos(\alpha+\beta)-\cos(\alpha-\beta)$.

四、平面解析几何

1. 直线方程

(1) 点斜式 $y-y_0=k(x-x_0)$ (点 (x_0,y_0),斜率 k).

(2) 两点式 $y-y_0=\dfrac{y_1-y_0}{x_1-x_0}(x-x_0)$ (两点$(x_0,y_0),(x_1,y_1)$).

2. 二次曲线

（1）椭圆$\dfrac{x^2}{a^2}+\dfrac{y^2}{b^2}=1$（长半轴 a、短半轴 b、焦点$(\pm\sqrt{a^2-b^2},0)$. 特点地，圆 $x^2+y^2=R^2$（半径 R）.

（2）抛物线 $y^2=2px\left(\text{焦点}\left(\dfrac{1}{2}p,0\right)\right)$；$x^2=2py\left(\text{焦点}\left(0,\dfrac{1}{2}p\right)\right)$.

（3）双曲线$\dfrac{x^2}{a^2}-\dfrac{y^2}{b^2}=1$（实半轴 a、虚半轴 b、焦点$(\pm\sqrt{a^2+b^2},0)$. 特点地，反比例曲线 $xy=1$.

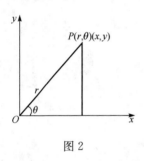

图 2

3. 极坐标

平面上给定极点 O 和极轴 Ox，就能确定平面上点的位置（如图 2）.

平面上点 P 到极点 O 的距离记为 r，极轴到 OP 的夹角（逆时针方向为正方向）记为 θ，则确定平面上点 P 位置的极坐标为(r,θ) $(0\leqslant\theta<2\pi,0\leqslant r<+\infty)$. 如图 2 建立平面直角坐标系，则极坐标与直角坐标的关系为

$$\begin{cases} x=r\cos\theta, \\ y=r\sin\theta. \end{cases}$$

附录Ⅱ 常用平面曲线及其方程

(1) 三次抛物线

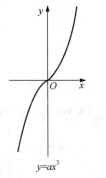

$$y=ax^3$$

(2) 半立方抛物线

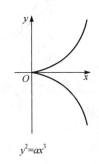

$$y^2=ax^3$$

(3) 概率曲线

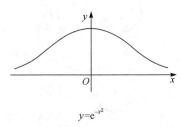

$$y=e^{-x^2}$$

(4) 箕舌线

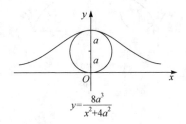

$$y=\frac{8a^3}{x^2+4a^2}$$

(5) 蔓叶线

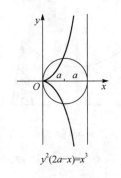

$$y^2(2a-x)=x^3$$

(6) 抛物线

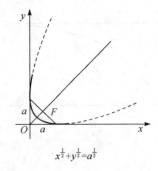

$$x^{\frac{1}{2}}+y^{\frac{1}{2}}=a^{\frac{1}{2}}$$

（7）笛卡儿叶形线

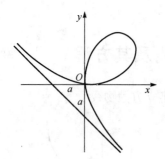

$$x^3+y^3-3axy=0$$

$$x=\frac{3at}{1+t^3},y=\frac{3at^2}{1+t^3}$$

（8）星形线（内摆线的一种）

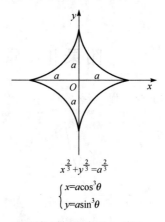

$$x^{\frac{2}{3}}+y^{\frac{2}{3}}=a^{\frac{2}{3}}$$

$$\begin{cases}x=a\cos^3\theta\\y=a\sin^3\theta\end{cases}$$

（9）摆线

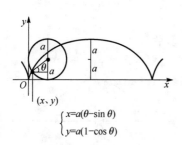

$$\begin{cases}x=a(\theta-\sin\theta)\\y=a(1-\cos\theta)\end{cases}$$

（10）心形线（外摆线的一种）

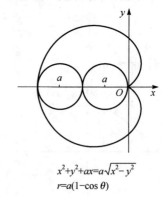

$$x^2+y^2+ax=a\sqrt{x^2-y^2}$$

$$r=a(1-\cos\theta)$$

（11）逻辑斯谛曲线

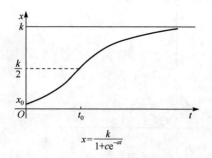

$$x=\frac{k}{1+ce^{-at}}$$

（12）悬链线

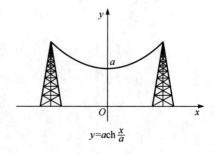

$$y=a\operatorname{ch}\frac{x}{a}$$

（13）阿基米德螺线

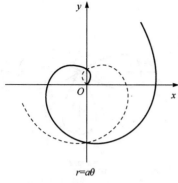

$$r = a\theta$$

（14）对数螺线

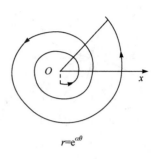

$$r = e^{a\theta}$$

（15）双曲螺线

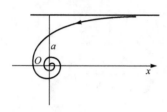

$$r\theta = a$$

（16）连锁螺线

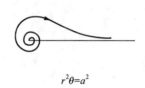

$$r^2\theta = a^2$$

（17）伯努利双纽线

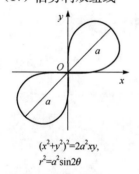

$$(x^2 + y^2)^2 = 2a^2 xy,$$
$$r^2 = a^2 \sin 2\theta$$

（18）伯努利双纽线

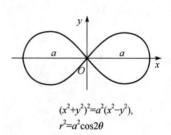

$$(x^2 + y^2)^2 = a^2 (x^2 - y^2),$$
$$r^2 = a^2 \cos 2\theta$$

（19）三叶玫瑰线

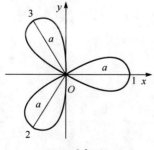

$$r = a\cos 3\theta$$

（20）三叶玫瑰线

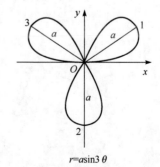

$$r = a\sin 3\theta$$

(21) 四叶玫瑰线

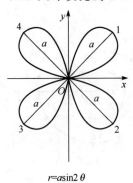

$$r = a\sin 2\theta$$

(22) 四叶玫瑰线

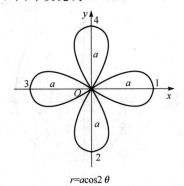

$$r = a\cos 2\theta$$